21 世纪高等院校电气信息类系列教材

控制系统仿真

张袅娜　冯　雷　主编
朱宏殷　副主编
赵丽艳　张　欣　参编

机 械 工 业 出 版 社

本书从工程应用角度出发，为控制系统的分析、设计和综合研究提供了先进的技术手段；从MATLAB/Simulink基础知识、控制系统数学模型、控制系统分析、控制器设计、控制系统仿真实验等几个方面讲述了运用MATLAB进行控制系统分析和设计的方法。全书共分7章，包括控制系统仿真的基本概念与步骤、MATLAB语言基础、Simulink仿真工具、控制系统数学模型、控制系统时域分析、频域分析、稳定性分析、根轨迹分析法、线性系统的状态可控性与状态可观性分析、李雅普诺夫稳定性分析、控制器设计、控制系统仿真实验等内容。各章通过具体的应用实例和习题帮助读者理解和掌握自动控制原理、现代控制理论以及MATLAB/Simulink相关功能和工具的使用。

本书各章节之间的内容既相互联系又相对独立，读者可根据需要进行选择性阅读。本书可作为高等院校控制工程、自动化、机电、测控技术等专业学生和研究生的教学参考用书，也可作为相关领域的工程技术和研究人员的参考用书。

本书配套授课电子课件，需要的老师可登录www.cmpedu.com免费注册，审核通过后下载，或联系编辑索取（QQ：1157122010，电话：010-88379753）。

图书在版编目（CIP）数据

控制系统仿真/张晓娜，冯雷主编．—北京：机械工业出版社，2013.11（2025.1重印）
21世纪高等院校电气信息类系列教材
ISBN 978-7-111-44862-4

Ⅰ．①控…　Ⅱ．①张…②冯…　Ⅲ．①自动控制系统—数字仿真—高等学校—教材　Ⅳ．①TP273

中国版本图书馆CIP数据核字（2013）第276340号

机械工业出版社（北京市百万庄大街22号　邮政编码100037）
策划编辑：时　静
责任编辑：时　静　崔利平
责任印制：常天培
北京机工印刷厂有限公司印刷

2025年1月第1版·第9次印刷
184mm×260mm·15.5印张·379千字
标准书号：ISBN 978-7-111-44862-4
定价：45.00元

电话服务
客服电话：010-88361066
010-88379833
010-68326294

网络服务
机　工　官　网：www.cmpbook.com
机　工　官　博：weibo.com/cmp1952
金　书　网：www.golden-book.com
机工教育服务网：www.cmpedu.com

出版说明

随着科学技术的不断进步，整个国家自动化水平和信息化水平的长足发展，社会对电气信息类人才的需求日益迫切、要求也更加严格。在教育部颁布的“普通高等学校本科专业目录”中，电气信息类（Electrical and Information Science and Technology）包括电气工程及其自动化、自动化、电子信息工程、通信工程、计算机科学与技术、电子科学与技术、生物医学工程等子专业。这些子专业的人才培养对社会需求、经济发展都有着非常重要的意义。

在电气信息类专业及学科迅速发展的同时，也给高等教育工作带来了许多新课题和新任务。在此情况下，只有将新知识、新技术、新领域逐渐融合到教学、实践环节中去，才能培养出优秀的科技人才。为了配合高等院校教学的需要，机械工业出版社组织了这套“21世纪高等院校电气信息类系列教材”。

本套教材是在对电气信息类专业教育情况和教材情况调研与分析的基础上组织编写的，期间，与高等院校相关课程的主讲教师进行了广泛的交流和探讨，旨在构建体系完善、内容全面新颖、适合教学的专业教材。

本套教材涵盖多层面专业课程，定位准确，注重理论与实践、教学与教辅的结合，在语言描述上力求准确、清晰，适合各高等院校电气信息类专业学生使用。

机械工业出版社

前　言

控制系统仿真技术是近几十年发展起来的建立在系统科学、系统辨识、控制理论、计算方法和计算机技术等学科上的一种综合性很强的实验科学技术。它遵循相似性原理，为自动控制系统的分析、设计和综合研究提供了先进的手段。控制系统仿真技术广泛应用于航空、航天、化工、电力、交通及制造等各种工程领域，以及环境、生态、生理、社会及经济等各种非工程领域；贯穿于方案论证、产品设计、试验、生产制造、使用和维护等各个方面。

目前，适用于控制系统计算机辅助设计的软件很多。作为控制理论与控制工程及其计算机仿真的强有力工具，在众多仿真语言中，MATLAB 以其模块化的计算方法，可视化与智能化的人机交互功能，丰富的矩阵运算、图形绘制、数据处理函数以及模块化图形组态的动态系统仿真工具 Simulink，成为控制系统设计和仿真领域最受欢迎的软件系统。

为了更好地推动 MATLAB/Simulink 在控制系统仿真、分析与设计中的应用，全书参考了有关同类教材及资料，结合教学科研工作实践，以教案为蓝本编写而成。全书从工程实用角度出发，通过典型的例题、习题与实验指导，详细论述了 MATLAB 7.0/Simulink 7.0 的功能、操作及其在控制系统中的应用。书中所述的大部分内容和例子，是编者多年来从事教学与科研的成果，具有很强的代表性。

本书由长春工业大学张袅娜老师和长春工程学院冯雷老师担任主编，长春工业大学朱宏殷老师担任副主编。全书共分 7 章，第 2 章、第 3 章由张袅娜老师编写；第 1 章、第 6 章、第 7.1～7.5 节由朱宏殷老师编写；第 4 章、第 5 章由长春工程学院冯雷老师编写，书中部分习题、程序和第 7.6 节由吉林工程技术师范学院赵丽艳老师、长春工程学院张欣老师编写与调试。全书由张袅娜老师统稿。本书从 MATLAB/Simulink 基础知识、控制系统数学模型、控制系统分析、控制器设计、控制系统仿真实验指导等几个方面讲述了运用 MATLAB 进行控制系统分析和设计的全过程。编者从工程应用角度出发组织素材，注重基本概念，强调工程背景，力求使读者学以致用。在使用本书时，可以根据不同专业的要求和特点，对内容进行取舍。

本书的写作得到了王冬梅博士、王莹莹硕士、张哲硕士、孙颖教授、吴瑞芝副教授、于微波副教授等人的大力协助与支持，许多参与课程教学的同行提出了宝贵的意见，在此深表谢意！本书的编写还参考了相关文献，在此向这些文献的作者表示感谢！

由于作者水平和经验有限，书中错误与不当之处在所难免，恳请专家、读者指正。

编　者

目　　录

第1章 绪　论

本章介绍控制系统仿真的基本概念、研究步骤及其应用和发展等基础理论知识，并对 MATLAB 和 Simulink 进行简单介绍，这是学习本书后续内容的必要准备。

1.1 控制系统仿真的基本概念

1.1.1 仿真的基本概念

系统仿真是一门多学科的综合性技术，它以相似原理、控制论、系统论、信息技术和其他应用领域的相关专业技术为基础，以计算机和其他各种专用设备为工具，利用系统模型对实际的或设想的系统进行动态研究。仿真的基本思想是利用物理模型或者数学模型来类比模仿现实过程，以寻求对真实过程的认识，它遵循相似性原理。

仿真技术具有经济、实用、灵活、可靠、安全和可重复使用等优点，是很多复杂系统进行分析、设计、实验和评估必不可少的技术手段。美国国家关键技术委员会在 1991 年确定仿真技术为影响国家安全和繁荣的 22 个关键技术之一，可见仿真技术在现代生产、生活和军事中发挥的重要作用。仿真技术已经成为人们认识世界、改造世界的重要技术手段。

计算机仿真是利用计算机对所建立的系统模型进行分析与研究的一种技术方法。第一台电子管计算机的产生，为计算机仿真技术的发展奠定了基础，其首先应用于航空航天等军事领域；而 20 世纪 80 年代以来数字计算机的高速发展才真正将计算机仿真技术带入蓬勃发展的时代，它开始在各行各业发挥巨大的作用，深度和广度也在不断扩大，计算机技术的迅猛发展更是为计算机仿真带来更加广阔的应用前景和应用空间。如今，计算机仿真技术在众多领域得到广泛应用，意义非凡，而这也反过来更加促进了计算机仿真技术的发展。

1.1.2 计算机仿真的分类

可以从模型角度和计算机类型角度两个方面对计算机仿真进行分类。

1．按模型分类

模型是指对现实系统有关结构信息和行为的某种形式的描述，是对系统特征与变化规律的一种定量抽象，是人们认识事物的一种手段和工具。按模型分类，计算机仿真可分为物理仿真和数学仿真。

（1）物理仿真

采用物理模型，有实物介入，具有效果逼真、精度高等优点，但造价高或耗时长，多用于一些特殊场合（如导弹、卫星等飞行器的仿真，发电站综合调度仿真与培训系统等），具有实时、在线等特点。

（2）数学仿真

采用数学模型，在计算机上进行仿真，具有非实时、离线等特点，经济、快速且实用。

2．按计算机类型分类

按计算机类型分类，计算机仿真可以分为模拟仿真、数字仿真、混合仿真和现代计算机仿真。

（1）模拟仿真

模拟仿真指采用数学模型，在模拟计算机上进行的仿真实验。特点是描述连续物理系统的动态过程比较自然、逼真，具有仿真速度快、失真小和结果可靠的优点，但受元器件性能的影响，仿真精度较低，对计算机控制系统的仿真较困难，自动化程度低。

（2）数字仿真

数字仿真指采用数学模型，在数字计算机上借助数值计算方法所进行的仿真实验。特点是计算与仿真精度较高，自动化程度也较高，可方便地实现显示、打印等功能，但计算速度较低。理论上的仿真精度可以通过改变计算机的字长来“随意”设置，达到无限。但是，受误差累计和仿真时间等因素的影响，其精度往往不宜定得过高。而且数字仿真没有专用的仿真软件支持，需要设计人员用高级程序设计语言编写求解系统模型及结果输出的程序。

（3）混合仿真

混合仿真指将模拟仿真和数字仿真相结合的仿真实验。

（4）现代计算机仿真

现代计算机仿真指采用先进的微型计算机，基于专用的仿真软件、仿真语言来进行的仿真实验。特点是数值计算功能强大，易学易用。这是当前主流的仿真技术方法。

1.1.3 控制系统仿真

控制系统仿真是系统仿真的一个重要分支，它是涉及自动控制理论、计算数学、计算机技术、系统辨识、控制工程以及系统科学的一门综合性学科。它为控制系统的分析、计算、研究、设计以及控制系统的计算机辅助教学等提供了快速、经济、科学和有效的手段。

控制系统仿真是以控制系统模型为基础，采用数学模型描述实际的控制系统，以计算机为工具，对控制系统进行实验、分析、预测和评估的一种技术方法。

控制系统仿真的主要研究内容是通过系统的数学模型和计算方法，编写程序运算语句，使之能自动求解各环节变量的动态变化情况，从而得到关于系统输出和所需要的中间各变量的有关数据、曲线等，以实现对控制系统性能指标的分析与设计。

1.2 控制系统仿真研究的步骤

控制系统仿真过程总体上分为系统建模、仿真建模、仿真实验和结果分析这几个步骤，联系这些步骤的三个要素是系统、模型和计算机，如图 1-1 所示。其中，系统是所研究的对象，模型是对系统的数学抽象，计算机是进行仿真的工具和手段。

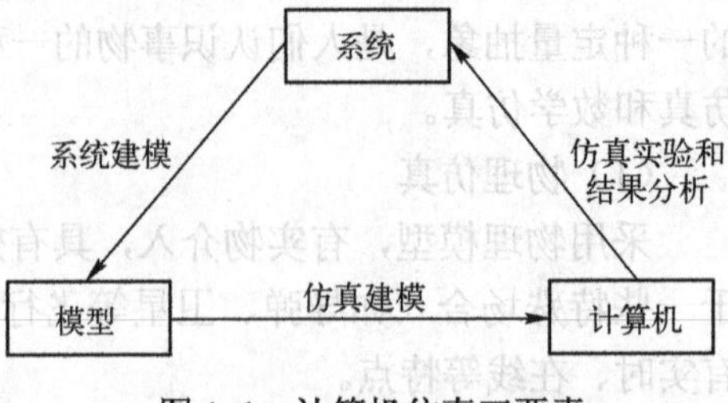

图 1-1 计算机仿真三要素

1．系统建模

系统建模就是建立所研究的控制系统的数学模型，具体是指建立描述控制系统输入、输出变量以及内部各变量之间关系的数学表达式。控制系统的数学模型是进行仿真的主要依据，所建的模型常常是忽略了一些次要因素的简单数学模型，微分方程和差分方程是系统建模时最常用的基本数学模型。控制系统模型分为静态模型和动态模型，静态模型描述了控制系统变量间的静态关系，动态模型描述了控制系统变量间的动态关系。控制系统数学模型的建立方法将在第 4 章中进行详细讲解。

2．仿真建模

仿真建模是根据所建立的控制系统的数学模型，用适当的算法和仿真语言转换为计算机可以实施计算和仿真的模型。受计算机计算能力的限制，诸如微分方程这样的数学模型是无法直接进行数值计算的，而是需要对其进行拉普拉斯变换转换为传递函数形式，或在此基础上再转换为状态空间模型进行仿真，这就是一个将数学模型转化为能够进行系统仿真的仿真模型的过程。

3．仿真实验

具备了仿真模型，下一步就是对模型进行仿真实验。仿真实验首先需要根据所使用的仿真软件语言编写仿真程序，将仿真模型载入计算机，再按照预先设计的实验方案运行仿真模型，得到一系列仿真实验结果。在这一步中，仿真程序的编写是重点，好的仿真软件可以提高编程效率且界面友好，本书中将要介绍的 MATLAB/Simulink 对于控制系统仿真而言就是一款优秀的仿真软件。

4．实验结果分析

通过对仿真实验结果进行分析来检验仿真模型和仿真程序的正确性，多次反复分析和修改后，最终可以得到预期或满意的仿真结果。

遵循以上几个步骤，可以得到控制系统仿真的流程图，如图 1-2 所示。

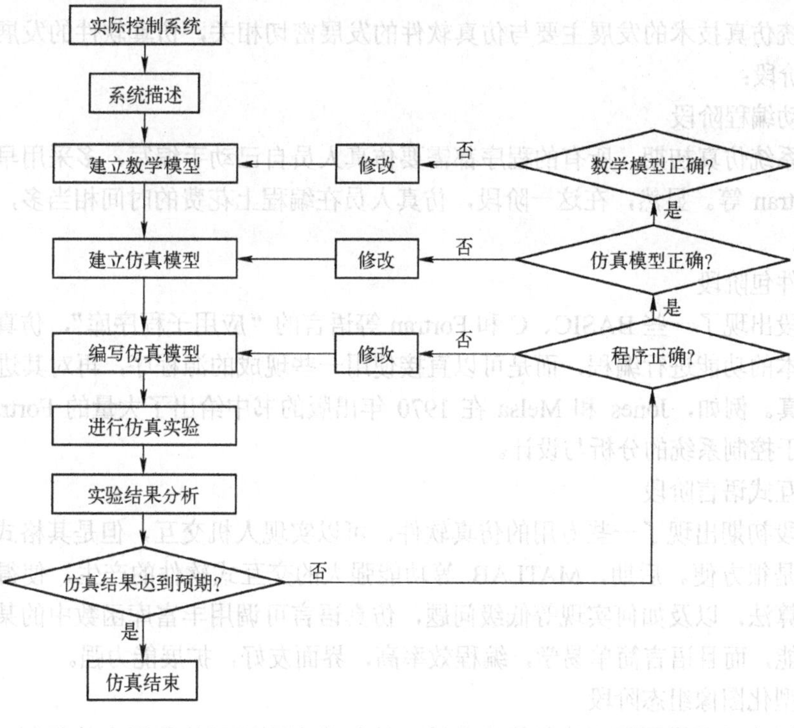

图 1-2　控制系统仿真流程图

1.3 控制系统仿真的应用和发展

1.3.1 控制系统仿真的应用

控制系统仿真可以应用到我们生产、生活、科学研究和军事应用等很多方面，下面列举其中一些进行说明：

（1）航空航天方面

例如，航天器飞行轨迹的模拟、发射火箭或者卫星时图像的自动跟踪与捕获等。

（2）武器控制与制导方面

例如，导弹的飞行轨迹模拟、导弹的自动目标追踪等。

（3）工业控制方面

例如，机械手臂的控制、工业设备温度的控制等。

（4）核电站控制方面

例如，通过大量的堆芯数据计算燃烧棒和控制棒的最佳位置，从而优化核反应堆的功率输出。

（5）日常生产生活方面

例如，温室大棚中温湿度的恒定控制，相机的自动调焦调光控制等。

控制系统仿真的应用远不止以上几个方面，随着仿真技术的提高，越来越多的控制系统可以通过仿真来辅助完成分析、设计、开发和研制，从而收获巨大的社会效益和经济效益。

1.3.2 控制系统仿真的发展

控制系统仿真技术的发展主要与仿真软件的发展密切相关，仿真软件的发展可以大致分为以下四个阶段：

（1）手动编程阶段

在控制系统仿真初期，所有的程序都需要仿真人员自己动手编写，多采用早期编程语言 BASIC、Fortran 等。显然，在这一阶段，仿真人员在编程上花费的时间相当多，而且正确性也没有保证。

（2）软件包阶段

这一阶段出现了一些 BASIC、C 和 Fortran 等语言的“应用子程序库”，仿真人员不需要再对一些基本的功能进行编程，而是可以直接使用一些现成的源程序，再对其进行组合和加工来完成仿真。例如，Jones 和 Melsa 在 1970 年出版的书中给出了大量的 Fortran 源程序，可以直接用于控制系统的分析与设计。

（3）交互式语言阶段

这一阶段初期出现了一些专用的仿真软件，可以实现人机交互，但是其格式严格，应用起来仍然不是很方便。后期，MATLAB 等功能强大的交互式软件的产生，使得仿真人员不必考虑什么算法，以及如何实现等低级问题，仿真语言可调用丰富库函数中的某条指令直接实现某种功能，而且语言简单易学，编程效率高，界面友好，扩展能力强。

（4）模型化图像组态阶段

这一阶段出现了模型图形化的描述方法，使得仿真不再受编程语言的限制，编程界面更加友好，直观形象，如 Simulink、LabVIEW 等。

随着计算机技术的日新月异，控制系统仿真技术也在飞速发展，其发展趋势体现在以下几个方面：

（1）硬件方面

基于多 CPU 并行处理技术的全数字仿真将有效提高仿真系统的速度，大大增强数字仿真的实时性。

（2）应用软件方面

直接面向用户的数字仿真软件不断推陈出新，各种专家系统与智能化技术将更深入地应用于仿真软件开发之中，使得在人机界面、结果输出、综合评判等方面达到更理想的境界。

（3）分布式数字仿真

充分利用网络技术进行分布式仿真，投资少，效果好。

（4）虚拟现实技术

综合了计算机图形技术、多媒体技术、传感器技术、显示技术以及仿真技术等多学科，使人仿佛置身于真实环境之中，这是“仿真”追求的终极目标。

1.4 MATLAB/Simulink 简介

1.4.1 MATLAB 简介

1．MATLAB 的发展历程

MATLAB 是 MathWorks 公司推出的一个功能强大的计算仿真软件，是目前世界上应用最广泛的计算机仿真软件。它最早出现于 1980 年，美国新墨西哥大学计算机科学系主任 Cleve Moler 教授采用 Fortran 语言编写了集命令翻译、科学计算于一身的一套交互式软件系统，设计初衷是为了方便学生解决“线性代数”课程的矩阵运算问题。这个软件系统被命名为 MATLAB，是 Matrix Laboratory 的缩写，译为“矩阵实验室”，表明其基本操作单元是矩阵。这就是最初的 MATLAB。

第一个 MATLAB 商业版本是在 1984 年 Cleve Moler 教授及一批专家组建了 MathWorks 的公司，并用 C 语言重新编写其核心软件后推出的。此后，陆续增添的图形图像处理、符号运算、与其他流行软件的接口等功能，使得 MATLAB 的功能越来越强大。经过几十年的不断完善与升级，到 20 世纪 90 年代，在国际上三十几个数学类科技应用软件中，MATLAB 在数值计算方面独占鳌头。目前，MATLAB 已在 2013 年更新至最新的 MATLAB R2013b 版本。但 MATLAB 的扩展开发还远远没有结束，各学科的相互促进和计算机技术的发展，将使得 MATLAB 更加强大。

2．MATLAB 的影响

在欧美各高等院校，MATLAB 已经被正式列入研究生和本科生的教学计划，成为线性代数、数值分析、数理统计、自动控制理论、数字信号处理、动态系统仿真、图像处理等课程的基本教学工具，是大学生必须掌握的基本技能之一。

在科研单位和工业系统，MATLAB 也深受科研工作者和工程师们的喜爱，被认为是高效研究和开发设计的首选软件工具。

在国际学术界，MATLAB 被确认为准确、可靠的科学计算标准软件，在许多国际一流学术刊物上（尤其是信息科学刊物），都可以看到 MATLAB 的应用。

3．MATLAB 与控制系统仿真

MATLAB 的问世和发展，也给控制系统的分析和设计带来极大的便利，已成为盛行的控制系统仿真软件。与其他软件相比，MATLAB 具有如下显著特点：

（1）强大的运算功能

MATLAB 提供了向量、数组、矩阵、复数运算，以及求解高次微分方程、常微分方程的数值积分等强大的运算功能，这些运算功能使控制理论及控制系统中经常遇到的计算问题得以顺利解决。

（2）简单易学的编程语言

MATLAB 的编程语言是脚本语言，这种解释性的语言简单易学。MATLAB 命令也与数学中的符号、公式非常接近，可读性强，容易掌握。

（3）大量配套工具箱

MATLAB 具有大量与控制系统设计相关的配套工具箱，如控制系统工具箱、系统辨识工具箱、鲁棒控制工具箱、模糊控制工具箱、神经网络工具箱、最优化工具箱、模型预测控制工具箱和多变量频域设计工具箱等。这些工具箱使得控制系统的仿真与计算变得便捷与高效。

（4）强大的图形功能

除了一般的数据显示，MATLAB 还支持多种形式的二维/三维图形显示，丰富的绘图命令可以随时将计算结果可视化，使数据内容清晰可见、一目了然，便于对控制系统的数据处理结果进行分析。

（5）高效的编程效率

MATLAB 内具有丰富的库函数，从加减乘除、正弦、余弦、积分、微分、方程求解和矩阵求逆，到快速傅里叶变换等一应俱全，而且可以直接调用，不必将其子程序的命令或语句逐一列出，大大提高了编程效率。

（6）方便友好的编程环境

可视化的操作界面，交互式的编程方式，全面的在线帮助系统，都可以方便操作者的使用。而且，通过应用程序接口，MATLAB 还可以和其他高级编程语言进行交互设计，扩展性能好。

MATLAB 凭借其强大的功能为控制系统的计算与仿真带来革命性的变革，已经成为国内外控制领域最流行的仿真软件。因此，在学习和研究控制系统时，就一定要掌握 MATLAB 及其在控制系统仿真中的应用，具体将在本书后续章节中详细阐述。

1.4.2 Simulink 简介

1990 年 MathWorks 公司在 MATLAB 中加入了新的控制系统模型化图形输入与仿真工具，并命名为 SIMULAB。该工具很快在控制工程领域获得了广泛的认可，并在 1992 年被正式更名为 Simulink。

Simulink 是 MATLAB 中用于动态系统建模和仿真的一个软件包，它的出现使得控制系统仿真进入模型化图形组态阶段，控制系统的分析与设计变得更加便捷和直观。Simulink 与

MATLAB 语言相比，区别是其与用户的交互接口是基于 Windows 的模型化图形输入，其结果是使得用户可以把更多的时间和精力投入到系统模型的构建，而非语言的编程上。

所谓模型化图形输入，是指 Simulink 提供了一些按功能分类的基本的系统模块，用户只需要知道这些模块的输入、输出以及功能，而不必要了解模块内部是如何实现的，再通过对这些基本模块的调用，并通过简单的鼠标拖拉动作进行连接，就可以构成所需要的系统模型，进而完成系统的仿真和分析。Simulink 的模型文件是以.mdl 为扩展名进行存储的。

Simulink 中的模块外表呈方块图形式，而且可以采用分层结构进行设计。在 Simulink 中既可以采用自下而上的设计流程（从器件、子系统、顶层系统到系统功能），也可以是相反的自上而下的设计流程。在 Simulink 模型中，用户可以清晰地知道具体环节的动态细节，直观地了解各个器件、子系统和系统间的信息交换，掌握各部分之间交互的影响。Simulink 能够将仿真的结果以变量的形式保存到 MATLAB 的工作空间，供进一步分析、处理和应用；还能够将 MATLAB 工作空间中的数据导入到模型中应用。此外，Simulink 还具有开发的体系结构，允许用户开发自定义模块，并将其添加到 Simulink 库中，以满足不同的任务要求。

Simulink 可以处理的系统包括线性和非线性系统，连续、离散及其混合系统，单任务和多任务离散事件系统。

后续章节将会带领读者对 Simulink 的基本模块、功能和用法有一个全面的了解，并熟悉 Simulink 的基本操作方法，为使用 Simulink 进行控制系统仿真打下基础。

1.5 本章小结

本章主要介绍了控制系统仿真的基本概念、研究步骤，及其应用和发展，并对 MATLAB 和 Simulink 的产生、发展及其强大的功能进行了简单介绍。通过本章，读者可以对控制系统仿真的相关基础理论知识有一个整体的认识，为学习本书后续内容进行必要准备。

第 2 章　MATLAB 语言基础

MATLAB 是由美国 MathWorks 公司于 20 世纪 80 年代推出的高性能数值计算软件。MATLAB 语言源于线性代数中的数学运算，它不同于其他的计算机高级语言，是国际公认的优秀数学应用软件之一。

概括地讲，整个 MATLAB 系统由两部分组成，即 MATLAB 内核与辅助工具箱，两者的调用构成了 MATLAB 的强大功能。MATLAB 语言以数组为基本数据单位，包括控制流语句、函数、数据结构、输入输出及面向对象等特点的高级语言，它具有以下主要特点：

1）语言简洁紧凑，运算符和库函数极其丰富，使用方便灵活，编程效率高，MATLAB 除了提供和 C 语言一样的运算符号外，还提供了大量的矩阵和向量运算符，灵活使用 MATLAB 的运算符可使程序变得极为简短。MATLAB 程序书写形式自由，利用丰富的库函数避开了繁杂的子程序编程任务，压缩了一切不必要的编程工作。

2）具有结构化的控制语句，如 for 循环、while 循环、break 语句、if 语句和 switch 语句等，同时又有面向对象的编程特性。

3）图形功能强大。具有对二维和三维数据可视化、图像处理、动画制作等绘图命令，也包括可以修改图形及编制完整图形界面的绘图命令。

4）功能强大的工具箱。工具箱可分为两类：功能性工具箱和学科性工具箱。功能性工具箱主要用来扩充其符号计算、图示建模仿真、文字处理以及与硬件实时交互等功能，可用于多种学科；学科性工具箱专业性比较强，包括优化工具箱、统计工具箱、控制工具箱、小波工具箱、图像处理工具箱、通信工具箱等。这些工具箱都是由该领域内学术水平很高的专家编写的，所以用户无需编写自己学科范围内的基础程序，而直接进行高、精、尖的研究。

5）源程序的开放性。除内部函数外，所有 MATLAB 的核心文件和工具箱文件都是可读可改的源文件，用户可修改源文件和加入自己的文件，它们可以与库函数一样被调用。

6）MATLAB 有强大的自带的帮助手册，以及基于 HTML 的完整的帮助功能。

MATLAB 语言灵活、方便，易学易用。MATLAB 语言调试程序手段丰富，调试速度快，把编辑、编译、连接和执行融为一体，不必要求用户具有高深的数学与程序语言设计的知识，不必要求用户深刻了解算法与编程技巧。MATLAB 语言是具有应用优势的控制系统仿真工具。在本章中，我们将介绍 MATLAB 语言的数学运算与绘图等基础内容。

2.1 MATLAB 的编程环境

2.1.1 MATLAB 启动和退出

在安装 MATLAB 7.0 软件后重新启动计算机，就完成了 MATLAB 7.0 的安装，启动 MATLAB 7.0 软件，即可进入 MATLAB 7.0 的主体界面，如图 2-1 所示。界面上的窗口多少与设置有关，图 2-1 为 MATLAB 起始工作的主体界面。

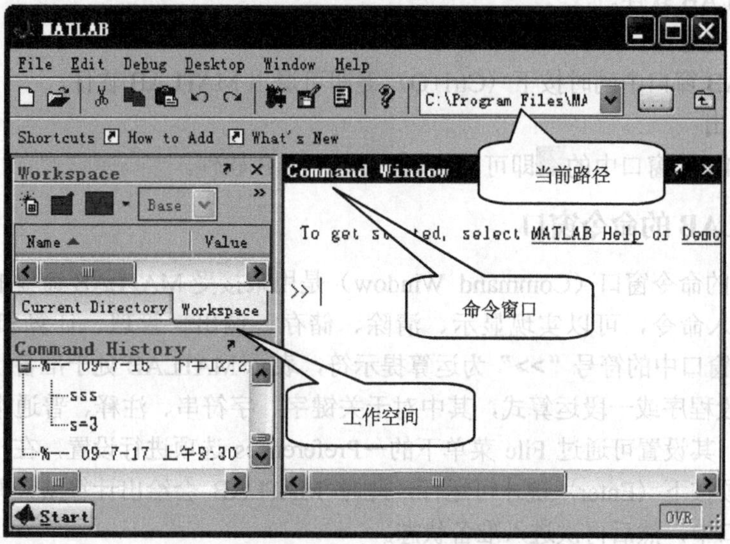

图 2-1 MATLAB 起始工作的主体界面

该界面可弹出的窗口如下：

① 命令窗口（Command Window）：用于输入变量，运行函数和 M 文件。

② 命令历程窗口（Command History）：用于记录和观察先前用过的函数，复制和执行被选择的行。

③ 当前目录浏览器（Current Directory Browser）：寻找、观察、打开和改变 MATLAB 相关目录和文件。

④ 工作空间浏览器（Workspace Browser）：记录、存放和显示 MATLAB 运行历程中建立的全部变量。

⑤ 数组编辑器（Array Editor）：用于观察数组内容并编辑其值。

⑥ 交互界面分类目录窗口（Launch Pad）：双击应用条目 Import Wizard、Profiler 和 GUIDE，就出现相应的界面窗口。双击 Help 条目，就打开帮助文件出现帮助导航/浏览器窗口。双击 Demos 条目，就出现帮助导航/浏览器窗口的 Demos 选项卡。双击 Product Page（Web）条目，就会上网连接支持网站的相应产品页面。

⑦ 程序编辑器（Editor/Debugger）：生成、编辑和调试 M 文件。

⑧ 帮助浏览器（Help Browser）：显示 MATLAB 的 HTML 格式的帮助文件。

用户可根据需要对界面窗口进行重新设置。若希望独立使用某个窗口，可单击该窗口右上角的↗图标；若希望该命令窗口回到当前界面时，可单击独立窗口右上角的↘图标即可。

利用 MATLAB 软件完成数值计算和仿真任务后，可以采用以下 4 种方法退出 MATLAB 软件。

1．利用 MATLAB 菜单退出

如图 2-1 所示，单击 File 菜单，在弹出的菜单选项中选择 Exit MATLAB，即可退出 MATLAB 软件。

2．使用 quit 语句退出

在命令窗口（Command Window）中的命令提示符后面直接键入 quit 语句，单击回车键即可退出 MATLAB 软件。

3．使用热键退出

在 MATLAB 窗口中同时按下〈Ctrl+Q〉键即可退出 MATLAB 软件。

4．直接退出

单击 MATLAB 窗口中的即可直接退出 MATLAB 软件。

2.1.2 MATLAB 的命令窗口

MATLAB 的命令窗口（Command Window）是用来接受 MATLAB 命令的窗口。在命令窗口中直接输入命令，可以实现显示、清除、储存、调出、管理、计算和绘图等功能。MATLAB 命令窗口中的符号“>>”为运算提示符，表示 MATLAB 处于准备状态。在提示符后即可输入一段程序或一段运算式，其中对于关键字、字符串、注释、普通指令分别采用不同的颜色表示。其设置可通过 File 菜单下的→Preferences 选项进行设置，在一个命令内容全部键入后，必须按下〈Enter〉键才可运行，此时 MATLAB 会给出计算结果并将其保存在工作空间管理窗口中，然后再次进入准备状态。

2.1.3 MATLAB 的工作空间

工作空间（Workspace）是指 MATLAB 程序或命令在运行时所生成的所有变量和 MATLAB 提供的常量构成的空间，显示当前 MATLAB 的内存中使用的所有变量的变量名、变量的大小和变量的数据结构等信息，每次打开 MATLAB 软件，都会自动建立一个工作空间，该空间在 MATLAB 运行期间一直存在，关闭 MATLAB 后自行消失。当运行 MATLAB 程序时，程序中的变量被加入到工作空间中，只有特定的指令才可删除某一变量，否则该变量在关闭 MATLAB 之前一直存在，且该变量可被其他的程序调用。

在命令窗口中，实现变量的显示、清除、储存和调入的命令如表 2-1 所示。

表 2-1　命令窗口操作函数

命　令	说　明
who	显示当前工作空间中的所有变量名
whos	显示当前工作空间中的所有变量的变量名、变量大小和数据类型
whos　变量名	显示工作空间中该变量的大小、数据类型
disp　变量名	显示该变量的内容
clear	清除工作空间中的所有变量
clear 变量名	清除工作空间中的该变量
save　文件名	把工作空间中的变量保存在当前 MATLAB 目录下产生的一个扩展名为 mat 的文件中
load 文件名	把该 mat 文件中的变量调入到 MATLAB 的内存中

用户也可以在 MATLAB 变量浏览器中用鼠标右键来对选定的变量进行操作，如显示、绘图、复制、保存、删除和重命名等。

2.1.4 当前目录窗口

当前目录（Current Directory）是指 MATLAB 运行文件时的工作目录，只有在当前目录或搜索路径下的文件及函数可以被运行或调用，如果没有特殊指明，数据文件也将存储在当前目录下，如图 2-2 所示。当 MATLAB 调用函数或执行程序文件时，对函数或程序文件的搜索，都是在其搜索路径下进行的。如果用户调用的函数在搜索路径之外，MATLAB 会认为此函数并不存在。一般情况下，MATLAB 系统的函数（包括工具箱函数）都在系统默认的搜索路径之中，通常很多人都习惯于建立自己的工作目录，以便于文件和数据的管理，因此在运行文件前要将该文件所在的目录设置为当前目录。

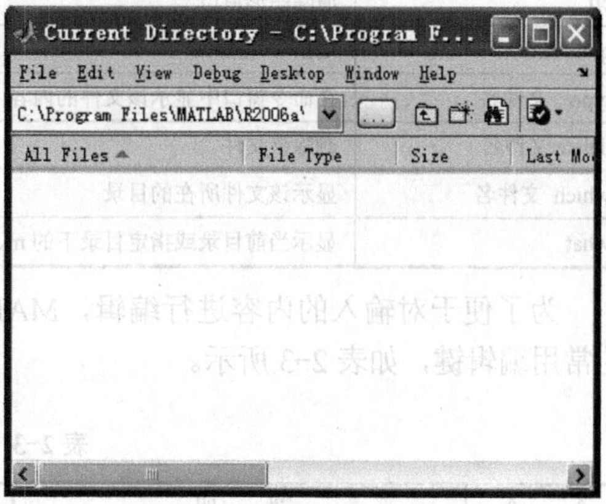

图 2-2 当前目录窗口

在 MATLAB 命令窗口中输入 edit path 命令或 path tool 命令，也可通过 MATLAB 窗口中 File 菜单下的 Set Path...选项，进入“设置搜索路径”对话框，通过该对话框可以为 MATLAB 添加或删除搜索路径。

注意：设置的搜索路径仅在当前启动的 MATLAB 环境下有效，一旦 MATLAB 重新启动，必须重新设置。

2.1.5 命令历史窗口

命令历史窗口（Command History）显示所有执行过的命令，如图 2-3 所示。在默认设置下，该窗口会保留自 MATLAB 安装后使用过的所有命令，并表明使用的时间。利用该窗口，一方面可以查看曾经执行过的命令；另一方面可以重复利用原来输入的命令，这只需在命令历史窗口中直接双击某个命令，就可以执行该命令。

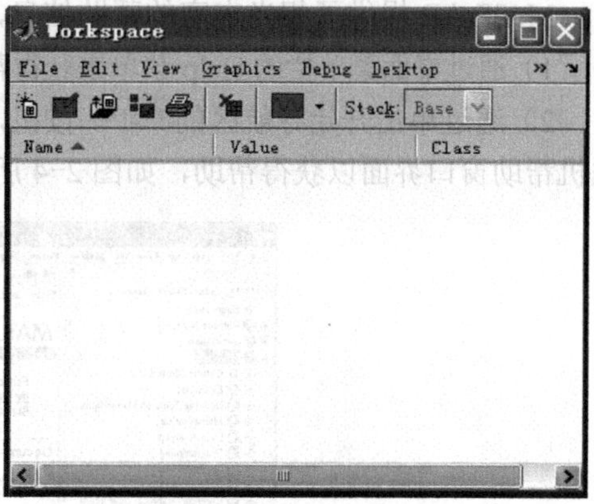

图 2-3 命令窗口

2.1.6 MATLAB 文件管理

在命令窗口中实现管理功能的常用命令如表 2-2 所示。

表 2-2　文件管理命令

命　　令	说　　明
cd	显示当前工作目录
dir	显示当前工作目录或指定目录下的文件
clc	清除命令窗口中的所有内容
clf	清除图形窗口
quit（exit）	退出 MATLAB
type　文件名	在命令窗口中显示该文件的内容
delete 文件名	删除该文件
which　文件名	显示该文件所在的目录
what	显示当前目录或指定目录下的 m、mat、MEX 文件

为了便于对输入的内容进行编辑，MATLAB 提供了一些控制光标位置和进行简单编辑的常用编辑键，如表 2-3 所示。

表 2-3　常用编辑键

命　　令	说　　明	命　　令	说　　明
↑	调用上一行	↓	调用下一行
←	光标左移一个字符	→	光标右移一个字符
home	光标置于当前行首	end	光标置于当前行尾
del	删除光标处的字符	backspace	删除光标前的字符

在以上按键中，反复使用“↑”，可以调出以前键入的所有命令，进行修改、计算。

2.1.7　MATLAB 帮助使用

MATLAB 提供了相当丰富的帮助信息，同时也提供了获得帮助的方法。

1）通过桌面菜单栏的 Help 菜单来获得帮助，或通过常用工具栏区的 ? 打开帮助窗口。

2）通过单击开始导航区的 Start 按钮，在下拉菜单中选择 Help 项，打开 MATLAB 的联机帮助窗口界面以获得帮助，如图 2-4 所示。

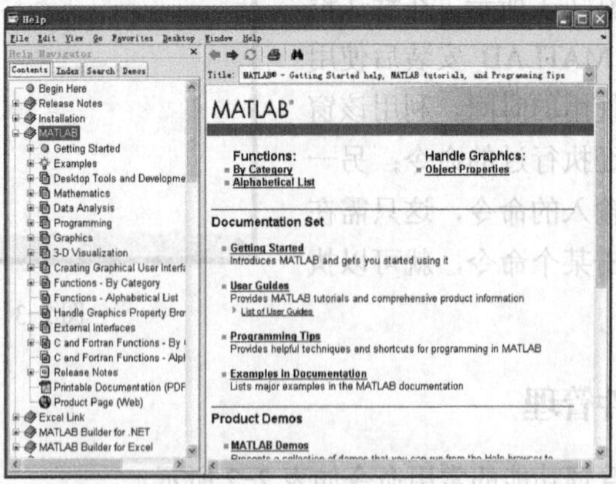

图 2-4　联机帮助窗口界面

3）MATLAB 也提供了在命令窗口中获得帮助的多种方法，在命令窗口中获得 MATLAB 帮助的命令及说明列于表 2-4 中。其调用格式为：命令+指定参数。

表 2-4　帮助命令

命　令	说　明
doc	在帮助浏览器中显示指定函数的参考信息
help	在命令窗口中显示 M 文件帮助信息
helpbrowser	打开帮助浏览器，无参数
helpwin	打开帮助浏览器，并且见初始界面置于 MATLAB 函数的 M 文件帮助信息
lookfor	在命令窗口中显示具有指定参数特征函数的 M 文件帮助
web	显示指定的网络页面，默认为 MATLAB 帮助浏览器

例如：

```
>> help cos
   COS    Cosine of argument in radians.
   COS(X) is the cosine of the elements of X.
   Overloaded functions or methods
   help sym/cos.m
```

2.1.8　数据交换系统

MATLAB 提供了多种方法将数据从磁盘或剪贴板中读入 MATLAB 工作空间。这里主要介绍文本数据的读入。对于文本数据（ASCII）而言，最简单的读入方法就是通过桌面平台上的 File 菜单中的 Import Data 选项打开输入向导编辑器，按向导提示进行操作完成整个文本数据的输入；另外也可以利用 load 函数，其调用方法为：load+文件名[参数]。Load 函数将会从文件名所指定的文件中读取数据，并将输入的数据赋给以文件名命名的变量，如果不给定文件名，则将自动认为 matlab.mat 文件为操作对象，如果该文件在 MATLAB 搜索路径中不存在时，系统将会报错。

【例 2-1】 事先在记事本中建立文件（并以 data1.txt 保存）：

```
1    2    3
4    5    6
7    8    9
```

在 MATLAB 命令窗口中输入：

```
>> load data1.txt
>> data1
   data1=
          1    2    3
          4    5    6
          7    8    9
```

2.2　MATLAB 基础知识

MATLAB 数据类型主要包括：数字、字符串、矩阵、单元型数据及结构型数据等，本节将简要介绍 MATLAB 的数据类型、矩阵的建立及运算。

2.2.1　变量与常量

与常规的程序设计语言不同，MATLAB 语言中的变量既不需要事先定义，也不需要预先指定变量类型，MATLAB 会自动依据所赋予变量的值或对变量所进行的操作来识别变量的类型。在赋值过程中，如果赋值变量已存在时，MATLAB 语言将使用新值代替旧值，并以新值类型代替旧值类型。

在 MATLAB 语言中，变量的命名遵循如下规则：

1）变量名区分大小写。

2）变量名长度不超 31 位，超过部分将被 MATLAB 语言所忽略。

3）变量名以字母开头，第一字母后可以使用字母、数字、下画线，但不能使用空格和标点符号。

4）一些常量也可作为变量使用，例如，i 和 j 在 MATLAB 中表示虚数的单位，但也可作为变量使用，比如循环语句中常使用 i 和 j 作为循环变量。

在 MATLAB 语言中，定义变量时应尽量避免与常量名重复，以防改变这些常量的值，如果已改变了某外常量的值，可以通过“clear+常量名”命令恢复该常量的初始设定值，也可通过重新启动 MATLAB 系统来恢复这些常量值。

常量是 MATLAB 语言预先定义其数值的变量，表 2-5 给出了 MATLAB 语言中经常使用的一些常量值。

表 2-5　永久变量

常　量	表 示 数 值
ans	计算结果的默认变量名
pi	圆周率
eps	浮点运算的相对精度
inf	正无穷大
Nan	表示不定值
realmax/ realmin	最大的正实数/最小的正实数
i, j	虚数单位

在未加特殊说明的情况下，MATLAB 语言将所识别的一切变量视为局部变量，即仅在其使用的 M 文件内有效。若要将变量定义为全局变量，则应当对变量进行说明，即在该变量前加关键字 global。一般来说全局变量均用大写的英文字符表示。

2.2.2　数字变量的运算及显示格式

MATLAB 是以矩阵为基本运算单元的，而构成数值矩阵的基本单元是数字。为了更好地学习和掌握矩阵的运算，首先对数字的基本知识作简单的介绍。

对于简单的数字运算，可以直接在命令窗口的提示符>>后直接输入数字运算式，例如：

```
>> 5+4*3
ans=
      17
```

这里“ans”是指当前的计算结果，若计算时用户没有对表达式设定变量，系统就自动赋当前结果给“ans”变量。用户也可以输入：

```
>> a=5+4*3
a=
      17
```

此时系统就会将计算结果赋给指定的变量 a 了。

在 MALAB 语言中，常用的数学运算符为+、-、*（乘）、\（左除）、/（右除）、^（幂）。在运算式中，MATLAB 通常不需要考虑空格；多条命令可以放在一行中，它们之间需要用分号隔开；逗号告诉 MATLAB 显示结果，而分号则禁止结果显示。

任何 MATLAB 的语句的执行结果都可以在屏幕上显示，同时赋值给指定的变量，没有指定变量时，赋值给一个特殊的变量 ans。MATLAB 总是以双字长浮点数（双精度）来执行所有的运算，数据的显示格式由 Format 命令控制，Format 只是影响结果的显示，不影响其计算与存储；MATLAB 语言中数值有多种显示形式，在默认情况下，若数据为整数，则就以整数表示；若数据为实数，则以保留小数点后 4 位的精度近似表示。MATLAB 语言提供了 10 种数据显示格式，常用的有下述几种格式。

Format short	小数点后 4 位（系统默认值）	如：99.1253；
Format long	小数点后 14 位	如：99.12345678900000；
Format short e	5 位指数形式	如：9.9123e+001；
Format long e	15 位指数形式	如：9.912345678900000e+001；
Format bank	2 位十进制形式	如：99.1253；
Format hex	十六进制形式	如：4058c804ea4a8c15。

MATLAB 语言还提供了复数的表达和运算功能。在 MATLAB 语言中，复数的基本单位表示为 i 或 j。在表达简单数数值时虚部的数值与 i、j 之间可以不使用乘号，但是如果是表达式，则必须使用乘号以识别虚部符号。

2.2.3 字符串

字符是 MATLAB 中符号运算的基本构成单元，也是文字等表达方式的基本元素。字符串用单撇号进行输入或赋值，也可以用函数 char()来生成。字符串的每个字符（包括空格）都是字符数组的一个元素。

【例 2-2】

```
>>a='This is my book';
   a=
      This is my book
```

```
>> size(a)                    % size 查看数组的维数
   ans=
       1    15
```

在 MATLAB 中，字符串和字符数组基本上是等价的；另外，由于 MATLAB 对字符串的操作与 C 语言几乎完全相同这里不再赘述。

2.3 矩阵运算

矩阵是 MATLAB 的核心，矩阵和数组的输入形式和书写方法是相同的，其区别在于进行运算时，数组的运算是数组中对应元素的运算，而矩阵运算则应符合矩阵运算的规则。

2.3.1 矩阵生成

在 MATLAB 中，矩阵的输入必须以方括号“[ ]”作为其开始与结束标志，矩阵的行与行之间要用分号“；”或按回车键分开，矩阵的元素之间要用逗号“，”或用空格分隔。矩阵的大小可以不必预先定义，且矩阵元素的值可以用表达式表示。建立矩阵的方法有直接输入矩阵元素、现有矩阵基础上添删元素、读取数据文件、直接建立特殊矩阵等。

1．直接输入矩阵元素

从键盘上直接输入矩阵元素是最方便、最常用的创建数值矩阵的方法，尤其适合较小的简单矩阵。不但可以使用纯数字（含复数），也可以使用变量（或者说采用一个表达式）来生成矩阵。

【例 2-3】 矩阵的直接赋值。

```
>> a=[1 2 1;4 2 6;7 8 5]
a =
    1        2        1
    4        2        6
    7        8        5
>> A=[1,1.5,2];
>> B=[A;2*A;A/5]
B =
    1.0000    1.5000    2.0000
    2.0000    3.0000    4.0000
    0.2000    0.3000    0.4000
```

2．语句生成

1）用线性等间距生成向量矩阵（start：step：end），其中 start 为起始值，step 为步长，end 为终止值。当步长为 1 时可省略 step 参数；另外 step 也可以取负数。

2）a=linspace(n1,n2,n)

在线性空间上，行向量的值从 $n1$ 到 $n2$，数据个数为 n，默认 n 为 100。

3）a=logspace(n1,n2,n)

在对数空间上，行向量的值从 10^{n1} 到 10^{n2}，数据个数为 n，默认 n 为 50。这个指令为建立对数频域轴坐标提供了方便。

【例 2-4】 语句生成矩阵。

```
>>a=[1：2：10]
a=
     1  3  5  7  9
>>b=linspace(1,10,10)
b=
     1  2  3  4  5  6  7  8  9  10
>>c=logspace(1,3,3)
c=
     10    100    1000
```

3．外部文件读入法

MATLAB 语言也允许用户调用在 MATLAB 环境之外定义的矩阵。可以利用任意的文本编辑器编辑所要使用的矩阵，矩阵元素之间以特定分断符分开，并按行列布置。读入矩阵的方法如 2.1.8 节数据交换系统所述。

4．特殊矩阵的生成

对于一些比较特殊的矩阵（单位阵、矩阵中含 1 或 0 较多），由于其具有特殊的结构，MATLAB 提供了一些函数用于生成这些矩阵。常用的有下面几个：

zeros(m)	生成 *m* 阶全 0 矩阵；
eye(m)	生成 *m* 阶单位矩阵；
ones(m)	生成 *m* 阶全 1 矩阵；
rand(m)	生成 *m* 阶均匀分布的随机矩阵；
randn(m)	生成 *m* 阶正态分布的随机矩阵。

2.3.2 矩阵基本操作

1．矩阵下标

矩阵中的元素可以用下标（行列索引）来标识，如一个 $m\times n$ 的矩阵 Matrix 的第 i 行第 j 列的元素表示为 Matrix(i,j)。也可以采用矩阵元素的序号来引用矩阵元素。矩阵元素的序号就是相应元素在内存中的排列顺序。在 MATLAB 中，矩阵元素按列存储，即把矩阵的全部元素列按先左后右的次序连接成“一维长列”，然后对元素位置进行编号。序号与下标是一一对应的，以 $m*n$ 矩阵 Matrix 为例，矩阵元素 Matrix(i,j)的序号为$(j-1)*m+i$。其相互转换关系也可利用 sub2ind()和 ind2sub()函数求得。

【例 2-5】 用全下标标识给矩阵元素赋值。

```
>> A=[1 6 5;2 4 3]
A =
     1      6      5
     2      4      3
>> A(3,3)=9                              % 给 A(3,3)赋值
A =
     1      3      5
     2      4      6
     0      0      9
```

%在对矩阵元素赋值时，如果行或列下标数值(*i,j*)超出矩阵的维数 *m*n*，则 MATLAB 会自动扩充矩阵，扩充部分的元素值以 0 填充。

2．矩阵子块

MATLAB 通过确认矩阵下标，可以对矩阵进行插入子块，提取子块和重排子块的操作。

1）A(m,n)：提取第 *m* 行、第 *n* 列元素。

2）A(：,n)：提取第 *n* 列元素。

3）A(m,：)：提取第 *m* 行元素。

4）A(m1：m2,n1：n2)：提取第 *m*1 行到第 *m*2 行和第 *n*1 列到第 *n*2 列的所有元素（提取子块）。

5）A(：)：得到一个长列向量，该向量的元素按矩阵的列进行排列。

6）矩阵扩展：如果在原矩阵中一个不存在的地址位置上设定一个数（赋值），则该矩阵会自动扩展行列数，并在该位置上添加这个数，在其他没有指定的位置补零。

7）消除子块：如果将矩阵的子块赋值为空矩阵[ ]，则相当于消除了相应的矩阵子块。

【例 2-6】

```
>> A=[1 6 5;2 4 3;0 0 9]
A =
        1     6     5
        2     4     3
        0     0     9
>> A(end,1：3)  % 取行数为 3，列数为 1～3 的元素构成子矩阵，用 end 表示某一维阶数中的最大值。
ans =
0     0     9
>> A(3,：)=[]
A =
     1     6     5
     2     4     3
```

3．矩阵的大小

在 MATLAB 中，用 size()函数可以求矩阵维数，用 reshape()可以改变矩阵维数。用 length()可求得数组长度，即行数或列数中的较大值。语句格式为

[m,n]=size(A,x)：返回矩阵的行列数 *m* 与 *n*，当 *x*=1，则只返回行数 *m*，当 *x*=2，则只返回列数 *n*。

B=length(A)=max(size(A))：返回行数或列数的最大值。

B=reshape(A,m,n)：按列优先提取 ***A*** 中的 ***m*n*** 个元素，返回这 ***m*n*** 结构的 ***B*** 矩阵。

【例 2-7】

```
>> a=[1 2 3;4 5 6;7 8 9];
>> size(a)
ans =
    3    3
%说明矩阵 a 是 3 行 3 列
```

```
>> reshape(a,1,9)
ans =
    1   4   7   2   5   8   3   6   9
%可以将数组 a 变成 1 行 9 列
```

4．矩阵合并

在 MATLAB 中，cat(k,a,b) 矩阵合并，*k*=1 时，矩阵合并后的结果形如[a;b]，为行添加矩阵（要求 *a*，*b* 的列数相等才能合并）；当 *k*=2，矩阵合并后的结果形如[a,b]，为列添加矩阵（要求 *a*，*b* 的行数相等才能合并），以此类推，*n* 维的矩阵合并，要求 *n*−1 维维数相等才可以。

【例 2-8】

```
>>a = magic(3);
>>b = pascal(3);
>>c = cat(2,a,b)
c =
    8    1    6    1    1    1
    3    5    7    1    2    3
    4    9    2    1    3    6
```

5．矩阵翻转

在 MATLAB 中，fliplr(a)：矩阵左右翻转；flipud(a)：矩阵上下翻转；rot90(a)：矩阵逆时针旋转 90°；rot90(a,k)：逆时针旋转（90**k*）°，其中 *k* 为定义的参数；flipdim(a,k)：矩阵对应维数数值翻转，如 *k*=1 时，行（上下）翻转，*k*=2 时，列（左右）翻转。

【例 2-9】

```
>>a=[8 1 6;3 5 7;4 9 2];
>> fliplr(a)
 ans =
    6    1    8
    7    5    3
    2    9    4
>> flipud(a)
ans =
    4    9    2
    3    5    7
    8    1    6
>> rot90(a,2)
ans =
    2    9    4
    7    5    3
    6    1    8
```

2.3.3 矩阵运算

矩阵的基本数学运算包括矩阵的四则运算、与常数的运算、逆运算、行列式运算、秩运算、特征值运算等基本函数运算，这里进行简单的介绍。

1．矩阵的加、减运算

矩阵的加、减运算符分别为“+，-”，只有维数相同的矩阵才可以进行加、减运算。两个矩阵的加减运算是对应元素的加减，而矩阵与标量的加减运算则是矩阵中的每一个元素都与该标量进行加减运算。

【例 2-10】

```
>>A=[1 3;4 2];B=[2 5;6,9]; A+B
ans =
     3     8
    10    11
>>A+8
ans =
     9    11
    12    10
```

2．矩阵的乘法运算

矩阵的乘法运算符为“*”，只有当两个矩阵中前一个矩阵的列数和后一个矩阵的行数相同时，才可以进行乘法运算。标量与矩阵的乘法运算是标量与矩阵中的每一个元素进行相乘的运算。

【例 2-11】

```
>>A=[1 2;5 9;2 7];B=[2 3 6;6,4 1]; A*B
ans =
    14    11     8
    64    51    39
    46    34    19
>> B*2
ans =
     4     6    12
    12     8     2
```

3．矩阵的除法运算

矩阵的除法有两种形式：左除“\”和右除“/”。对于矩阵 ***A*** 和 ***B***，如果 ***A*** 矩阵是非奇异方阵，***A**B*** 是 ***A*** 的逆矩阵乘 ***B***，即 inv(***A***)****B***，***A**B*** 运算等效于求 ***A****x=***B*** 的解；而 ***B*/*A*** 是 ***B*** 乘 ***A*** 的逆矩阵，即 ***B****inv(***A***)，***B*/*A*** 等效于求 x****A***=***B*** 的解，右除 ***B*/*A*** 也可由 ***B*/*A***=(***A***'***B***')'左除来实现。如果 ***A*** 是奇异矩阵系统将给出警告信息。

【例 2-12】

```
>>C=[1 2;3 4];D=[ 3 5; 5 9]
>>C/D
ans =
   -0.5000    0.5000
    3.5000   -1.5000
```

```
>>C\D
ans =
    -1.0000    -1.0000
     2.0000     3.0000
```

【例 2-13】

```
>> A2=1+2*i                        % 由运算符构成的直角坐标表示
A2 =
     1.0000 + 2.0000i
>> A3=2*exp(i*pi/6)                % 由运算符构成的极坐标表示
A3 =
     1.7321 + 1.0000i
>> A= A2/A3
A =
     0.9330 + 0.6160i
```

4．矩阵的幂运算

矩阵的幂运算符为“^”，*A*^*P* 意思是 *A* 的 *P* 次方。如果 *A* 是一个方阵，*P* 是一个大于 1 的整数，则 *A*^*P* 表示 *A* 的 *P* 次幂，即 *A* 自乘 *P* 次。如果 *P* 不是整数，则矩阵的乘方是计算矩阵 *A* 的各特征值和特征向量的乘方。如果 ***B*** 是方阵，*a* 是标量，a^B 就是一个按特征值与特征向量的升幂排列的 ***B*** 次方程阵。如果 ***a*** 和 ***B*** 都是矩阵，则 ***a^B*** 是错误的。

【例 2-14】

```
>>C=[1 3;5 4];D=[ 3 2; 5 7];
>>C^2
ans =
    16    15
    25    31
>>2^C
ans =
   32.3685   36.2384
   60.3974   68.6070
```

5．基本函数运算

矩阵的函数运算是矩阵运算中最实用的部分，常用的主要有以下几个：

det(A)	求矩阵 ***A*** 的行列式；
eig(A)	求矩阵 ***A*** 的特征值；
inv(A)或 A ^ (−1)	求矩阵 ***A*** 的逆矩阵；
rank(A)	求矩阵 ***A*** 的秩；
trace(A)	求矩阵 ***A*** 的迹（对角线元素之和）；
A’	求矩阵 ***A*** 的转置。

【例 2-15】

```
>> A =[8 1 6; 3 5 7; 4 9 2]
>> A 1=det(a);
>> A 2=det(inv(a));
>> A 1* A 2
ans=
        1
```

2.4 数组运算

我们在进行工程计算时常常遇到矩阵对应元素之间的运算，我们称之为数组运算。数组和矩阵在数学上是两个不同的概念。在 MATLAB 语言中，数组和矩阵在表达形式上有许多一致之处，但它们实际上遵循着不同的运算规则。

数组运算由线性代数的矩阵运算符“*”、“/”、“\”、“^”前加一点来表示，即为“.*”、“./”、“.\”、“.^”。注意没有“.+”、“.–”运算。

2.4.1 基本数学运算

数组的加、减与矩阵的加、减运算完全相同，即对应元素之间的相加和相减。而乘除法运算有相当大的区别，数组的乘除法是指两同维数组对应元素之间的乘除法，它们的运算符为“.*”和“./”或“.\”。另外，数组运算中还有幂运算（运算符为 .^ ）、指数运算（exp）、对数运算（log）和开方运算（sqrt）等。数组的运算实质上就是针对数组内部的每个元素进行的。

【例 2-16】

```
>>a=[1 2;3 4];b=[ 3 4; 5 7];
>>a*b
ans =
      13     18
      29     40
>>a.*b
ans =
       3      8
      15     28
```

由上例可见矩阵的乘法运算与数组的乘法运算有很大的区别。

2.4.2 关系运算

在 MATLAB 语言中，可以通过关系运算符很方便地实现数组的关系运算。在使用关系运算符时，首先应保证数组维数一致或其一是标量。当比较双方对应位置上的元素值满足比较关系时结果为 1（真），否则结果为 0（假）。在算术运算、比较运算和逻辑与或非运算中，它们的优先级先后顺序为：比较运算、算术运算、逻辑与或非运算。

MATLAB 提供的用于两个量之间进行比较的关系运算符如表 2-6 所示。

表 2-6 关系运算符

符号运算符	功 能	函 数 名
= =	等于	eq
~=	不等于	ne
<	小于	lt
>	大于	gt
<=	小于等于	le
>=	大于等于	ge

【例 2-17】

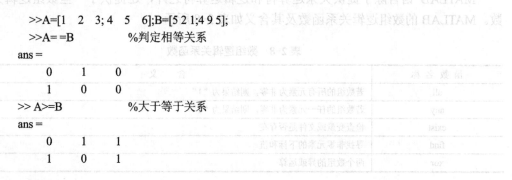

```
    >>A=[1  2  3; 4  5  6];B=[5 2 1;4 9 5];
    >>A= =B                 %判定相等关系
ans =
     0     1     0
     1     0     0
>> A>=B                     %大于等于关系
ans =
     0     1     1
     1     0     1
```

2.4.3 逻辑运算

逻辑运算也是对数组元素的运算。MATLAB 语言提供的逻辑运算符有三个，如表 2-7 所示。

表 2-7 逻辑运算符

逻辑运算符	功 能	函 数 名
&	逻辑与	and
|	逻辑或	or
~	逻辑非	not

使用逻辑符进行运算时同样也需要保证数组维数一致或其一是标量。在进行“与”运算时，在 MATLAB 定义下，如果对应位置上的两个元素值均为非 0，则该逻辑与运算的结果为 1，否则该元素为 0；在进行“或”运算时，在 MATLAB 定义下，如果对应位置上的两个元素值均为 0，则该逻辑或运算的结果为 0，否则为 1；在对某个数组进行“非”运算时，在 MATLAB 定义下，若数组对应元素值为 0，则该逻辑非运算的结果为 1，否则为 0。

MATLAB 还提供了“&&”和“||”逻辑运算符，“&&”和“||”被称为“&”和“|”的 short circuit 形式。执行 A&B 时，首先判断 A 的逻辑值，然后判断 B 的值，再进行逻辑与的计算。而执行 A&&B 时，首先判断 A 的逻辑值，如果 A 的值为假，就可以判断整个表达式的值为假，就不需要再判断 B 的值。如果 A 是一个计算量较小的函数，B 是一个计算量较大的函数，这种用法对减少计算量是非常实用的。前者 A 和 B 可以为矩阵也可以为标量，后者的逻辑运算则要求 A 和 B 只能是标量。"|"与“||”同理。

【例 2-18】

```
>>A=[0 2 3; 4 0 6];B=[0 2 1;4 9 5];
>>A&B        %与运算
ans =
      0     1     1
      1     0     1
>> ~A         %非运算
ans =
      1     0     0
      0     1     0
```

MATLAB 语言除了提供关系运算符和逻辑运算符之外，还提供了一些数组逻辑关系函数。MATLAB 的数组逻辑关系函数及其含义如表 2-8 所示。

表 2-8 数组逻辑关系函数

函数名称	含义
all	若数组的所有元素为非零，则结果为“1”
any	若数组的任一元素为非零，则结果为“1”
exist	检查变量或文件是否存在
find	寻找非零元素的下标和值
xor	两个数组的异或运算

2.4.4 基本初等函数

MATLAB 基本初等函数及其功能如表 2-9 所示。在 MATLAB 语言中，基本初等函数是指三角函数、对数函数、指数函数和复数运算函数等，函数执行数学运算时是对数组的每个元素进行同等的操作。

表 2-9 基本初等函数

函数名称	功能	函数名称	功能	函数名称	功能
sin	正弦	cosh	双曲余弦	sqrt	平方根
cos	余弦	tanh	双曲正切	abs	绝对值（复数的模）
tan	正切	coth	双曲余切	angle	复数相角
cot	余切	asinh	反双曲正弦	conj	复数的共轭
sec	正割	acosh	反双曲余弦	imag	复数的虚部
csc	余割	atanh	反双曲正切	real	复数的实部
asin	反正弦	acoth	反双曲余切	isreal	是否为复数
acos	反余弦	asech	反双曲正割	fix	向 0 取整
atan	反正切	acsch	反双曲余割	floor	向负无穷方向取整
atan2	四象限反正切	exp	指数	ceil	向正无穷方向取整
acot	反余切	log	自然对数	round	四舍五入
asec	反正割	log10	常用对数	mod	除法求余（与除数同号）
acsc	反余割	log2	以 2 为底的对数	rem	除法求余（与被除数同号）
sinh	双曲正弦	pow2	以 2 为底的指数	sign	符号函数

2.5 符号运算

MATLAB 提供了符号数学的工具箱，使 MATLAB 功能大大增强，符号数学包括符号表达式运算、符号矩阵运算、符号微积分运算、符号代数方程和符号微分方程求解、特殊符号函数和符号函数图形绘制等。使用符号函数极大地方便了控制系统的分析和设计。

符号变量用 sym 或 syms 来命名。例如，sym c 定义了 c 为符号变量。在定义符号变量的语句中各个符号变量之间用空格分隔，符号变量以字符串形式存储和运算。通常符号函数包含在成对的单引号内，例如，'Dy−y=0' 表示微分方程 $dy/dt-y=0$。符号变量和数字变量之间可进行转换，也可用数字代替符号得到数值，符号变量和符号函数可进行代数运算、积分、微分以及方程的求解等。

【例 2-19】

```
>> syms k T tor t;
>>b=inv([k T;t T])
 b =
 1/(k−t),     −1/(k−t)
 −t/T/(k−t),   k/T/(k−t)
```

2.6 矩阵函数

MATLAB 的数学能力大部分是从它的矩阵函数派生出来的，其中一部分矩阵函数是从外部的 MATLAB 建立的 M 文件库中得到的，被装入 MATLAB 本身处理中，这些矩阵函数在求助程序或命令手册中都可找到；还有一些由个别的用户为了自己的特殊用途加进去的。本节主要介绍 MATLAB 矩阵函数中的矩阵分解运算，矩阵分解运算在数值分析中具有重要的地位。MATLAB 中常用的矩阵分解运算方法有三角分解法、正交分解法、奇异值分解法和特征值分解法等。

2.6.1 三角分解法

三角分解（LU 分解）是矩阵分解的基本方法，是将原正方矩阵分解成一个上三角形矩阵或是排列的上三角形矩阵和一个下三角形矩阵，它的用途主要是在简化一个大矩阵的行列式值的计算过程，求反矩阵和求解联立方程组等，三角分解在线性方程组的直接解法中有重要的应用。这种分解法所得到的上下三角形矩阵并非唯一，还可找到数个不同的一对上下三角形矩阵，此两三角形矩阵相乘也会得到原矩阵。由数值分析的知识可知，对于一个非奇异矩阵 $\boldsymbol{A}$，如果其顺序主子式均不为零，则存在唯一的下三角矩阵 $\boldsymbol{L}$ 和上三角矩阵 $\boldsymbol{U}$，使得 $\boldsymbol{A}=\boldsymbol{LU}$。在 MATLAB 中，矩阵的三角分解可以由命令函数 lu()实现。

【例 2-20】 矩阵的三角分解。

```
    >> A=[16 2 5 13;5 15 7 8;9 7 6 12;7 14 15 1];
    >> [L,U]=lu(A)
% 产生一个下三角矩阵 L 和一个上三角矩阵 U，并满足 X=LU
L =
    1.0000          0         0         0
```

```
     0.3125    1.0000         0         0
     0.5625    0.4087    0.1230    1.0000
     0.4375    0.9130    1.0000         0
U =
    16.0000    2.0000    5.0000   13.0000
          0   14.3750    5.4375    3.9375
          0         0    7.8478   -8.2826
          0         0         0    4.0970
>> [L,U,P]=lu(A)
% 产生一个下三角矩阵 L、一个上三角矩阵 U 和交换矩阵 P，并满足 PX=LU
L =
     1.0000         0         0         0
     0.3125    1.0000         0         0
     0.4375    0.9130    1.0000         0
     0.5625    0.4087    0.1230    1.0000
U =
    16.0000    2.0000    5.0000   13.0000
          0   14.3750    5.4375    3.9375
          0         0    7.8478   -8.2826
          0         0         0    4.0970
P =
     1     0     0     0
     0     1     0     0
     0     0     0     1
     0     0     1     0
```

2.6.2 正交分解法

在数值分析中，为了求矩阵的特征值，引入了一种矩阵的正交分解方法，即 QR 分解法。QR 分解法是将矩阵分解成一个正规正交矩阵与上三角形矩阵。在 MATLAB 语言中，矩阵的 QR 正交分解由命令函数 qr()实现。其语法为[Q,R]=qr(A)，其中 $\boldsymbol{Q}$ 代表正规正交矩阵，满足 $\boldsymbol{QQ}^{\mathrm{T}}=1$，即其范数为 1，norm(Q)=1；而 $\boldsymbol{R}$ 代表上三角形矩阵，使得 $\boldsymbol{A}=\boldsymbol{QR}$。此外，原矩阵 $\boldsymbol{A}$ 不必为正方矩阵；如果矩阵 $\boldsymbol{A}$ 大小为 $m*n$，则矩阵 $\boldsymbol{Q}$ 大小为 $m*m$，矩阵 $\boldsymbol{R}$ 大小为 $n*n$。当矩阵 $\boldsymbol{A}$ 非奇异且对角线元素都为正数时，QR 分解则是唯一的。

【例 2-21】 矩阵的正交分解。

```
>> A=[16 2 5 13;5 15 7 8;9 7 6 12;7 14 15 1];
>> [Q,R]=qr(A)
% 产生一个正交矩阵 Q 和一个上三角矩阵 R，并满足 X=QR
Q =
    -0.7892    0.4875   -0.0618   -0.3683
    -0.2466   -0.6786   -0.6401   -0.2624
    -0.4439   -0.0654   -0.1225    0.8852
    -0.3453   -0.5454    0.7559   -0.1089
R =
   -20.2731  -13.2195  -13.5154  -17.9055
          0  -17.2987  -10.8871   -0.4220
          0         0    5.8141   -6.6380
          0         0         0    3.6268
```

2.6.3 奇异值分解法

奇异值是矩阵的一种测度，它决定矩阵的性态。奇异值分解（Sigular Value Decomposition，SVD）是另一种正交矩阵分解法，是最可靠的分解法，但是它比QR分解法要花上近十倍的计算时间。在MATLAB中，矩阵的奇异值分解可以通过命令函数svd()来实现，其语法为[U,S,V]= svd (A)，其中，***U***和***V***代表二个相互正交矩阵，而***S***代表一对角矩阵，***S***、***U***和***V***的阶数与矩阵***A***相同，且满足关系式***A=USV'***，***U*U'=I***，***V*V'=I***。与QR分解法相同的是原矩阵***A***不必为正方矩阵。SVD分解法常用作求解最小平方误差法和数据压缩。

【例 2-22】 矩阵的奇异值分解。

```
>> A=[9 7 3; 2 4 9; 1 5 6];
>> [U,S,V]=svd(A)
U =
        -0.6676     0.7425    -0.0543
        -0.5810    -0.5652    -0.5856
        -0.4655    -0.3594     0.8088
S =
        15.6770          0          0
        0           7.3092          0
        0                0     1.6756
V =
        -0.4871     0.7105    -0.5079
        -0.5948     0.1560     0.7886
        -0.6395    -0.6862    -0.3466
```

2.6.4 特征值分解法

特征值分解法用来求矩阵***A***的特征向量***V***及特征值***D***，满足***A*V=V*D***。其中***D***的对角线元素为特征值，***V***的列为对应的特征向量。在MATLAB语言中，矩阵的特征值分解是利用命令函数eig()来实现的，语句格式为[V,D]=eig(A)，如果D=eig(A)，则只返回特征值。

【例 2-23】 矩阵的特征值分解。

```
>>A=[1 3 5;2 6 8;3 7 2];
>>[V,D]=eig(A)
```

% 生成两个矩阵***V***和***D***，其中矩阵***V***是以矩阵***X***的特征向量作为列向量组成的矩阵，而矩阵***D***是由矩阵***X***的特征值作为对角线元素构成的矩阵，它们满足关系式***XV=VD***

```
V =
        -0.4044    -0.9085    -0.4243
        -0.7248     0.4107    -0.5013
        -0.5577    -0.0773     0.7541
D =
        13.2720          0          0
        0           0.0694          0
        0                0    -4.3415
```

2.6.5 矩阵的秩

矩阵的秩是指矩阵中最高阶非零子式的阶数，即矩阵中线性无关的行数和列数。通常矩阵都可以经过初等行变换或列变换，将其转化为行阶梯形矩阵，化成行最简形，而行阶梯形矩阵所包含的非零行的行数是一定的，这个确定的非零行的行数就是矩阵的秩。在MATLAB 语言中，将矩阵化成行最简形的命令是 rref 或 rrefmovie；矩阵的秩可以通过命令函数 rank()来求得。函数格式如下：

```
R=rref(A)            %用高斯–约当消元法和行主元法求 A 的行最简行矩阵 R
[R,jb]=rref(A)       %jb 是一个向量，其含义为：r = length(jb)为 A 的秩; A(:, jb)为 A 的列向量
                      基; jb 中元素表示基向量所在的列
[R,jb]=rref(A,tol)   %tol 为指定的精度
rrefmovie(A)         %给出每一步化简的过程
k=rank(A)            %返回矩阵 A 的行（或列）向量中线性无关个数
k=rank(A,tol)        %tol 为给定误差
```

【例 2-24】 求矩阵的秩。

```
>>A=[1 -2 2 3;-2 4 -1 3;-1 2 0 3;0 6 2 3;2 -6 3 4]
>>k=rank(A)
结果为
k =
     3
>> rref(A)                          % 求矩阵 X 的行阶梯形矩阵
ans =
     1     0     0    -4
     0     1     0    -0.5
     0     0     1     3
     0     0     0     0
     0     0     0     0
```

2.6.6 多项式

1. 多项式的建立与表示方法

在工程及科学分析上，多项式常被用来模拟一个物理现象的解析函数，由数学的定义可知，将形如：

$$y = a_0x^n + a_1x^{n-1} + \ldots + a_{n-1}x + a_n$$

的式子称为多项式，对应不同的 x 取值，可以计算出相应的 y 值。MATLAB 语言中，采用行向量表示多项式，用列向量表示根向量。并将多项式的系数按降幂次序存放。

$$\boldsymbol{P} = [a_0, a_1, \ldots a_{n-1}, a_n]$$

式中，$\boldsymbol{P}$ 表示多项式的行向量，$a_0, a_1, \ldots, a_{n-1}, a_n$ 为多项式 y 的系数。

下面介绍有关多项式的知识，包括多项式求值，多项式曲线拟合，多项式微积分和多项式乘除法等知识。

（1）系数向量的直接输入法

利用 poly2sym()函数直接输入多项式的系数向量，就可方便地建立符号形式的多项式。

【例 2-25】 如创建多项式 $x^3-5x^2+8x-23$。

```
>> P=[1 -5 8 -23];
>> poly2sym(P)
%  poly2sym()是符号工具箱中的函数，它将多项式向量表示成为符号多项式的形式
ans =
       x^3-5*x^2+8*x-23
```

（2）由 poly()函数创建多项式

通过调用函数 p=poly(ar)产生多项式的系数向量，其中，ar 为多项式根向量；再利用 poly2sym(p)函数就可方便地建立符号形式的多项式。

注：根向量元素为 n，则多项式系数向量元素为 $n+1$；函数 poly2sym(p)把多项式系数向量表达成符号形式的多项式，其中，$\boldsymbol{P}$ 为多项式系数向量，默认情况下自变量符号为 x，可以指定自变量；使用简单绘图函数 ezplot()可以直接绘制符号形式多项式的曲线。

【例 2-26】 用 poly 创建多项式。

```
>> A=[1 2 3; 3 4 5; 5 6 7]
A =
      1      2      3
      3      4      5
      5      6      7
>> P=poly(A)
P =
     1.0000   -12.0000   -12.0000     0.0000
>> ppa=poly2sym(P)                          %以符号形式表示原多项式
ppa =
x^3-12*x^2-12*x+7013877104882129/633825300114114700748351602688
>> ezplot(ppa,[-50,50])
```

运算结果如图 2-5 所示。

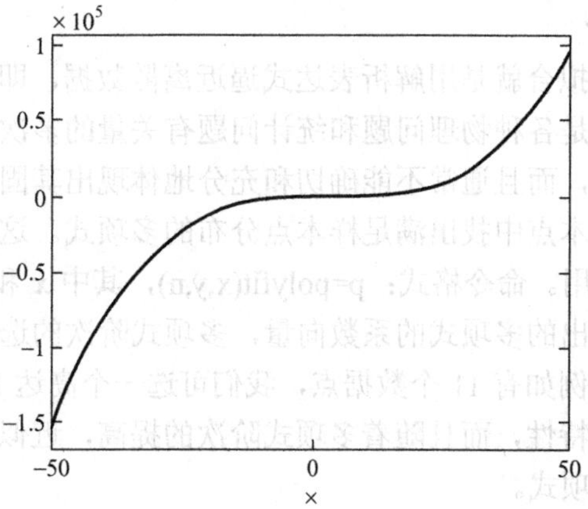

图 2-5 符号形式多项式的曲线

2．多项式的运算

MATLAB 语言提供了大量关于多项式运算的内部函数。表 2-10 列出了常用的多项式运算函数。下面分别加以介绍：

表 2-10　多项式运算函数

函　　数	功　　能
roots(a)	多项式求根
poly(r)	由根向量创建多项式
polyval(p,s)	按矩阵运算规则计算给定 *s* 时多项式系数向量 ***p*** 的值
polyvalm(p,s)	按矩阵运算规则计算给定 *s* 时多项式系数向量 ***p*** 的值
[r,p,k]=residue(b,a)	部分分式展开
polyfit	多项式曲线拟合
polyder(a)	多项式微分
conv(a,b)	多项式相乘（卷积）
[q,r]=deconv(a,b)	多项式相除（解卷）

【例 2-27】 多项式的运算。

```
>> A=[1 2 3 4];
>> B=[3 -5 8 23 -7];
>> roots(A)                        % 求多项式 A 的根
ans =
      -1.6506
      -0.1747 + 1.5469i
      -0.1747 - 1.5469i
>> polyder(B)                      % 多项式 B 求导
ans =
      12    -15    16    23
>> conv(A,B)                       % 多项式 A 与 B 相乘
ans =
         3      1      7     36     43     87     71    -28
```

3. 多项式的曲线拟合

在数值分析中，曲线拟合就是用解析表达式逼近离散数据，即离散数据的公式化。实践中，离散点组或数据往往是各种物理问题和统计问题有关量的多次观测值或实验值，它们是零散的，不仅不便于处理，而且通常不能确切和充分地体现出其固有的规律。多项式的曲线拟合目的就是在众多的样本点中找出满足样本点分布的多项式。这在分析实验数据，将实验数据作解析描述时非常有用。命令格式：p=polyfit(x,y,n)，其中 ***x*** 和 ***y*** 为样本点向量，*n* 为所求多项式的阶数，***p*** 为求出的多项式的系数向量，多项式阶次的选择是任意的，*n*+1 数据点唯一地确定 *n* 阶多项式。例如有 11 个数据点，我们可选一个高达 10 阶的多项式。然而，高阶多项式给出很差的数值特性，而且随着多项式阶次的提高，近似变得不够光滑，因此不应选择比所需的阶次高的多项式。

【例 2-28】

```
%输入自变量 x 数组
>>x = [0 3.3 4 5 6 6.4 7 7.4 8 8.6 9 10];
%输入对应自变量 x 数组的多项式值域 y 数组
>>y = [6.016 5.608 5.359 5.360 5.470 5.420 5.350 5.338 5.260 5.205 5.110 5.000];
%进行多项式拟合，定义多项式最高次幂为 3
>>n = 3;
>>p = polyfit(x, y, n);
>>xi = linspace (0, 10, 1000);
>>z = polyval (p, xi);
>>plot (x, y, ' +b ' , x, y, 'r', xi, z, ' :g ' )  %绘制多项式拟合曲线，其中实线为实验数据绘制的曲线，虚线为采用多项式拟合方法绘制的曲线
```

运算结果如图 2-6 所示。

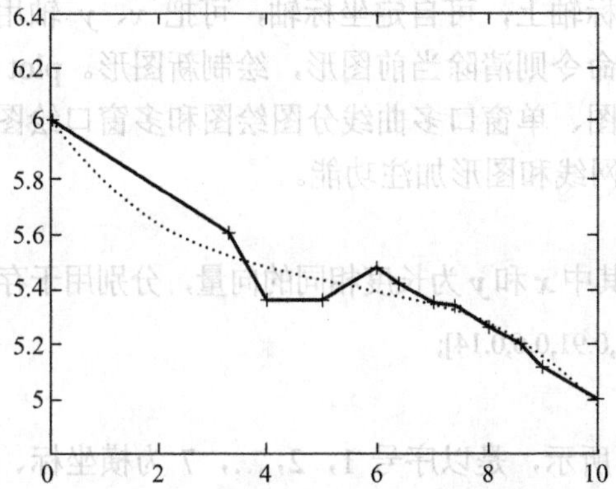

图 2-6 曲线拟合（curve fitting）

多项式插值是指根据给定的有限个样本点，产生另外的估计点以达到数据更为平滑的效果。该技巧在信号处理与图像处理上应用广泛。所用指令有一维的 interp1、二维的 interp2、三维的 interp3。这些指令分别有不同的方法（method），设计者可以根据需要选择适当的方法，以满足系统属性的要求。Help polyfun 可以得到更详细的内容。实现一维插值的函数是 interp1()，其命令格式为 y=interp1(xs,ys,x,'method')。在有限样本点向量 ***xs*** 与 ***ys*** 中，插值产生向量 ***x*** 和 ***y***，所用方法定义在 method 中，有 4 种选择。

nearest：执行速度最快，输出结果为直角转折；

linear：默认值，在样本点上斜率变化很大（线性的）；

spline：最花时间，但输出结果也最平滑（样条形）；

cubic：最占内存，输出结果与 spline 差不多（三次的）。

【例 2-29】 一维插值。

```
>>  x=[-2 1 5 10 20];
>>  y=[1 9 11 20 24];
>>  xi=3;
>>  yi=interp1(x,y,xi, 'linear')
yi =
      10
```

2.7 MATLAB 常用绘图命令

MATLAB 语言丰富的图形表现方法，使得数学计算结果可以方便地、多样性地实现了可视化，这是其他语言所不能比拟的。MATLAB 包括各种各样的图形功能函数。通过命令窗口键入：>>help graph2d 可得到所有画二维图形的命令；>>help graph3d 可得到所有画三维图形的命令，下面着重介绍二维图形的画法，对三维图形只作简单叙述。

2.7.1 二维图形的绘制

二维图形的绘制是 MATLAB 语言图形处理的基础，MATLAB 7.0 提供了多个函数用于图形的绘制，以矢量或矩阵作为输入参数，主要通过描点法绘图。常用的绘图命令是 plot。plot 命令自动打开一个图形窗口 Figure，根据图形坐标大小自动缩扩坐标轴，将数据标尺及单位标注自动加到两个坐标轴上，可自定坐标轴，可把 x、y 轴用对数坐标表示，如果已经存在一个图形窗口，plot 命令则清除当前图形，绘制新图形。plot 命令既可单窗口单曲线绘图，也可单窗口多曲线绘图、单窗口多曲线分图绘图和多窗口绘图，还可任意设定曲线颜色和线型，可给图形加坐标网线和图形加注功能。

1. 单曲线

语句格式 plot(x,y)：其中 **x** 和 **y** 为长度相同的向量，分别用于存储 x 坐标和 y 坐标数据。

```
>> y=[0, 0.48,0.84,1,0.91,0.6,0.14];
>> plot(y)
```

生成的图形如图 2-7 所示，是以序号 1，2，…，7 为横坐标、数组 y 的数值为纵坐标画出的折线。

```
>> x=linspace(0,2*pi,30);        % 生成一组线性等距的数值
>> y=sin(x);
>> plot(x,y)
```

生成的图形如图 2-8 所示，是[0,2π]上 30 个点连成的光滑的正弦曲线。

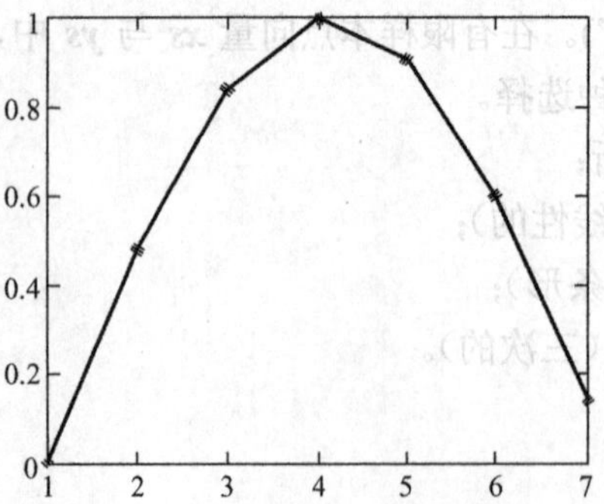

图 2-7 单曲线绘图实例 1

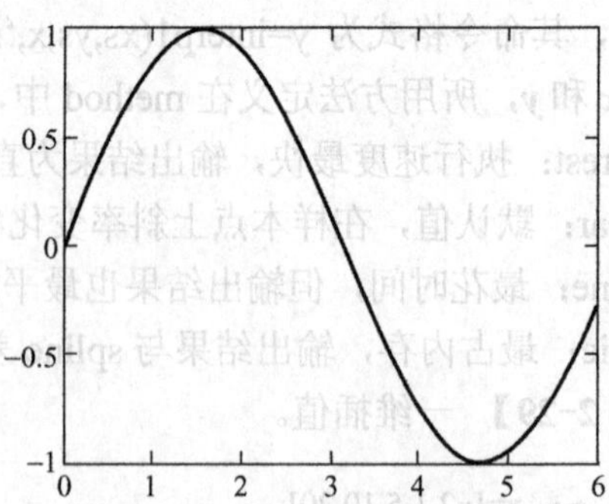

图 2-8 单曲线绘图实例 2

2. 多重线

在同一个画面上可以画许多条曲线，只需多给出几个数组，语句格式为 plot(x1,y1, x2,y2,…,xn,yn)，例如：

```
>> t=0：pi/100：6;
>> y=sin(t);
>> y1=sin(t+0.25);
>> y2=sin(t+0.5);
>> plot(t,y,t,y1,t,y2)
```

则可以画出图 2-9。

```
>>x=peaks;plot(x)
或执行如下指令
>>x=1：length(peaks);y=peaks;plot(x,y)
```

则可以画出图 2-10。

多重线的另一种画法是利用 hold 命令。在已经画好的图形上，若设置 hold on，MATLAB 将把新的 plot 命令产生的图形画在原来的图形上。而命令 hold off 将结束这个过程。

【例 2-30】

```
>> t=0：pi/100：6;   y=sin(t);   plot(t,y)
```

先画好图 2-9，然后用下述命令增加 cos(*x*)的图形，也可得到图 2-10。

```
>> hold on
>> y1=sin(t+0.25); plot(t,y1)
>> y2=sin(t+0.5); plot(t,y2)
>> hold off
```

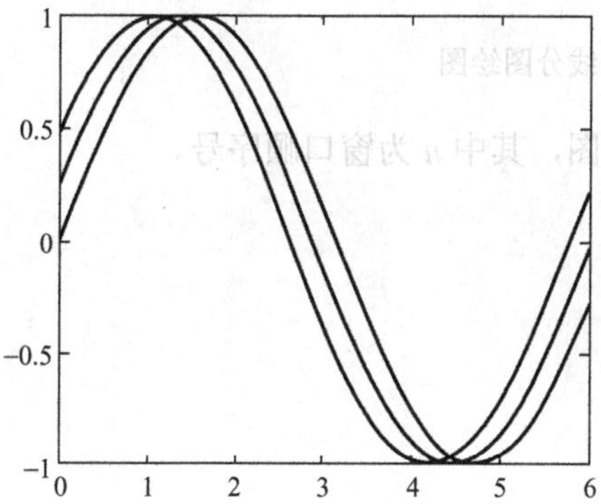

图 2-9　多重线绘图实例 1

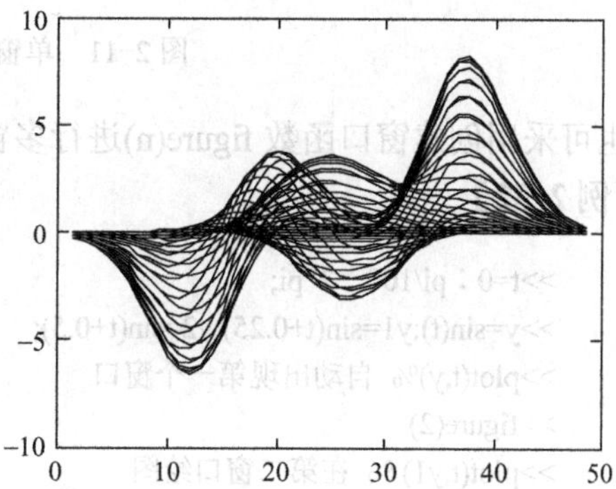

图 2-10　多重线绘图实例 2

3．多幅图形

可以在同一个画面上建立几个坐标系，通过使用 subplot(m,n,p)命令，进行单窗口多曲线分图绘图，把一个画面分成 $m*n$ 个图形区域，p 代表当前的区域号，按从左至右，从上至下排列；在每个区域中分别画一个图。

【例 2-31】 单窗口多曲线分图绘图。

```
>> x=linspace(0,2*pi,30);     y=sin(x);    z=cos(x);
>> u=2*sin(x).*cos(x);    v=sin(x)./cos(x);
```

```
>> subplot(2,2,1),plot(x,y),axis([0 2*pi -1 1]),title('sin(x)')
>> subplot(2,2,2),plot(x,z),axis([0 2*pi -1 1]),title('cos(x)')
>> subplot(2,2,3),plot(x,u),axis([0 2*pi -1 1]),title('2sin(x)cos(x)')
>> subplot(2,2,4),plot(x,v),axis([0 2*pi -20 20]),title('sin(x)/cos(x)')
```

共得到 4 幅图形，如图 2-11 所示。

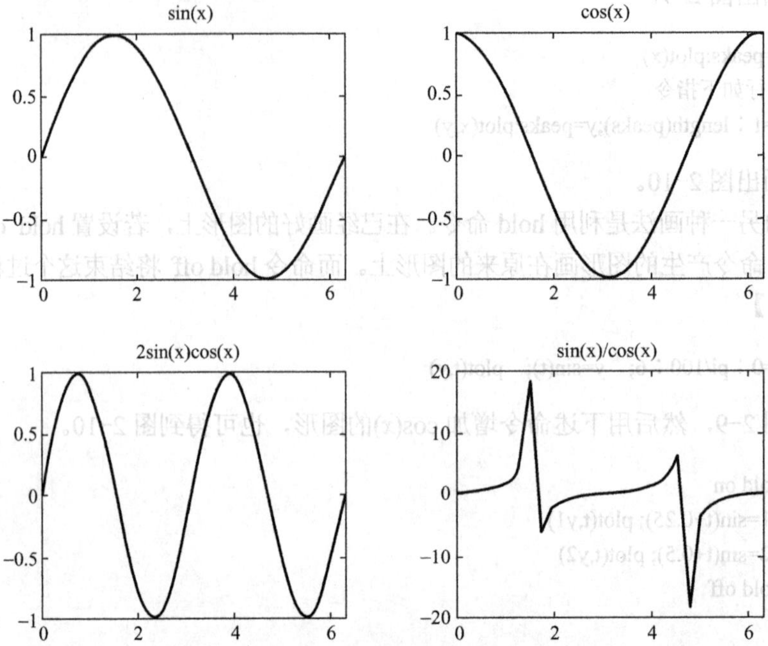

图 2-11　单窗口多曲线分图绘图

也可采用创建窗口函数 figure(n)进行多窗口绘图，其中 *n* 为窗口顺序号。

【例 2-32】

```
>>t=0：pi/100：2*pi;
>>y=sin(t);y1=sin(t+0.25);y2=sin(t+0.5);
>>plot(t,y)% 自动出现第一个窗口
>>figure(2)
>>plot(t,y1) % 在第二窗口绘图
>>figure(3)
>>plot(t,y2) %在第三窗口绘图
```

4．带有其他选项的绘图函数

MATLAB 语言提供了一些绘图的选项，命令的调用格式为 plot(x, y, 'CLM')，其中 C 表示曲线的颜色（Colors）；L 表示曲线的格式（Line Styles）；M 表示曲线的线标（Markers）。MATLAB 语言会自动设定所画曲线的颜色和线型。按照默认的设置，MATLAB 将对每一条曲线依次用不同的颜色表示，默认的线型是实线。表 2-11～表 2-13 分别给出了二维图形颜色、线型和标记的控制符。

表 2-11 颜色控制符

字 符	颜 色	字 符	颜 色
b	蓝色	m	紫红色
c	青色	r	红色
g	绿色	w	白色
k	黑色	y	黄色

表 2-12 线型控制符

符 号	线 型	符 号	线 型
—	实线（默认）	:	点连线
—.	点画线	——	虚线

表 2-13 数据点标记控制符

控 制 符	标 记	控 制 符	标 记
.	点	h	六角形
+	十字符	p	五角形
o	圆圈	ˇ	下三角
*	星号	^	上三角
×	叉号	>	右三角
s	正方形	<	左三角
d	菱形		

【例 2-33】

```
>>x = 0：0.5：4*pi;  % x 向量的起始与结束元素为 0 及 4*pi, 0.5 为各元素相差值
>>y = sin(x);
>>plot(x,y,'k：diamond')  % 其中 k 代表黑色，“：”代表点线，而 diamond 则指定菱形为曲线的线标
```

运算结果如图 2-12 所示的蓝色曲线。

5. 网格和标记

将标题、坐标轴标记、网格线及文字注释加注到图形上，这些函数为

grid on：画出网格；

grid off：取消网格；

box on：画出图轴的外围长方形；

box off：取消图轴的外围长方形；

title(‘string’)：图形的标题；

xlabel (‘string’)：给 *x* 轴加标注；

ylabel (‘string’)：给 *y* 轴加标注；

zlabel(‘string’)：给 *z* 轴加标注；

legend ('string1', 'string2',…)：多条曲线的说明；

text(x, y, 'string')：在图形指定位置加标注，其中 *x*、*y* 表示文字的起始坐标位置，string 代表此文字；gtext：运用鼠标将标注加到图形任意位置。

在默认情况下，MATLAB 语言的 plot 指令会根据坐标点自动决定坐标轴范围，也可以使用 axis 指令指定坐标轴范围，常用的有：

axis([xmin xmax ymin ymax])：用行向量中给出的值设定坐标轴的最大值和最小值。*xmin*, *xmax* 为指定 *x* 轴的最小值和最大值；*ymin*, *ymax* 为指定 *y* 轴的最小值和最大值，如 axis ([-2 2 0 5])；axis(equal)：将两坐标轴设为相等；axis on(off)：显示和关闭坐标轴的标记、标志；axis auto：将坐标轴设置为返回自动默认值。

【例 2-34】

```
>>subplot(1,1,1);   x = 0：0.1：6; y1 = sin(x); y2 = exp(−x); plot(x, y1, '−.o', x, y2, '：+');
>>xlabel('t = 0 to 6'); ylabel('values of sin(t) and e^{−x}')
>>title('Function Plots of sin(t) and e^{−x}');
>>legend('sin(t)','e^{−x}');
>>text(2.5,0.7,'sinx')
>>grid on
```

运算结果如图 2-12 所示。

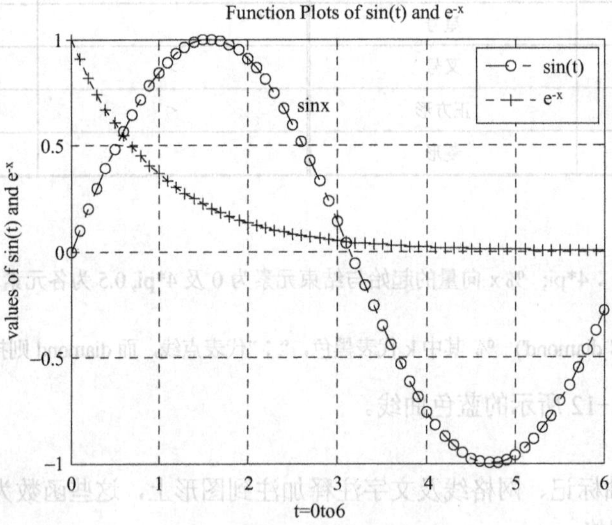

图 2-12　图形注释

也可以用鼠标来确定字符串的位置，方法是输入命令：

```
>> gtext('sinx')
```

在图形窗口十字线的交点是字符串的位置，用鼠标点一下就可以将字符串放在那里。

6. 其他二维绘图指令

常用的其他二维绘图指令如表 2-14 所示。

表 2-14　其他二维绘图指令

函 数 名	意　义	函 数 名	意　义
bar	绘制直方图	polar	绘制极坐标图
hist	绘制统计直方图	rose	绘制统计扇形图
stairs	绘制阶梯图	stem	绘制火柴杆图
comet	绘制彗星曲线	errorbar	绘制误差棒图
compass	复数向量图（罗盘图）	feather	复数向量投影图（羽毛图）
quiver	向量场图	area	区域图
pie	饼图	scatter	离散点图

1）fplot、ezplot 为较精确的函数图形，对剧烈变化处进行较密集的取样。

fplot、ezplot 的语句调用格式如下所示。

fplot(fun，lims，'corline')：绘制函数 fun 在 lims=[xmin xmax]区间的函数图。

ezplot(fun, lims)：在给定 lims= [xmin,xmax] 区间内的符号函数绘图指令。其中 corline 为指定线形，lims 为区间范围，可以默认。

【例 2-35】

```
>>fplot('[sin(x),tan(x),cos(x)]',2*pi*[-1 1 -1 1])        %如图 2-13 所示
>>figure (2), ezplot('sin(x)')   %如图 2-14 所示
```

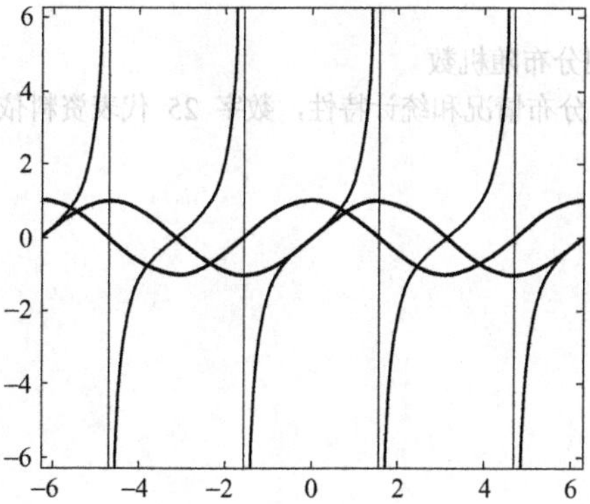

图 2-13　函数图形 1

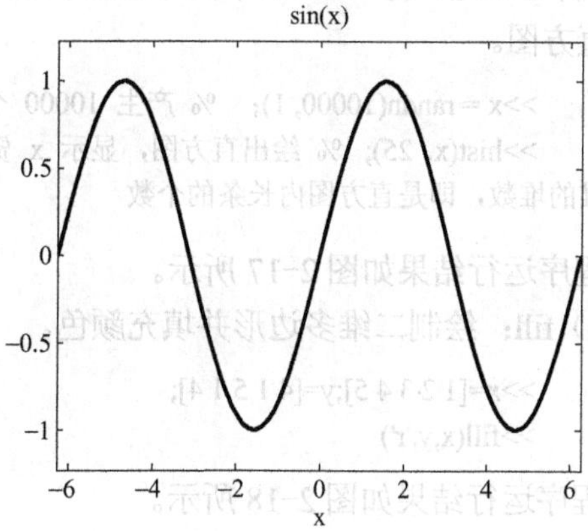

图 2-14　函数图形 2

2）errorbar 在曲线加上误差范围，调用格式为 errorbar(x,y,e)。

【例 2-36】 已知资料的误差范围，用 errorbar 表示。以 y 坐标高度 20% 作为资料的误差范围，绘制曲线的误差范围。

```
>>x = linspace(0,2*pi,30); % 在 0~2 之间，等分取 30 个点
>>y =2* cos(x);
>>e = y*0.2;
>>errorbar(x,y,e) % 图形上加上误差范围 e
```

程序运行结果如图 2-15 所示。

3）polar、ezpolar 极座标图形，调用格式为 polar(theta, r)。

【例 2-37】 绘制极坐标图形。

```
>>theta = linspace(0, 4*pi);
>>r =sin(4*theta);
>>polar(theta, r); % 进行极坐标绘图
```

程序运行结果如图 2-16 所示。

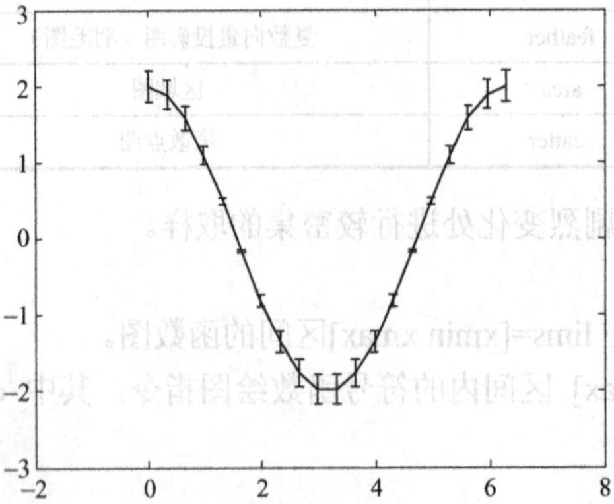

图 2-15　绘制曲线的误差范围

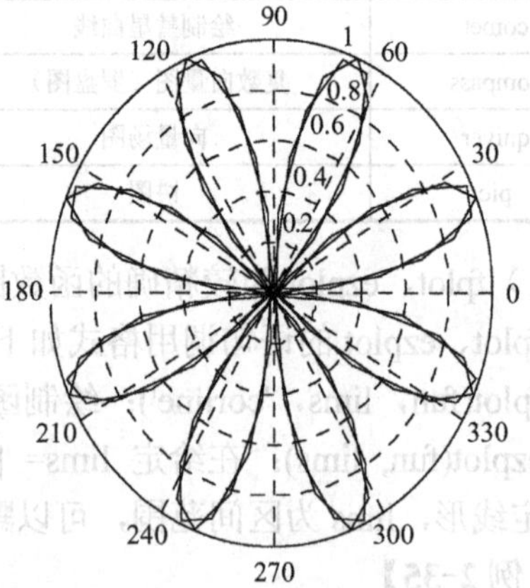

图 2-16　极座标图形

4）hist 直角坐标直方图(累计图)，调用格式为 hist(y, n)。

【例 2-38】 将 10000 个由 randn 产生的正规分布的随机数分成 25 堆，试绘制其直角坐标直方图。

```
>>x = randn(10000, 1);  % 产生 10000 个正规分布随机数
>>hist(x, 25); % 绘出直方图，显示 x 资料的分布情况和统计特性，数字 25 代表资料依大小分堆的堆数，即是直方图内长条的个数
```

程序运行结果如图 2-17 所示。

5）fill：绘制二维多边形并填充颜色。

```
>>x=[1 2 3 4 5];y=[4 1 5 1 4];
>>fill(x,y,'r')
```

程序运行结果如图 2-18 所示。

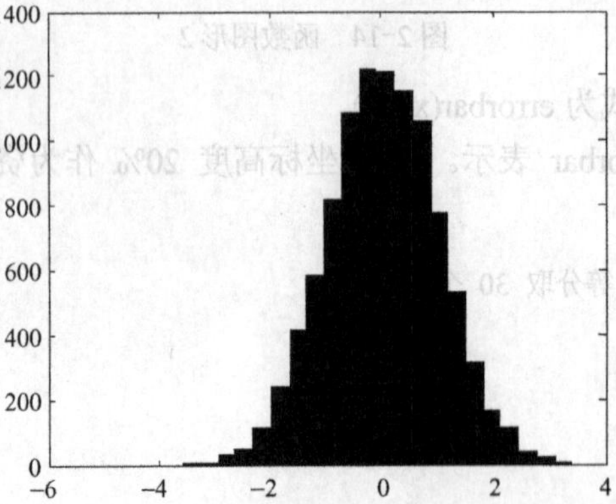

图 2-17　直角坐标直方图

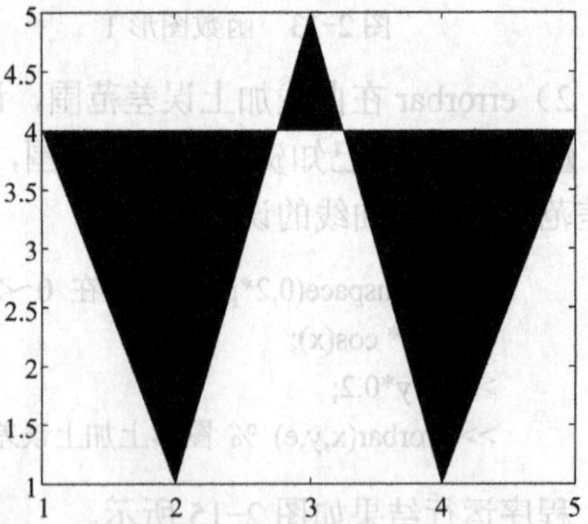

图 2-18　二维多边形填充颜色

6）绘制阶梯曲线。

```
>>x=0：pi/20：6;y=sin(x);stairs(x,y)
```

程序运行结果如图 2-19 所示。

【例 2-39】 阶梯绘图。

```
>>h2=[1 1;1 -1];h4=[h2 h2;h2 -h2];
h8=[h4 h4;h4 -h4];t=1：8;
subplot(8,1,1);stairs(t,h8(1,：));axis('off')
subplot(8,1,2);stairs(t,h8(2,：));axis('off')
subplot(8,1,3);stairs(t,h8(3,：));axis('off')
subplot(8,1,4);stairs(t,h8(4,：));axis('off')
subplot(8,1,5);stairs(t,h8(5,：));axis('off')
subplot(8,1,6);stairs(t,h8(6,：));axis('off')
subplot(8,1,7);stairs(t,h8(7,：));axis('off')
subplot(8,1,8);stairs(t,h8(8,：));axis('off')
h2=[1 1;1 -1];h4=[h2 h2;h2 -h2];
h8=[h4 h4;h4 -h4];
t=1：8;
for i=1：8
subplot(8,1,i);
stairs(t,h8(i,：))
axis('off')
```

程序运行结果如图 2-20 所示。

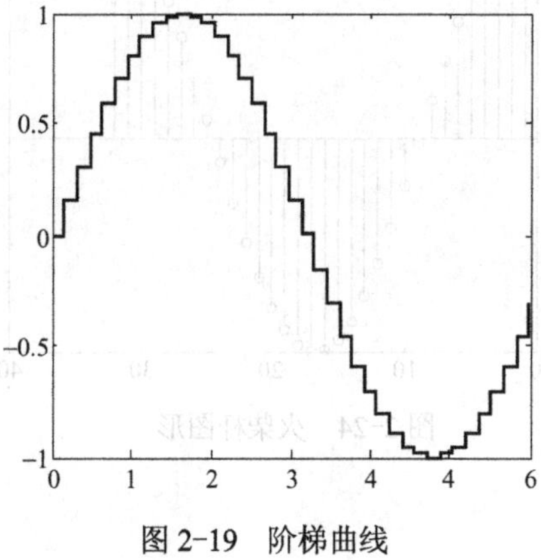

图 2-19　阶梯曲线

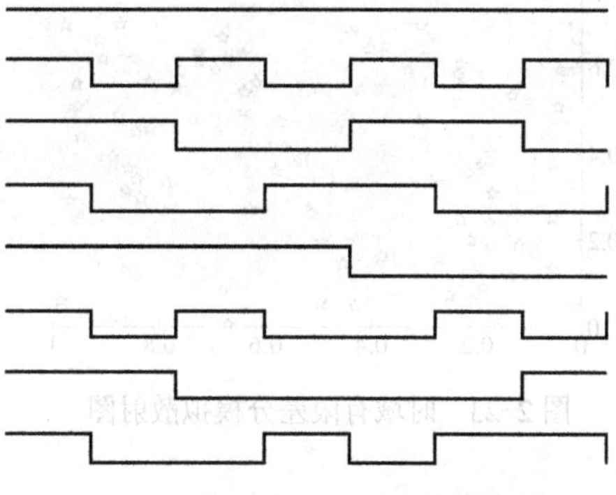
图 2-20　单窗口多曲线阶梯绘图

7）绘制饼图。

```
>>x=[1 2 3 4 5 6 7];pie(x)
```

程序运行结果如图 2-21 所示。

8）绘制直方图。

```
>> t=0：0.2：2*pi; y=cos(t); bar(y)
```

程序运行结果如图 2-22 所示。

9）时域有限差分模拟散射图。

```
>>a=rand(200,1);b=rand(200,1);
>>c=rand(200,1);
>>scatter(a,b,100,c,'p')
```

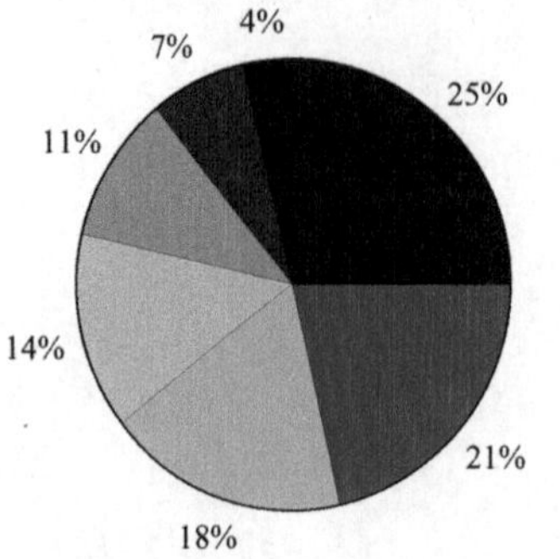

图 2-21　饼图

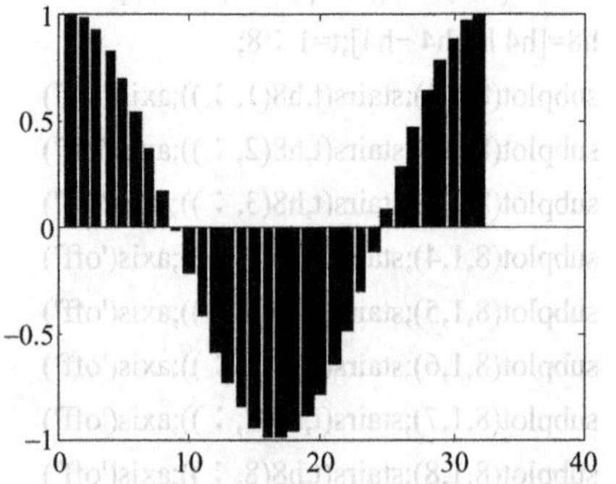

图 2-22　直方图

程序运行结果如图 2-23 所示。

10）绘制火柴杆图。

```
>>t=0：0.2：2*pi; y=cos(t); stem(y)
```

程序运行结果如图 2-24 所示。

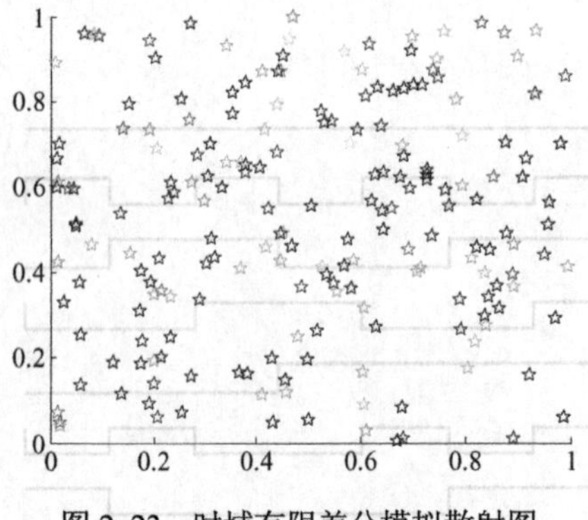

图 2-23　时域有限差分模拟散射图

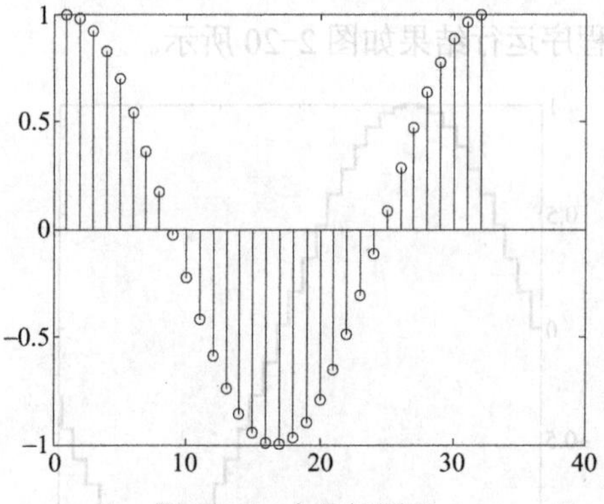

图 2-24　火柴杆图形

2.7.2　三维图形

MATLAB 提供了一些用于将二维矩阵、三维标量和三维向量数据可视化的函数。可以使用这些函数可视化庞大的、通常较为复杂的多维数据，以帮助理解；这些函数还可以指定图形特性，如相机取景角度、透视图、灯光效果、光源位置和透明度等。三维绘图函数包括：曲面图、轮廓图和网状图、成像图、锥形图、切割图、流程图以及等值面图。其中 plot3 是基本的三维图形指令，具体语句格式为 plot3(x,y,z)，其中 ***x,y,z*** 是长度相同的向量或维数相同的矩阵；plot3(x1,y1,z1,'CLM1', x2,y2,z2, 'CLM2', …)为带有选项的三维图形指令，其中 C、L 和 M 的选择与二维绘图相同。其他常用的绘图函数如表 2-15 所示，限于篇幅这里只对几种常用的命令通过例子作简单介绍。

表 2-15　三维绘图函数

三维绘图函数	
Contour	二维等值线图，即从上向下看 Contour3 等值线图
Contour3	等值线图
Fill3	填充的多边形
Mesh	网格图
Meshc	具有基本等值线图的网格图
Meshz	有零平面的网格图
Pcolor	二维伪彩色绘图，即从上向下看 surf 图
Plot3	直线图
Quiver	二维带方向箭头的速度图
Surf	曲面图
Surfc	具有基本等值线图的曲面图
Surfl	带亮度的曲面图
Waterfall	无交叉线的网格图

1. 绘制三维线图

【例 2-40】

```
>>t=0：pi/50：10*pi;plot3(t,sin(t),cos(t),'r：')　%如图 2-25 所示
```

程序运行结果如图 2-25 所示。

2. 三维填充图

【例 2-41】 用随机顶点坐标画出 5 个粉色的三角形，并用黄色的○表示顶点。

```
>>y1=rand(3,5);y2=rand(3,5);y3=rand(3,5);
>>fill3(y1,y2,y3,'m');              %绘制粉色的三角形
>>hold on;plot3(y1,y2,y3,'yo')      %用黄色的○表示顶点
```

程序运行结果如图 2-26 所示。

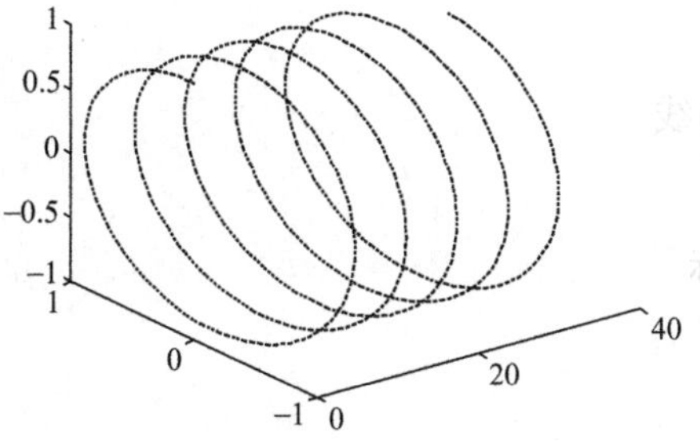

图 2-25　三维线图

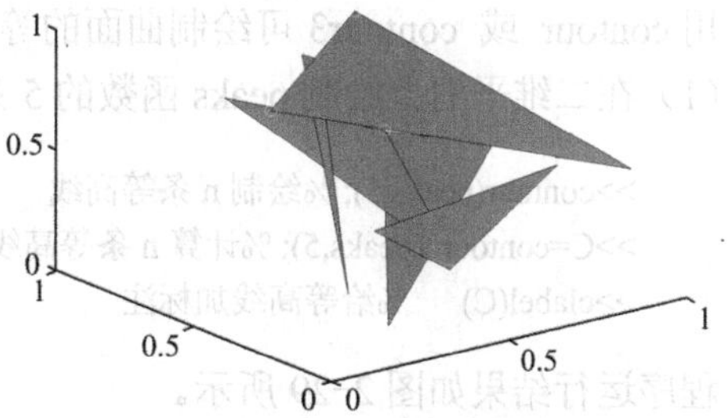

图 2-26　三维填充图

3．带网格的曲面

【例 2-42】 运用最小二乘法，进行趋势面拟合，可以得到如下二次趋势面方程：

$$z = 5.998 + 17.438x + 29.787y - 3.558x^2 + 0.357xy - 8.070y^2$$

为了绘制上述二次趋势面图形，可以直接调用如下函数命令：

```
>> [x,y]=meshgrid(0：0.25：4);
>> z=5.988+17.438*x+29.787*y-3.558*x.^2+0.357*x.*y-8.070*y.^2;
>> mesh(x,y,z)
```

程序运行结果如图 2-27 所示。

4．三维曲面图

与三维网线图的区别：网线图的线条有颜色，空挡是黑色的（无颜色），而曲面图的线条是黑色的，空挡有颜色（把线条之间的空挡填充颜色，沿 z 轴按每一网格变化）。指令调用格式为 surf(X,Y,Z)；surfc(X,Y,Z)为带等高线的曲面图。

【例 2-43】

```
>> [X,Y,Z]=peaks(30);surfc(X,Y,Z)   % peaks 为 matlab 自动生成的三维测试图形
```

程序运行结果如图 2-28 所示。

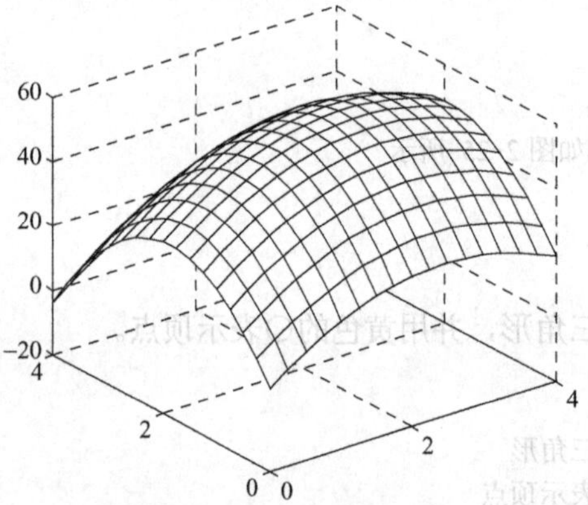

图 2-27 带网格的曲面图

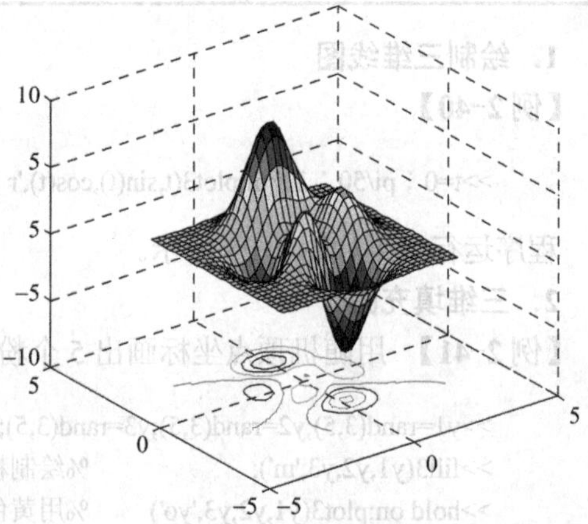

图 2-28 三维曲面图

5．等高线

用 contour 或 contour3 可绘制曲面的等高线。

（1）在二维平面上绘制 peaks 函数的 5 条等高线

```
>>contour(peaks,5); %绘制 n 条等高线
>>C=contourc(peaks,5); %计算 n 条等高线的坐标
>>clabel(C)    %给等高线加标注
```

程序运行结果如图 2-29 所示。

（2）在三维平面上绘制 peaks 函数的 20 条等高线

```
>>contour3(peaks,20)
```

程序运行结果如图 2-30 所示。

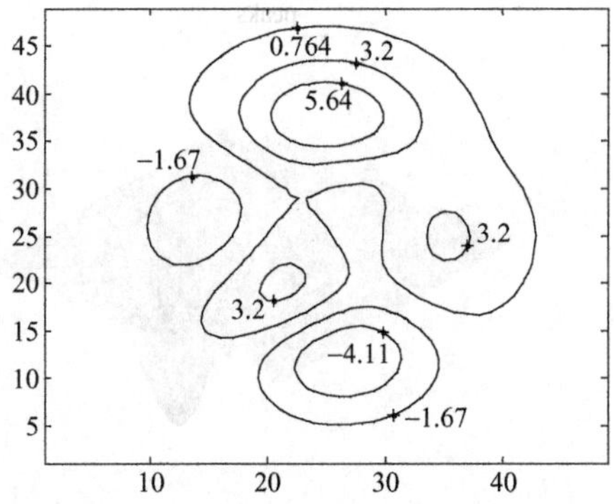

图 2-29　等高线图

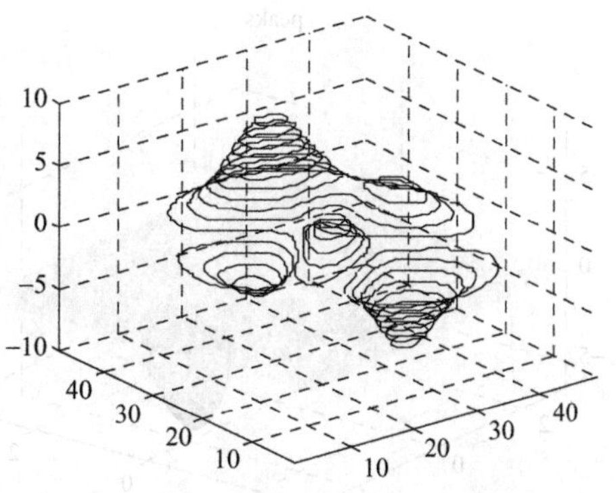

图 2-30　三维平面上的等高线图

6．图形修饰方法

（1）图形颜色的修饰

MATLAB 有极好的颜色表现功能，其颜色数据又构成了一维新的数据集合，也可称为四维图形；色图设定函数的语句格式为 colormap(MAP)，其中 MAP 为 $m*3$ 维色图矩阵，图形颜色可根据需要任意生成，也可用 MATLAB 配备的色图函数，包括：hsv 为饱和值色图；gray 为线性灰度色图；hot 为暖色色图；cool 为冷色色图；bone 为蓝色调灰色图；copper 为铜色色图；pink 为粉红色图；prism 为光谱色图；jet 为饱和值色图 II；flag 为红、白、蓝交替色图。

（2）图形的涂色方式

shading flat：去掉黑色线条，根据小方块的值确定颜色；shading faceted：网格修饰，默认方式；shading interp：颜色整体改变，根据小方块四角的值差补过度点的值确定颜色。

【例 2-44】

```
>>peaks(30);            %输出图形如图 2-31a 所示
>>shading interp;       %输出图形如图 2-31b 所示
>> colormap(hot);       %输出图形如图 2-31c 所示
>>axis off              %输出图形如图 2-31d 所示
```

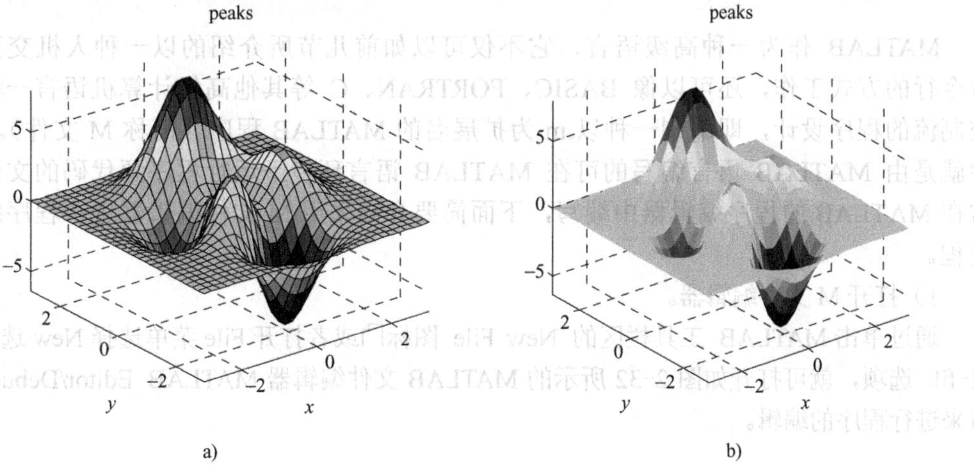

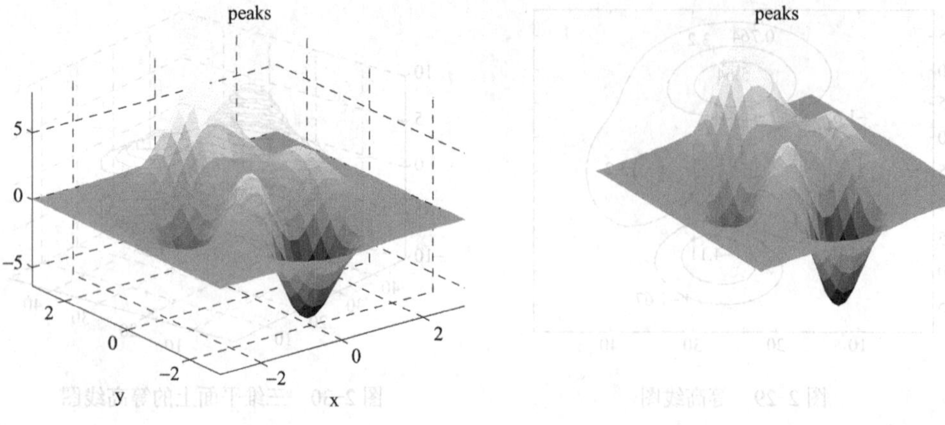

c)　　　　d)

图 2-31　图形颜色、涂色的修饰图

2.7.3　图形的输出

MATLAB 语言可以读写各种常见的图形和数据文件格式，如 GIF、JPEG、BMP、EPS、TIFF、PNG、HDF、AVI 和 PCX 等。因此 MATLAB 图形也可导出到其他应用程序（如 Microsoft Word 和 Microsoft PowerPoint）或桌面排版软件。通常可采用下述方法：首先，在 MATLAB 图形窗口中选择 File 菜单中的 Export 选项，将打开图形输出对话框，在该对话框中可以把图形以 emf、bmp、jpg、pgm 等格式保存；然后，再打开相应的文档，并在该文档中选择“插入”菜单中的“图片”选项插入相应的图片即可。

2.8　MATLAB 程序设计

2.8.1　M 文件编辑器

MATLAB 作为一种高级语言，它不仅可以如前几节所介绍的以一种人机交互式的命令行的方式工作，还可以像 BASIC、FORTRAN、C 等其他高级计算机语言一样进行控制流的程序设计，即编制一种以.m 为扩展名的 MATLAB 程序（简称 M 文件）。M 文件就是由 MATLAB 语言编写的可在 MATLAB 语言环境下运行程序源代码的文件，通常在 MATLAB 的程序编辑器中编写，下面简要介绍采用 M 文件编辑器进行程序编辑的过程。

1）打开 M 文件编辑器。

通过单击 MATLAB 工具栏区的 New File 图标或者打开 File 菜单选择 New 选项中的 M-file 选项，就可打开如图 2-32 所示的 MATLAB 文件编辑器 MATLAB Editor/Debugger 窗口来进行程序的编辑。

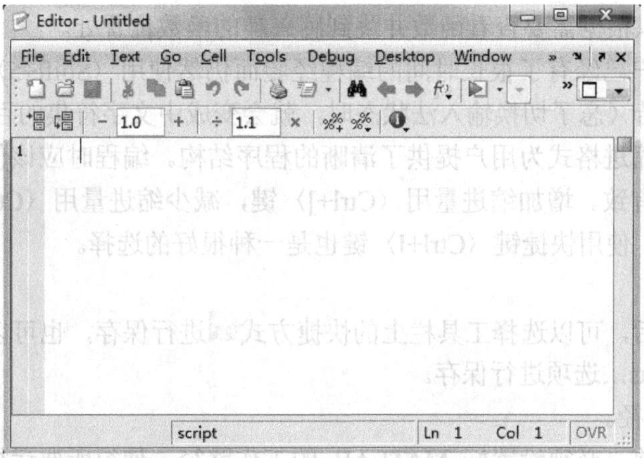

图 2-32　MATLAB 文件编辑调试器

2）编辑程序。

MATLAB 程序的基本组成结构如下：

```
%说明
清除命令            %清除 workspace 中的变量和图形（clear,close）
定义变量            %包括全局变量的声明及参数值的设定
逐行执行命令        %指 MATLAB 提供的运算指令或工具箱
…  …  …             %提供的专用命令
控制循环            %包含 for,if then,switch,while 等语句
逐行执行命令
…  …  …
结束
绘图命令            %将运算结果绘制出来
```

在编辑环境中，所输入的文字具有不同颜色显示以表明文字的不同属性。绿色表示注解；黑色表示程序主体；红色表示属性值的设定；蓝色表示控制流程。程序中%后面的内容是程序的注解，要善于运用注解使程序更具可读性；养成在主程序开头用 clear 指令清除变量的习惯，以消除工作空间中其他变量对程序运行的影响。但注意在子程序中不要用 clear；参数值要集中放在程序的开始部分，便于维护。要充分利用 MATLAB 工具箱提供的指令来执行所要进行的运算，在语句行之后输入分号使其及中间结果不在屏幕上显示，以提高执行速度；input 指令可以用来输入一些临时的数据，而对于大量参数，则通过建立一个存储参数的子程序，在主程序中用子程序的名称来调用；程序尽量模块化；当然更复杂程序还需要调用子程序，或与 Simulink 以及其他应用程序结合起来。

M 文件编辑器还具有如下的编辑功能。

选择：与通常鼠标选择方法类似或使用快捷方式〈Shift+箭头〉键。

复制粘贴：与 Word 编辑文档类似，复制按〈Ctrl+C〉键，粘贴按〈Ctrl+V〉键。

寻找替代：寻找字符串时用〈Ctrl+F〉键，显然比用鼠标单击菜单要更加方便。

查看函数：M 文件编辑器虽然不像 VC 或者 BC 那样为用户提供全方位的程序浏览器，但却提供了一个简单的函数查找快捷按钮，单击该按钮，会列出该 M 文件所有的函数。这样用户就可以根据需要查看函数并跳到感兴趣的函数位置处。

注释：如果用户已经有了很长时间的编程经验而仍然使用〈Shift+5〉键来输入%号，一定体会过其中的痛苦（忘了切换输入法状态时，就会变成中文字符集的百分号）。

缩进：良好的缩进格式为用户提供了清晰的程序结构。编程时应该使用不同的缩进量，以使程序显得错落有致。增加缩进量用〈Ctrl+]〉键，减少缩进量用〈Ctrl+[〉键。当一大段程序比较乱的时候，使用快捷键〈Ctrl+I〉键也是一种很好的选择。

3）保存程序。

程序编辑完毕后，可以选择工具栏上的快捷方式进行保存，也可以选择 File 菜单下的 save 选项或者 save as…选项进行保存。

4）设置工作路径。

在运行程序之前，必须设置好 MATLAB 的工作路径，使得所要运行的程序及运行程序所需要的其他文件处在当前目录之下，只有这样，才可以使程序得以正常运行，否则可能导致无法读取某些系统文件或数据，从而程序无法执行。更改 MATLAB 的工作路径常用以下两种方法：一是通过 cd 指令在命令窗口中可以更改、显示当前工作路径；二是通过路径浏览器（path browser）也可以进行设置。

5）程序调试。

充分利用 Debugger 来进行程序的调试（设置断点、单步执行、连续执行），并利用其他工具箱或图形用户界面（GUI）的设计技巧，将设计结果集成到一起。下面列出了一些常用的调试方法。

① 使用快捷键〈F12〉设置或清除断点。

② 使用快捷键〈F5〉执行程序。

③ 使用快捷键〈F10〉实现程序的单步执行。

④ 当遇见函数时，进入函数内部，使用快捷键〈F11〉。

⑤ 使用快捷键〈Shift+F11〉执行流程跳出函数操作。

⑥ 执行到光标所在位置只能使用菜单来完成该功能。

⑦ 将鼠标放在要观察的变量上停留片刻，就会显示变量或表达式的值，当矩阵太大时，则只显示矩阵的维数。

⑧ 使用菜单或者快捷按钮来完成退出调试模式。

2.8.2 MATLAB 程序类型

M 文件可以分为脚本文件（script）和函数文件（function）两种。

1. 脚本文件

对于一些比较简单的问题，可在命令窗口中直接输入指令来计算；对于一些复杂的计算，采用脚本文件（script file）最为合适。脚本类似于 DOS 下的批处理文件，将原本要在 MATLAB 环境下直接输入的多条语句，存放成以.m 为后缀的文件，在命令行键入文件名，替代多条语句，一次执行成批命令。

脚本文件不需要在其中输入参数，也不需要给出输出变量来接受处理结果，仅是若干命令或函数的集合，用于执行特定的功能。脚本的操作对象为 MATLAB 工作空间内的变量，并且在脚本执行结束后，脚本中对变量的一切操作均会被保留。在 MATLAB 语言中也可以在脚本内部定义变量，并且该变量将会自动地被加入到当前的 MATLAB 工作空间中，并可以为其他的脚本或函数引用，直到 MATLAB 被关闭或采用一定的命令才可将其删除。

具体文件编辑步骤如下：

1）单击 MATLAB 工具栏区的 New File 图标或者打开 File 菜单选择 New 选项中的 M-file 选项，就可打开如图 2-32 所示的 MATLAB 文件编辑器 MATLAB Editor/Debugger，其窗口名为 untitled，用户即可在空白窗口中编写程序。

【例 2-45】

```
%命令窗口中定义矩阵 a，b
        >>a=[1 1 1;1 2 3;1 3 6];
        >>b=[8 1 6;3 5 7; 4 9 2];
      %  在编辑器中编写下述命令
        a=a+b
        b=a*b
        C=a-b
```

2）在编辑器中编辑完上例的脚本文件后，保存至文件 scripts1 中。

3）在命令窗口中调用该脚本文件，即可得到程序运行的结果。

```
>>scripts1
a =
     9     2     7
     4     7    10
     5    12     8
b =
   106    82    82
    93   129    93
   108   137   130
C =
   -97   -80   -75
   -89  -122   -83
  -103  -125  -122
```

其中矩阵 ***a***、***b*** 均是在工作空间中已定义完毕的，脚本运行时直接使用该变量，并对其进行操作，然后在命令窗口中调用该脚本，可以看到变量 *a*、*b* 已经进行了重置。

也可将变量 *a*、*b* 在编辑器中进行赋值，然后在工作窗口中调用该脚本文件，得到和上例同样的结果。

2．函数文件

与脚本文件不同，函数文件犹如一个“黑箱”，把一些数据送进并经加工处理，再把结果送出来。MATLAB 提供的函数指令大部分都是由函数文件定义的。相对于脚本文件而言，函数文件较为复杂，归纳如下：

① 从形式上看，必须以固定格式书写的程序代码，函数文件的第一行总是以“function”引导的“函数申明行”，需要给定输入参数，并能够对输入变量进行若干操作，实现特定的功能，最后给出一定的输出结果或图形等，其操作对象为函数的输入变量和函数

内的局部变量等。

② 从运行上看，每当函数文件运行，MATLAB 就会专门为它开辟一个临时工作空间，称为函数工作空间（function workspace）。当执行文件最后一条指令时，就结束该函数文件的运行，同时该临时函数空间及其所有的中间变量就立即被清除。

③ 函数文件要求文件名和函数名要一致。

MATLAB 提供了一个创建用户函数的结构，并以 M 文件的文本形式存储在计算机上。MATLAB 函数 fliplr 是一个 M 文件函数很好的例子。

MATLAB 语言的函数文件包含如下 5 个部分。

（1）函数定义行

函数的定义行，是函数语句的第一行，在该行中将定义函数名、输入变量列表及输出变量列表等。语句格式为：function　输出变量=函数名（输入变量）。

说明：M 函数可以有零个、一个或多个输入或输出，当函数具有多个输出变量时，用方括号“[ ]”括之；当函数有多个输入变量时，用圆括号“( )”括之。如：function [x,y,z]=sphere(theta, phi, rho)；当函数不含输出变量时，直接略去输出部分或采用空方括号表示，如：function printresults(x)或 function []=printresults(x)。

所有在函数中使用和生成的变量都为局部变量（除非利用 global 语句定义），这些变量值只能通过输入和输出变量进行传递。因此，在调用函数时应通过输入变量将参数传递给函数；函数调用返回时也应通过输出变量将运算结果传递给函数调用者；其他在函数中产生的变量在返回时被全部清除。

（2）H1 行

在脚本和函数文件中，以“%”开头的行称为注释行，H1 行常在函数文件的第二行，这实际上是帮助文件的第一行。此行不仅可以由 help function_name 命令显示，而且，当使用 lookfor 命令时，可以查看到该行信息，为该函数文件的帮助主题。

（3）函数帮助信息

这部分内容是以%开头的帮助文本，它用来比较详细地说明这一函数，提供了函数的完整的帮助信息，包括 H1 行之后至第一个可执行行或空行为止的所有注释语句，当在 MATLAB 下输入 help function_name 时，可显示出 H1 行和该函数帮助信息。这部分文本从 H1 行开始，到第一个非%开头的行结束。

（4）函数体

指函数代码段，也是函数的主体部分，可采用任何可用的 MATLAB 命令，包括 MATLAB 提供的函数和用户自己设计的 M 函数。

（5）注释

注释行是以“%”开头的行，它可出现在函数的任意位置，也可以加在语句行之后，是对函数体中各语句的解释和说明。

在函数文件中，除了函数定义行和函数体之外，其他部分可省略。

【例 2-46】 考虑 MATLAB 函数 linspace()。

```
function y = linspace(d1, d2, n)                          %函数定义行
%   LINSPACE Linearly spaced vector.                      % H1 行
% LINSPACE(x1, x2) generates a row vector of 100 linearly      %函数帮助信息
```

```
% equally spaced points between x1 and x2.
% LINSPACE(x1, x2, N) generates N points between x1 and x2.
% See also LOGSPACE, :.
% Copyright (c) 1984-94 by The MathWorks, Inc.
if   nargin = = 2     % nargin 为输入变量个数   %函数体
    n = 100;
end
y = [d1+(0:n-2)*(d2-d1)/(n-1) d2] ;
```

% 注释：如果只用两个输入参量调用 linspace()，例如 linspace(0,10) ，linspace 产生 100 个数据点。相反，如果输入参量的个数是 3，例如 linspace(0,10,50)，第三个参量决定数据点的个数。

尽管函数文件通常可有 5 个组成部分，但并不是所有的函数文件都需要这 5 个部分，实际上，只有函数定义行是一个函数文件所必需的，而其他的 4 个部分均可省略。当然，如果没有函数体则为一空函数，该函数文件将不能产生任何作用。

2.8.3 函数变量及变量作用域

在 MATLAB 语言的函数中，变量主要有输入变量、输出变量及函数内所使用的变量。

输入变量相当于函数入口数据，是一个函数操作的主要对象。某种程度上讲，函数的作用就是对输入变量进行加工以实现一定的功能。如前节所述，函数的输入变量为形式参数，即只传递变量的值而不传递变量的地址，函数对输入变量的一切操作和修改如果不依靠输出变量传出的话，将不会影响工作空间中该变量的值。

MATLAB 语言提供了函数来控制输入变量的个数，以实现不定个数参数输入的操作。具有不定数目的输入、输出变量函数的所有输入变量均存储在单元数组 varargin 和 varargout 中；nargin 和 nargout 分别为用来判断输入输出变量个数的函数。在函数 M 文件内部使用时，nargin 和 nargout 分别表示输入和输出参数的数量。若在函数 M 文件外部使用，nargin 和 nargout 分别表示给定函数的输入和输出参数的数量。

nargin：返回函数输入参数的数量。

nargin(fun)：返回函数 fun 的输入参数数量。如果函数的参数数量可变，nargin 返回的是一个负值。fun 可以是函数名或映射函数的函数句柄。

nargout：返回函数输出参数的数量。

nargout(fun)：返回函数 fun 的输出参数数量。fun 可以是函数名或映射函数的函数句柄。

【例 2-47】 函数 example_1()的功能是输出 a 和 b 的和。如果只输入一个变量，则认为另一个变量为 0，如果两个变量都没有输入，则默认两者均为 0。

```
function y= example_1 (a,b)
if nargin= =0
a=0;b=0;
elseif nargin= =1
b=0;
end
y=a+b;
```

对于函数变量而言，还应当指出的是其作用域的问题。在 MATLAB 语言中，如果一个函数内的变量没有特别声明，那么这个变量只在函数内部使用，即为局部变量，不加载到工作空间中。如果两个或多个函数共用一个变量（或者说在子程序中也要用到主程序中的变量，注意不是参数），那么可以用 global 来将其定义为全局变量，而且在任何使用该全局变量的函数中都应加以定义，在命令窗口中也不例外。定义全局变量时，变量之间必须用空格分隔，不能以逗号分隔。全局变量的使用可以减少参数传递，合理利用全局变量可以提高程序执行的效率。

2.8.4 子函数与私有函数

MATLAB 允许将多个函数写在同一个 M 文件中，其中第一个函数是 M 文件的主函数，M 文件名必须为主函数的名字。其余的函数均为子函数，并受到其他函数的调用。因此，用户可以书写具有模块化特色的 MATLAB 函数，但是要注意以下几点：

1）所有的子函数只能在同一 M 文件下调用。

2）每个子函数都有自己单独的工作区，必须由调用函数传递合适的参数。

3）当子函数调用结束后，子函数的工作区将被清空。

如：

```
function c=test(a,b)            %main function
c=test1(a,b)*test2(a,b);
function c=test1(a,b)           %sub function
c=a+b;
function c=test2(a,b)           %sub function
c=a-b;
```

在 MATLAB 语言中，私有函数为存放于 private 目录中的函数（M 文件），为其父目录中的多个函数所共享，而不能被其他的目录的函数调用。

子函数与私有函数的区别是子函数则只能为其所在的 M 文件的主函数所调用，而私有函数可以被其父目录下的所有函数所调用；在函数编辑的结构上，子函数则只能在主函数文件中编辑，而私有函数与一般的函数文件的编辑相同。

2.8.5 交互式输入

1. input 命令

input 命令用来提示用户从键盘输入数据、字符串或表达式，并接收输入值。语句格式为 x=input('prompt')，其中字符串 prompt 作为提示符，等待用户输入一个响应，然后把它赋值到 x。

【例 2-48】 使用用户提示命令 input。

```
>> A=input('year?')
year?   2009                          % 输入数值数据
A =
        2009
>> B=input('What's your name ? ','s')
```

```
% 输入字符串
What's your name ？PETER.
B =
    PETER.
```

2．keyboard 命令

在 MATLAB 语言中，keyboard 命令与 input 命令的作用相似。当程序遇到此命令时，将停止执行程序，将控制权交给键盘且在屏幕上显示字符 K。键盘处理完毕后，输入 return 并回车后，则继续程序的执行。该命令常用在 M 文件中的程序调试和修改变量、查询/修改函数命令空间变量以及建立新的函数空间变量中。

3．echo 命令

在 MATLAB 语言中，echo 命令用于控制是否显示 M 文件执行的每一条命令，这对于程序的调试和演示很有用。echo 命令的使用方式为

echo on　　　　打开命令式文件的回应命令；
echo off　　　　关闭回应命令；
echo file on　　　使 file 文件的命令在执行中被显示；
echo file off　　　关闭 file 文件的命令执行中的回应；
echo on all　　　显示所有执行文件的执行过程；
echo off all　　　关闭所有执行文件的回应显示。

4．pause 命令

在 MATLAB 语言中，pause 命令用于使暂时终止程序的执行，等待用户按任意键后继续再执行该程序。通常 pause 命令用在程序的调试或者用户需要查看中间结果。pause 命令的基本调用格式为

pause　　　　暂停程序，等待回应；
pause(n)　　　等待 *n* 秒后继续执行；
pause on　　　显示并执行其后的 pause 命令；
pause off　　　显示但不执行其后的 pause 命令。

2.8.6 MATLAB 程序流程控制

在 MATLAB 语言中，程序的控制非常重要，用户只有熟练掌握了这方面的内容，才能编制出高质量的应用程序。MATLAB 提供了循环语句结构、条件语句结构、开关语句结构和试探语句结构等，本节将介绍各种语句结构。

1．循环结构

循环结构由 for 和 while 语句引导，用 end 语句结束，在这两个语句之间的部分则为循环体。

for 循环语句是流程控制语句中的基础，使用该循环语句可以按照预先设定的循环次数重复执行循环体内的语句。

for 循环语句的调用形式为

```
for 循环控制变量=〈循环次数设定〉
    循环体
```

```
end
```

例如：

```
for i=1：2：12
    disp(['第', num2str(find(i= =1：2：12)) , '次循环, i 的取值为：',num2str(i)] );
end
```

程序运行结果为

第 1 次循环, i 的取值为：1

第 2 次循环, i 的取值为：3

第 3 次循环, i 的取值为：5

第 4 次循环, i 的取值为：7

第 5 次循环, i 的取值为：9

第 6 次循环, i 的取值为：11

由于 for 循环语句使用一个向量来控制循环，因此循环次数由向量的长度来决定，而每次循环都依次从向量中取值。这使得 MATLAB 循环更灵活多样，其循环变量取值可以不按照特定的规律；但在 for 循环中，当次循环中改变循环变量赋值，不会代入下次循环，除非在其中用 break 提前退出。例如：上例中的 for i=1：2：12，将循环 6 次，i 的取值依次是 1，3, 5, 7，9，11；另一个例子：for a=[1, 5, 3], 这个循环将被执行 3 次，循环控制变量 a 的取值依次为 1, 5, 3。for 循环允许嵌套使用。

while 循环语句与 for 循环语句不同的是，前者是以条件的满足与否来判断循环是否结束的，其循环次数不预先指定。而后者则是以执行次数是否达到指定值为判断的。

while 循环语句的一般形式为

```
while〈循环判断的语句〉
循环体
end
```

其中，循环判断语句为某种形式的逻辑判断表达式，当该表达式的值为真时，就执行循环体内的语句；当表达式的逻辑值为假时，就退出当前的循环体。如果循环判断语句为矩阵时，当且仅当所有的矩阵元素非零时，逻辑表达式的值为真。

while 语句后面的判断条件要求循环判断语句的表达式或者变量值为一个逻辑型标量，每次循环之前，while 语句会判断这个条件是否满足，如果满足则开始循环模块，否则跳过整个循环语句。

【例 2-49】 每次循环变量 a 都将乘方，当 a 大于 20 时终止循环：

```
a=0;
while a<=20
a=a^2; disp(a);
end
```

在 while 循环语句中，在语句内必须有可以修改循环控制变量的命令，否则该循环语言将陷入死循环中，除非循环语句中有控制退出循环的命令，程序将直接退出循环，常用的有

break 语句或 continue 语句，但使用 break 语句只能退出一层循环，执行循环后的其他语句，假如现在有内外两层循环，在内层循环中执行 break 只会退出内层的循环，通常 break 常和判断语句一起使用。continue 语句的作用是用来在循环块中，跳过当次循环中该语句之后的其他语句，继续下一次循环，它和 break 的不同之处是 break 是彻底退出循环，而 continue 只是跳过本次循环的中该语句之后的那些语句，下一次循环照常执行。

2．条件转移结构

条件转移结构也是程序设计语言中流程控制语句之一，使用该语句，可以选择执行指定的命令，MATLAB 语言提供的条件语句最简单的格式是由关键词 if 引导的，其格式为

```
if〈逻辑判断语句〉
条件块语句组
end
```

当逻辑判断表达式为“真”时，将执行该条件转移结构语句中的条件块语句组的内容，执行完之后继续向下执行；若逻辑判断表达式为“假”时，则跳过条件块语句组而直接向下执行。

if 语句关键是判断条件要求是一个逻辑型标量，如果是数值型标量，MATLAB 自动用 logical()函数转换成逻辑型，这个逻辑型标量可以来自于比较表达式，例如：$a<2$；也可以来自逻辑运算，例如：$a<2\&\&b>6$（注：这里先执行了两个比较运算，比较 a 和 2，b 和 6 大小关系，得到两个逻辑型标量，然后对这两个逻辑型标量取逻辑与）；当然也可以是返回逻辑型变量值的函数，例如：可以采用 isequal(a,b) 来判断两个变量是否相等等。

【例 2-50】 用 MATLAB 计算开方值，假设需要计算的数存储在 a 变量中，该数需要大于 0 才能计算，否则不能计算。

```
a =input('请输入一个数');
if a>=0
%上句判断 a 是否非负数
disp(sqrt(a))
%如果条件成立——a 非负数，那么显示 a 的平方根
else
disp('只有非负数才能开平方!')
%否则显示出错信息
end
```

程序运行后会在命令窗口中出现提示信息“请输入一个数”，根据输入的数值，该程序即可实现开方值的计算。

MATLAB 还提供了其他两种条件结构 if…else 格式和 if…elseif…else 格式，这两种结构的调用方式分别为

```
if〈逻辑判断语句〉
逻辑值为“真”时执行的条件块语句组 1
else
逻辑值为“假”时执行的条件块语句组 2
end
```

当逻辑判断表达式为“真”时，将执行条件块语句组 1，否则将执行条件块语句组 2

```
if〈逻辑判断语句 1〉
    逻辑值 1 为“真”时执行的条件块语句组 1
elseif〈逻辑判断语句 2〉
    逻辑值 2 为“真”时执行的条件块语句组 2
elseif〈逻辑判断语句 3〉
    …
else
    当以上所有的逻辑值均为假时执行的条件块语句组 n
end
```

在以上的各层次的逻辑判断中，若其中任意一层逻辑判断为真，则将执行对应的条件块语句组，并跳出该条件判断语句，其后的逻辑判断语句均不进行检查。

【例 2-51】 编写程序

$$f(x)=\begin{cases}x^2+1 & x>1\\ 2x & x<=1\end{cases}$$

求 $f(2)$和 $f(-1)$的值。

```
x=input('请输入 x 这个变量的值')
if x>1
out=x^2+1;
else
out=2*x;
end
out
```

3. 开关结构

if 判断语句只有两种选择——是与否，MATLAB 语言还提供了开关结构 switch-case 语句，以解决多分支判断选择问题，switch 语句根据变量或表达式的取值不同，分别执行不同的语句。switch-case 语句的一般表达形式为

```
switch〈选择判断量〉
        case    选择判断值 1
                选择判断语句 1
        case    选择判断值 2
                选择判断语句 2
        …
otherwise
    判断执行语句
end
```

此处的选择判断量变量或表达式可以为 MATLAB 支持的任意数据类型，但应满足 case 语句后的可选值为同种数据类型。switch 语句运行时，首先将变量或表达式的值与 case 语句后的值 1, 值 2,……逐一作比较, 如果两者相符则执行该块语句, 否则跳到下一值。 如果有两个值都符合变量或表达式条件, 只有位于前面的那个值所对应的语句块才会被执行。

【例 2-52】 根据变量 a 的值来决定显示的内容。

```
a =input('请输入一个数');
 switch a
 case 1
   disp(' I am a teacher.')
 case 2
   disp(' I am a student.')
otherwise
   disp('a 是其他值')
end
```

2.9 本章小结

本章主要介绍了 MATLAB 语言的一些基础知识，包括编程环境、数值运算、基础绘图和编程等。并通过一些具体的实例对 MATLAB 语言的功能作了介绍。本章内容是 MATLAB 语言运行的基础，也是应用 MATLAB 进行控制系统仿真的基础。在后面的章节里通过具体的仿真示例对 MATLAB 语言与控制系统仿真分析方法作更进一步的阐述。

习题

2.1 已知矩阵 $\boldsymbol{a}=\begin{bmatrix}1 & 2\\ 3 & 4\end{bmatrix}$ $\boldsymbol{b}=\begin{bmatrix}3 & 5\\ 5 & 9\end{bmatrix}$

求 $\boldsymbol{a}\times\boldsymbol{b}$，$\boldsymbol{a}/\boldsymbol{b}$，$\boldsymbol{b}/\boldsymbol{a}$，***a*+*b***，***a*−*b***，***a*^3**，***a*.****b***，***a*./*b***，***a*.*b***，***a*.^3**。

2.2 已知矩阵 $\boldsymbol{A}=\begin{bmatrix}0 & 2 & 3 & 4\\ 1 & 3 & 5 & 0\end{bmatrix}$ $\boldsymbol{B}=\begin{bmatrix}1 & 0 & 5 & 3\\ 1 & 5 & 0 & 5\end{bmatrix}$

求 ***A*&*B***，***A*= =*B***。

2.3 使用 help 命令查找函数 magic 和 plot 的帮助信息。

2.4 用不同的数据显示格式显示变量 *pi*，并比较各种显示格式。

2.5 设两个复数 *a*=1+2i，*b*=3−4i，计算 *a*+*b*，*a*−*b*，*a*×*b*，*a*/*b*。

2.6 已知矩阵 ***A***，***B***，求 ***A**B***

$$\boldsymbol{A}=\begin{bmatrix}1 & 1 & 2\\ 1 & 3 & 4\\ 2 & 4 & 5\end{bmatrix} \qquad \boldsymbol{B}=\begin{bmatrix}15 & 18\\ 20 & 36\\ 25 & 45\end{bmatrix}$$

2.7 已知矩阵 ***A***，求矩阵 ***A*** 的转置矩阵、逆矩阵、矩阵的秩、矩阵的行列式值、矩阵的三次幂、矩阵的特征值和特征向量。

$$A=\begin{bmatrix}1 & 3 & 5\\2 & 8 & 6\\3 & 4 & 5\end{bmatrix}$$

2.8　已知向量 $\boldsymbol{x}$=[1 2 3 4 5]，$\boldsymbol{y}$=[7 11 13 15 19]。试分别用线性插值法和三次多项式插值法求 $\boldsymbol{x}$=[1.3, 2.4, 3.7, 4.8]时所对应的 $\boldsymbol{y}$ 值为多少。

2.9　在同一坐标下绘制函数 x，x^2，$-\ln(x)$，$x\sin(x)$在 $x\in[0,4\pi]$的曲线。

2.10　用 subplot 命令在同一图形窗口中绘制以下四个函数的图形：

（1）$y=x$，$x\in[0,5]$　　（2）$y=x\sin(x)$，$x\in[-1,1]$

（3）$y=x^2$，$x\in[0,1.5]$　　（4）$y=\tan(x)$，$x\in[0,1.3]$

2.11　使用 plot 命令绘制 5*sin(x)，sin(cos(x))曲线，要求用不同的线型和颜色，并对两条曲线加标注以示区分。

2.12　利用 M 脚本文件编程，要求绘制函数输出曲线。

$$y(x)=\begin{cases}\cos(x) & x\leqslant 0\\ x & 0<x\leqslant 3\\ -x+8 & x>3\end{cases}$$

第 3 章　Simulink 仿真工具

在工程实际中，控制系统的结构往往很复杂，如果不借助专用的系统建模软件，则很难准确地把一个控制系统的复杂模型输入计算机，对其进行进一步的分析与仿真。Simulink 是可视化动态系统仿真环境，1990 年由 MathWorks 软件公司为 MATLAB 提供了新的控制系统模型图输入与仿真工具，该工具很快就在控制工程界获得了广泛的认可，使得仿真软件进入了模型化图形组态阶段。Simulink 实际是一个动态系统建模、仿真和分析的软件包，基于 MATLAB 的框图设计环境，支持线性系统和非线性系统，可以用连续采样时间、离散采样时间或两种混合的采样时间建模，它也支持多速率系统，即系统中的不同部分采用不同的采样速率。它与 MATLAB 语言的主要区别在于，其与用户交互接口是基于 Windows 的模型化图形输入，Simulink 提供了一些按功能分类的基本的系统模块，用户只需要知道这些模块的输入输出及模块的功能，而不必考察模块内部是如何实现的，通过对这些基本模块的调用，再将它们连接起来就可以构成所需要的系统模型（以.mdl 文件进行存取），从而进行仿真与分析。因此用户可以把更多的精力投入到系统模型的构建，而非语言的编程上。

3.1　运行 Simulink 演示程序

Simulink 提供了一些模型的演示程序，用以说明 Simulink 中各种建模和仿真的概念，用户可以从 MATLAB 的命令窗口中打开这些演示程序。这里以 power_brushlessDCmotor 直流无刷同步电机为例简要说明 Simulink 模型的功能及运行方式，使读者对 Simulink 有一个基本的认识。

首先从 MATLAB 命令窗口的左下角单击 Start→Demos，MATLAB 的帮助浏览器会显示 Simulink 的 Demos 选择面板，单击 Simulink 显示演示程序的目录，双击这些条目就可以启动相应的演示程序，如图 3-1 和图 3-2 所示。

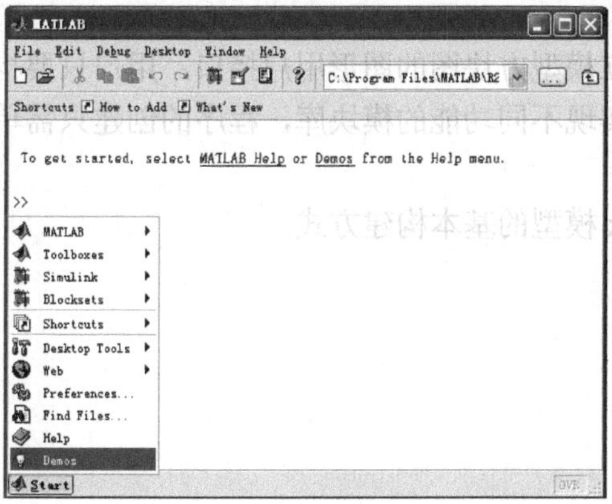

图 3-1　Simulink 的 Demos 启动窗口

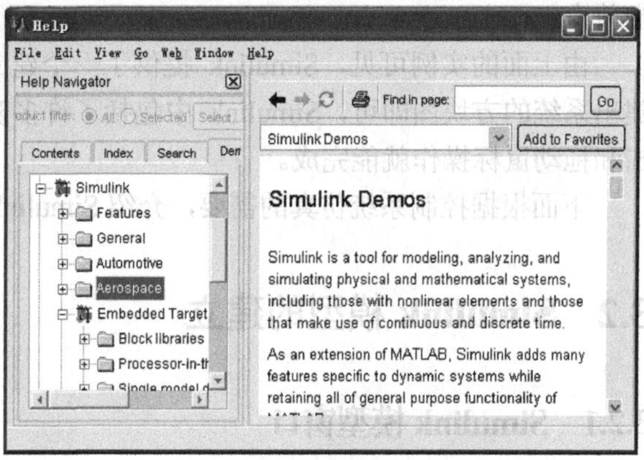

图 3-2　Simulink 的 Demos 窗口

首先运行 MATLAB，在 MATLAB 的命令窗口内建入“power_ brushlessDCmotor”命令：

>>power_brushlessDCmotor

该命令启动 Simulink 并打开名为“power_brushlessDCmotor”的直流无刷电机系统模型窗口，如图 3-3 所示。

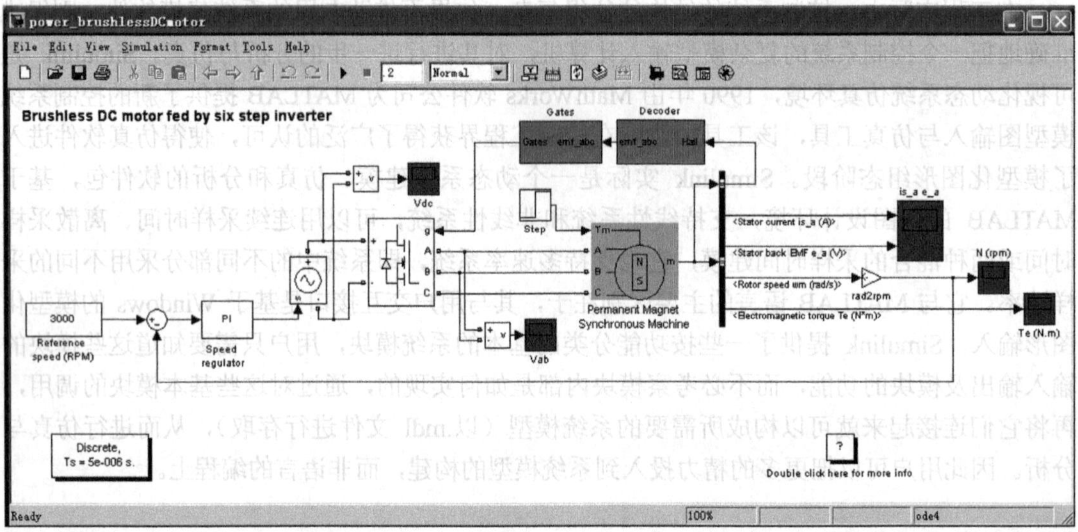

图 3-3　直流无刷电机系统模型

图 3-3 所示为直流无刷电机转速的 PI 控制系统模型，其中标注为 Vdc、Vab、Te 等的模块实际上实现的就是示波器的功能，双击该模块，即可以打开示波器观测相应的数据。在进行仿真之前，首先设置仿真参数，图 3-3 所示的仿真采用原模型默认的参数。选择菜单栏 Simulation 下的 start 命令，或者单击 Simulink 工具栏上的开始按钮▶，系统开始按照模型中设置的参数进行仿真，仿真结果：电压、电流和转矩等曲线将显示在示波器中。若要停止仿真，可选择 Simulation 菜单栏下的 stop 命令，或者单击 Simulink 工具栏上的停止按钮■。仿真结束后，可选择 file 菜单栏下的 close 命令关闭模型，或者单击窗口右上角的☒来关闭当前窗口。

由上面的实例可见，Simulink 提供了一个建立模型方块图的图形用户接口，用户只要构建出系统的方块图即可，Simulink 中包括了许多实现不同功能的模块库，程序的创建只需单击和拖动鼠标操作就能完成。

下面根据控制系统仿真的需要，介绍 Simulink 模型的基本构建方式。

3.2 Simulink 模型的建立

3.2.1 Simulink 模型窗口

由于 Simulink 是基于 MATLAB 环境之上的高性能的系统级仿真设计平台，因此启动

Simulink 之前必须首先运行 MATLAB，然后才能启动 Simulink 并建立系统模型。

在 Simulink 环境下，打开一个空白的模型窗口有几种方法：

① 在 MATLAB 的命令窗口中选择 File→New→New Model 菜单项。

② 单击 Simulink 工具栏中的“新建模型”图标。

③ 选中 Simulink 菜单系统中的 File→New→Model 菜单项。

④ 还可以使用 new_system 命令来建立新模型。

无论采用哪种方式，都将自动地打开一个如图 3-5 所示的空白模型编辑窗口，模型编辑窗口由标题、功能菜单和用户模型编辑区三部分组成。在模型编辑窗口中允许用户对系统的结构图进行编辑、修改和仿真。在后面各小节中将详细介绍模型的编辑、处理、仿真的方法。

绘制系统结构框图必须在用户模型编辑区进行，结构图中所需的模块，可直接从 Simulink 库浏览窗口（见图 3-4）中的各模块库里通过复制相应的标准模块得到。模型编辑窗口的标题扩展名为.mdl。

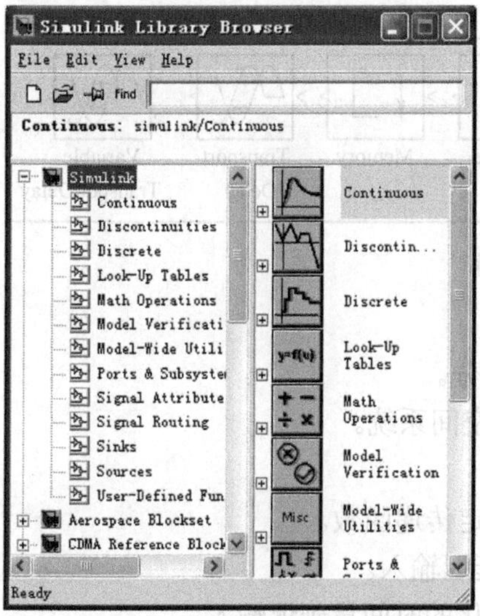

图 3-4　图形库浏览器界面

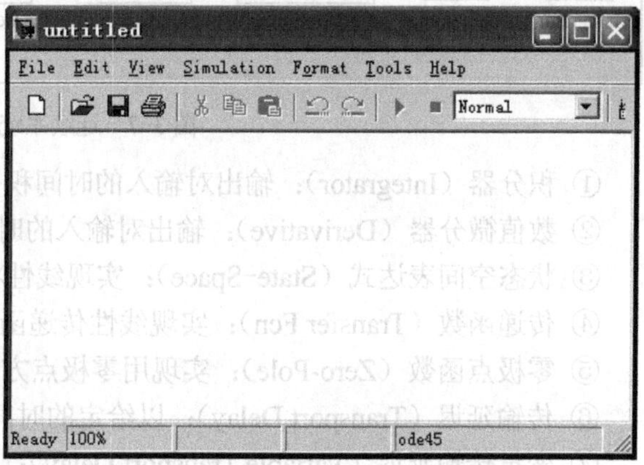

图 3-5　模型编辑窗口

3.2.2　Simulink 模块库简介

在系统模型编辑器中，用户可以拖动 Simulink 提供的大量的内置模块建立系统模型。当用户完成 Simulink 系统模型的编辑之后，需要保存系统模型，然后设置模块参数与系统仿真参数，最后便可以进行系统的仿真。

为便于用户能够快速构建自己所需的动态系统，Simulink 提供了大量以图形方式给出的内置系统模块，使用这些内置模块可以快速方便地设计出特定的动态系统。

1．Simulink 模块库简介

在 MATLAB 命令窗口下输入 Simulink 命令或 Simulink3 命令，也可以单击 MATLAB 工具栏中的 Simulink 图标，打开如图 3-6 所示的 Simulink 模型库窗口。

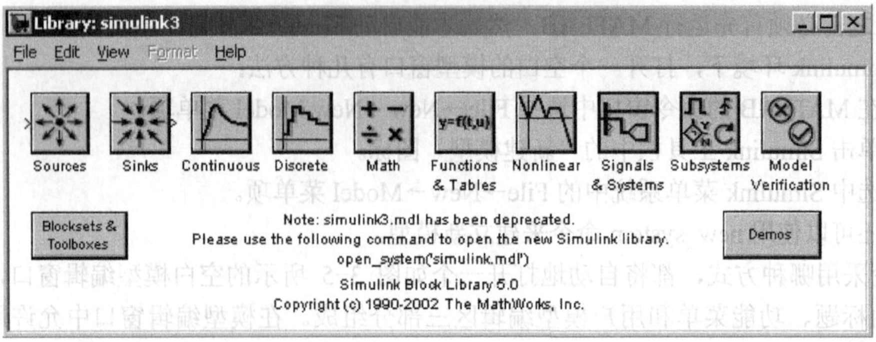

图 3-6 Simulink 模型库窗口

Simulink 模型库窗口由标题、标准模块库和功能菜单组成。按功能可分为以下几类子库。

（1）Continuous（连续系统模块库）

双击 Continuous 模块库，打开连续系统模块库，其内容如图 3-7 所示，主要包括一些常用的连续模块。

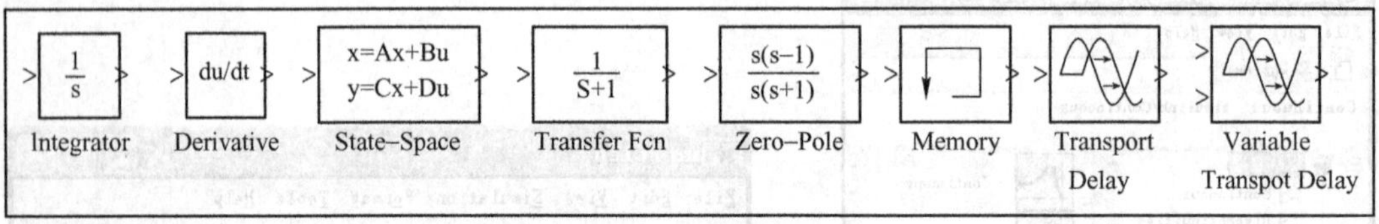

图 3-7 连续系统模块库

① 积分器（Integrator）：输出对输入的时间积分。

② 数值微分器（Derivative）：输出对输入的时间微分。

③ 状态空间表达式（State-Space）：实现线性状态空间系统。

④ 传递函数（Transfer Fcn）：实现线性传递函数。

⑤ 零极点函数（Zero-Pole）：实现用零极点方式指定传递函数。

⑥ 传输延迟（Transport Delay）：以给定的时间量延迟输入。

⑦ 变量传输延迟（Variable Transport Delay）：以变化的时间量延迟输入。

（2）Discrete（离散系统模块库）

离散系统模块库主要用于建立离散采样系统的模型，通过双击 Discrete 模块库打开，具体内容如图 3-8 所示，该模块库主要包括以下模块。

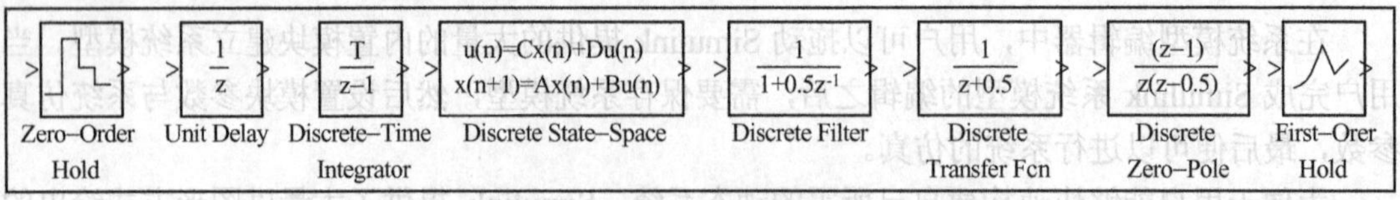

图 3-8 离散系统模块库

① 零阶保持器（Zero-Order Hold）：实现零阶保持器。

② 一阶保持器（First-Order Hold）：实现一阶采样保持器。

③ 离散系统的传递函数（Discrete Transfer Fcn）：实现离散传递函数。

④ 离散系统的状态方程（Discrete State-Space）：实现离散状态空间系统。

⑤ 离散系统的零极点函数（Discrete Zero -Pole）：实现离散零极点模型。

⑥ 单位延迟（Unit Delay）：延迟信号一个采样周期。

⑦ 离散滤波器（Discrete Filter）：实现 IIR 和 FIR 离散滤波器。

（3）Function&Tables（函数和表格模块库）

函数和表格模块库实现各种一维、二维或高维函数的查表，另外用户可以自行编写更为复杂的函数，该模块库内容如图 3-9 所示。主要包含以下模块。

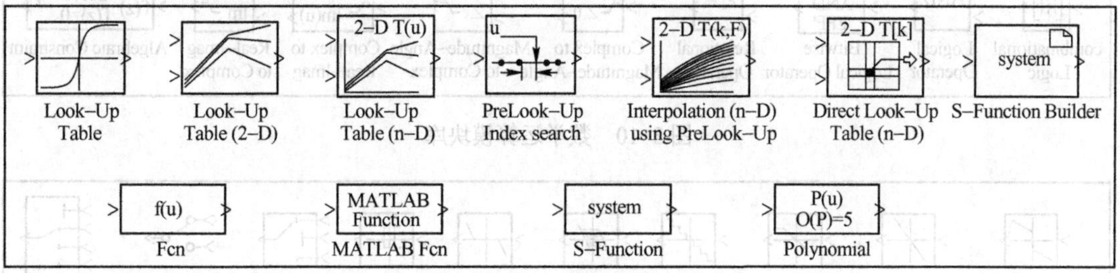

图 3-9 函数和表格模块库

① 一维查表模块（Look-Up Table）：给出一组横坐标和纵坐标的参考值，则输入量经过查表和线性插值计算出输出值并返回。

② 二维查表模块[Look-up Table（2-D）]：给出二维平面网格上的高度值，则输入的两个变量经过查表、插值计算出模块输出值。

③ 函数计算模块（Fcn）：将输入信号进行指定的函数运算。

④ MATLAB 函数模块（MATLAB Fcn）：用于将用户自己按规定格式编写的 MATLAB 函数嵌入到 Simulink 模型中。

⑤ S-函数模块（S-function）：按照 Simulink 规定的格式，允许用户编写自己的 S-函数，具体方法见 3.4 节。

（4）Math（数学运算模块库）

数学运算模块库包括了各种各样的标准数学函数模块，双击 Math 模块库打开，其包含的内容如图 3-10 所示。

① 增益函数（Gain）：输入乘以一个常数。

② 求和模块（Sum）：对输入执行加法或减法运算（包括标量、向量或矩阵）。

③ 代数约束模块（Algebraic Constraint）：强制输入信号为零。

④ 复数的实部虚部提取模块（Complex to Real-Imag）：输出复数输入信号的实数和虚数部分。

⑤ 复数变换成幅值幅角的模块（Complex to Magnitude-Angle）：输出复数输入信号的幅值和相位。

⑥ 一般数学函数，如绝对值函数（Abs）、符号函数（Sign）、三角函数（Trigonometric Function）、取整模块 （Rounding Function）等。

⑦ 数字逻辑模块，如逻辑运算模块（Logic Operator）、组合逻辑模块（Combinational Logic）等，使用这些模块可以方便地搭建数字逻辑电路。

（5）Nonlinear（非线性系统模块库）

非线性系统模块库包含一些常用的非线性运算模块，如图 3-11 示。该模块库的主要包括以下模块。

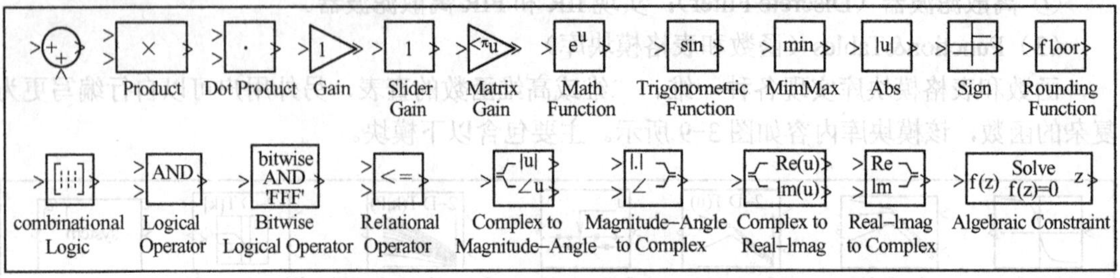

图 3-10　数学运算模块库

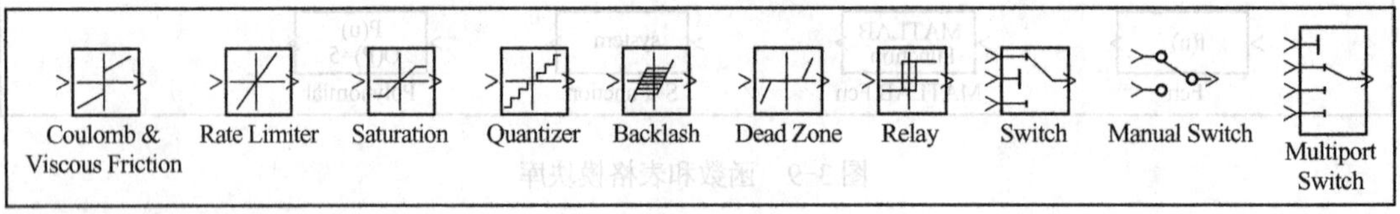

图 3-11　非线性系统模块库

① 库伦与黏性摩擦（Coulomb&Viscous Friction）：在零值为不连续点时，其他值则为线性增益。

② 开关模块（Switch 或 Multiport Switch）：根据第二个输入值，在第一个输入和第三个输入之间切换输出；Multiport Switch 在多个输入模块之间进行选择。

③ 磁滞回环模块（Backlash）：建立间隙模型，指定参数值的死区。

④ 在此模块组中定义了很多分段线性的静态非线性模块，如死区非线性（Dead Zone）、饱和非线性（Saturation）、量化模块（Quantizer）、继电模块（Relay）、变化率限幅模块（Rate Limiter）等。

（6）Signals&Systems（信号和系统模块库）

信号和系统模块库包含的模块如图 3-12 所示。

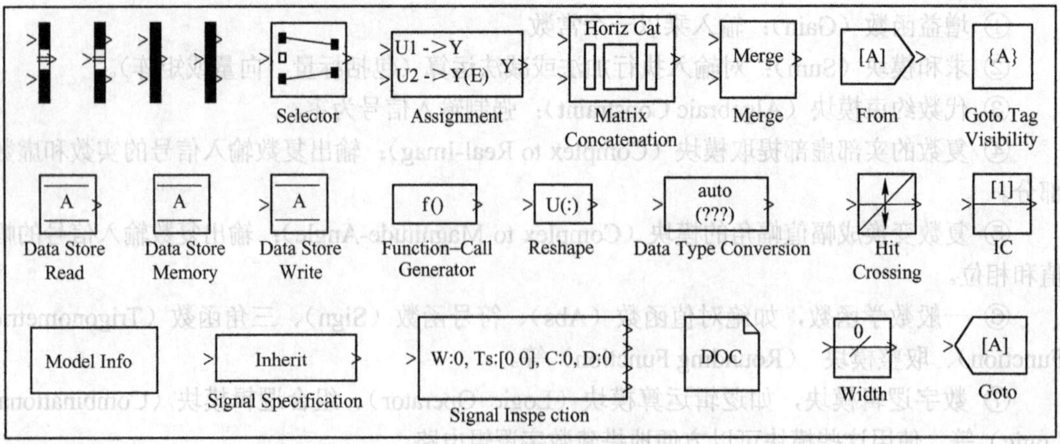

图 3-12　信号和系统模块库

① 混路器（Mux）和分路器（Demux）：Mux 是将几个输入信号组合为向量或总线输出信号；Demux 的功能反之。

② 模型信息显示模块（Model Info）：模型文件信息说明模块，可写入文件创立人、文件版本等信息。

③ 选路器（Selector）：从向量或矩阵信号中选择输入分量。

④ 矩阵基本运算模块：如读矩阵模块（From）、数据结构自动转换模块（Data Type Conversion）、矩阵的重新定维模块（Reshape）等。

（7）Sinks（接收模块库）

接收模块库中的模块实际上是一些能显示计算结果的模块，如图 3-13 所示。

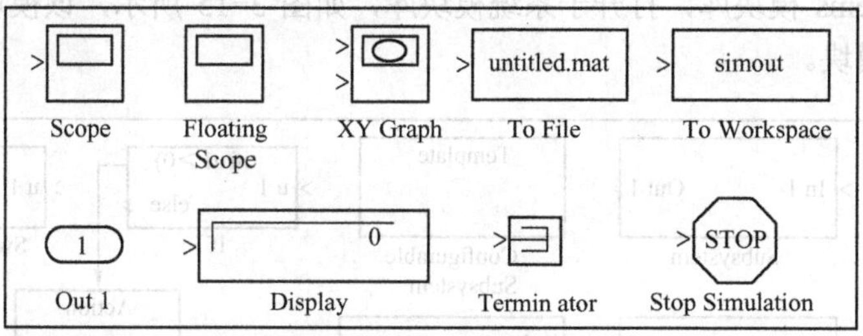

图 3-13　接收模块库

① 输出端口模块（Out）:为子系统或外部输出创建一个输出端口。

② 示波器模块（Scope）：显示仿真期间生成的信号。

③ X-Y 示波器（X-Y Graph）：使用 MATLAB 图形窗口显示信号的 X-Y 图。

④ 工作空间写入模块（To Workspace）：将数据写入到工作空间的变量。

⑤ 写文件模块（To File）：将数据写入到文件。

⑥ 数字显示模块（Display）：显示输入值。

⑦ 仿真终止模块（Stop Simulation）：当输入为非零时停止仿真。

⑧ 信号终结模块（Terminator）：终止一个未连接的输出端口。

（8）Sources（信号源模块库）

双击 Sources 模块图标，打开信号源模块库，如图 3-14 所示。

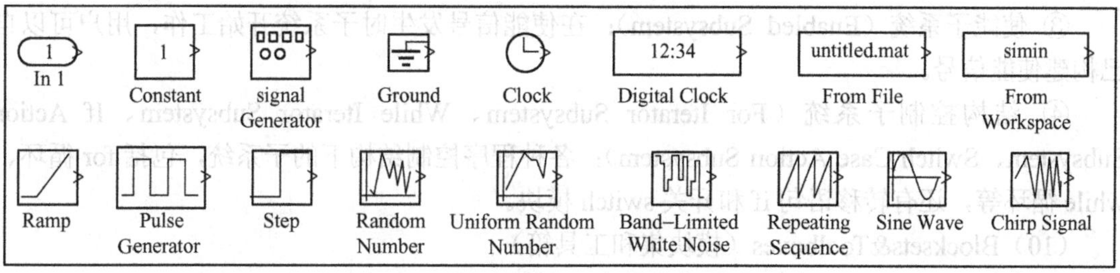

图 3-14　信号源模块库

① 输入端口模块（In1）：为子系统或外部输入生成一个输入端口。

② 普通信号发生器（Signal Generator）：生成不同的波形。

③ 带宽限幅白噪声（Band-Limited White Noise）：生成白噪声。

④ 读文件模块（From File）：从当前工作空间定义的矩阵读数据。

⑤ 时间信号模块（Clock）：显示并输出当前的仿真时间。

⑥ 常数输入模块（Constant）：生成一个常值。

⑦ 接地线模块（Ground）：用来连接输入端口未与其他模块相连的模块。

⑧ 其他类型的信号输入，如阶跃输入（Step）、斜坡输入（Ramp）、脉冲信号（Pluse Generator）、正弦信号（Sine Wave）等，还允许由 Reapting Sequence 模块构造可重复的输入信号。

（9）Subsystems（子系统模块库）

单击 Subsystems 模块库，打开子系统模块库，如图 3-15 所示，该模块库包含了创建各种子系统类型的模块。

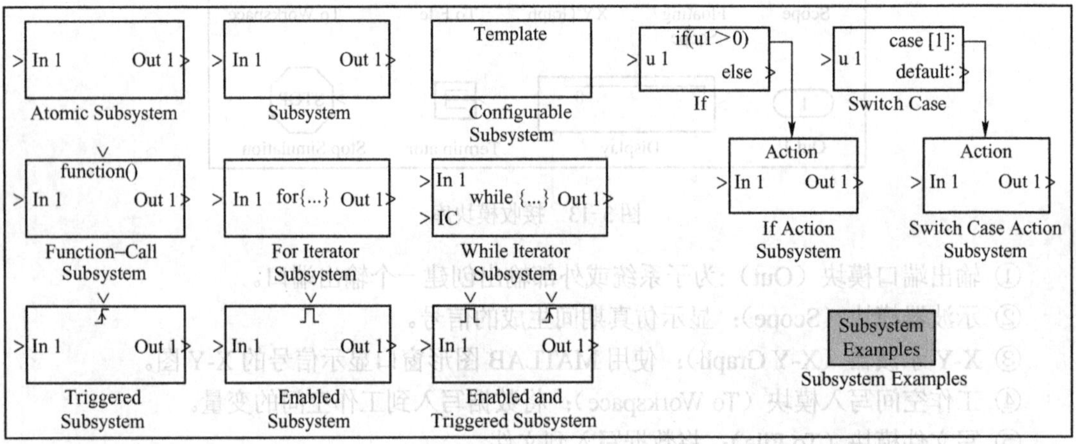

图 3-15　子系统模块库

① 空白子系统结构（Atomic Subsystem）：用于搭建子系统模块，给出输入和输出端子，允许用户在期间绘制所需的子系统模型。

② 触发子系统模块（Triggered Subsystem）：在触发信号发生时子系统开始工作，触发信号分为上升沿、下降沿等。

③ 使能子系统（Enabled Subsystem）：在使能信号发生时子系统开始工作，用户可以自己构建使能信号。

④ 结构控制子系统（For Iterator Subsystem、While Iterator Subsystem、If Action Subsystem、Switch Case Action Subsystem）：各种程序控制结构下的子系统，包括 for 循环、while 循环等，还有转移语句 if 和开关 switch 模块。

（10）Blocksets&Toolboxes（模块集和工具箱）

Blocksets&Toolboxes 中包含的模块集和工具箱如图 3-16 所示。

由于 Simulink 能够解决许多 MATLAB 代码编程不好解决的问题，于是许多领域针对本领域的特点开发了各自的功能模块作为子工具箱加到 Simulink 中来。虽然一般构造系统的常用模块在上面介绍的基本模块库中都存在了，如果再配合功能齐全的其他模块库，则在强大的 MATLAB 支持下，可以更方便、迅速、准确地解决系统仿真问题。这里只简单介绍若干常用的模块库。

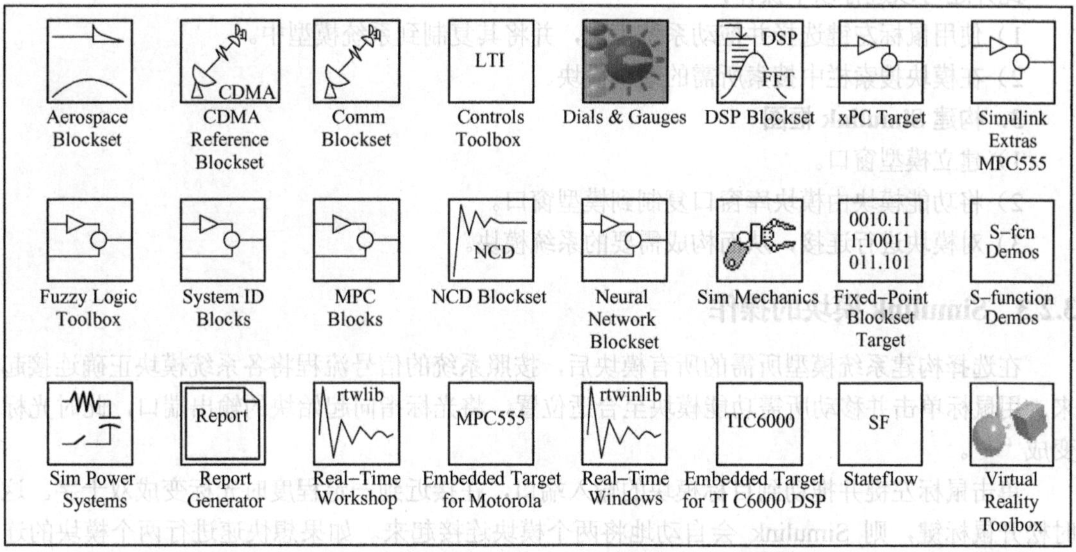

图 3-16　模块集和工具箱

① 控制系统模块库（Controls Toolbox）：为控制系统工具箱提供 Simulink 接口，它支持线性模型对象在 Simulink 中直接应用，而无需再像连续模块库那样去赋底层的参数。

② 数字信号处理模块库（DSP Blockset）：定义了若干数字信号处理模块，如功率谱密度求取、自相关函数求取等。

③ 模糊逻辑模块库（Fuzzy Logic Toolbox）：为模糊逻辑工具箱提供接口。

④ 非线性控制模块库（Nonlinear Control Design Blockset）：基于数值优化算法提出了非线性控制系统最优控制设计的解决方案。

⑤ 电力系统模块库（Power Systems Blockset）：给出了若干常用电子、电力与电机元件的 Simulink 模型，经过内部的变换可以转换成微分方程模型，在 Simulink 环境中应用。

⑥ 神经网络模块库（Neural Network Blockset）：为神经网络工具箱提供接口。

⑦ 通信系统仿真模块库（Comm Blockset）和 CDMA 模块库（CDMA Blockset）：这两个模块都是用于通信系统仿真的实用工具。

⑧ 虚拟现实工具箱（Virtual Reality Toolbox）：提供了虚拟现实设备的输入方法和三维视景显示方式，将用户带入虚拟的世界。

2．Simulink 模块库使用

当库浏览器被启动之后，通过鼠标左键单击模块库的名称可以查看模块库中的模块。模块库中包含的系统模块显示在 Simulink 库浏览器右边的一栏中。对 Simulink 库浏览器的基本操作有：

1）使用鼠标左键单击系统模块库，如果模块库为多层结构，则单击“+”号载入库。

2）使用鼠标右键单击系统模块库，在单独的窗口打开库。

3）使用鼠标左键单击系统模块，在模块描述栏中显示此模块的描述。

4）使用鼠标右键单击系统模块，可以得到系统模块的帮助信息，将系统模块插入到系统模型中，查看系统模块的参数设置。

此外还可以进行以下操作：

1）使用鼠标左键选择并拖动系统模块，并将其复制到系统模型中。

2）在模块搜索栏中搜索所需的系统模块。

3. 构建 Simulink 框图

1）建立模型窗口。

2）将功能模块由模块库窗口复制到模型窗口。

3）对模块进行连接，从而构成需要的系统模块。

3.2.3 Simulink 模块的操作

在选择构建系统模型所需的所有模块后，按照系统的信号流程将各系统模块正确连接起来。用鼠标单击并移动所需功能模块至合适位置，将光标指向起始块的输出端口，此时光标变成“+”。

单击鼠标左键并拖动到目标模块的输入端口，在接近到一定程度时光标变成双十字。这时松开鼠标键，则 Simulink 会自动地将两个模块连接起来。如果想快速进行两个模块的连接，还可以先单击选中源模块，按下〈Ctrl〉键，再单击目标模块，这样将直接建立起两个模块的可靠连接。完成后在连接点处出现一个箭头，表示系统中信号的流向。

有时候为了布线的美观和易读，经常需要对某个或某些模块进行一些处理。在 Simulink 下对功能模块的基本操作包括模块的移动、复制、删除、转向、改变大小、模块命名、颜色设定、参数设定、属性设定、模块输入输出信号等。

在需要对某个或某些模块进行处理时，首先应该选中该模块或模块组。用鼠标单击该模块就可以选中它，选中的模块的四个角出现黑点，标明它处于选中的状态。选择一些模块可以首先在选择区域的左下角处按下鼠标左键，然后拖动鼠标到区域右上角处释放，则整个区域内所有的模块将均被选中。另外，按下〈Ctrl〉键，再单击想选中的模块，则可以随意地同时选择多个模块。当选中的模块 4 个角出现黑色标记，则可以对模块进行以下的基本操作。

① 移动：选中模块，按住鼠标左键将其拖曳到所需的位置即可。若要脱离线而移动，可按住〈Shift〉键，再进行拖曳。

② 复制：选中模块，然后按住鼠标右键进行拖曳即可复制同样的一个功能模块。

③ 删除：选中模块，按〈Delete〉键即可。若要删除多个模块，可以同时按住〈Shift〉键，再用鼠标选中多个模块，按〈Delete〉键即可。也可以用鼠标选取某区域，再按〈Delete〉键就可以把该区域中的所有模块和线等全部删除。

④ 转向：为了能够顺序连接功能模块的输入和输出端，功能模块有时需要转向。在菜单 Format 中选择 Flip Block 旋转 180°，选择 Rotate Block 顺时针旋转 90°。或者直接按〈Ctrl+F〉键执行 Flip Block，按〈Ctrl+R〉键执行 Rotate Block。

⑤ 改变大小：选中模块，对模块出现的 4 个黑色标记进行拖曳即可。

⑥ 模块命名：先用鼠标在需要更改的名称上单击一下，然后直接更改即可。名称在功能模块上的位置也可以变换 180°，可以用 Format 菜单中的 Flip Name 来实现，也可以直接

通过鼠标进行拖曳。Hide Name 可以隐藏模块名称。

⑦ 颜色设定：Format 菜单中的 Foreground Color 可以改变模块的前景颜色，Background Color 可以改变模块的背景颜色；DropShadow 菜单项将给选中的模块加阴影效果；而模型窗口的颜色可以通过 Screen Color 来改变。

⑧ 参数设定：用鼠标双击模块，就可以进入模块的参数设定窗口，从而对模块进行参数设定。参数设定窗口包含了该模块的基本功能帮助，为获得更详尽的帮助，可以单击其上的 Help 按钮。通过对模块的参数设定，就可以获得需要的功能模块。

⑨ 属性设定：选中模块，打开 Edit 菜单的 Block Properties 可以对模块进行属性设定。包括 Description 属性、 Priority 优先级属性、Tag 属性、Open function 属性、Attributes format string 属性。其中 Open function 属性是一个很有用的属性，通过它指定一个函数名，则当该模块被双击之后，Simulink 就会调用该函数执行，这种函数在 MATLAB 中称为回调函数。

⑩ 模块的输入输出信号：模块处理的信号包括标量信号和向量信号；标量信号是一种单一信号，而向量信号为一种复合信号，是多个信号的集合，它对应着系统中几条连线的合成。默认情况下，大多数模块的输出都为标量信号，对于输入信号，模块都具有一种“智能”的识别功能，能自动进行匹配。某些模块通过对参数的设定，可以使模块输出向量信号。

⑪ 字体设定：选中了若干个模块，选择 Format 菜单中的 Font 菜单项，则将自动得出标准的字体设置对话框，如图 3-17 所示。可以通过不同的字体选项得出不同的字体显示效果。注意，字体变化将同时体现在模块内部的字符表示与模块名称的表示。

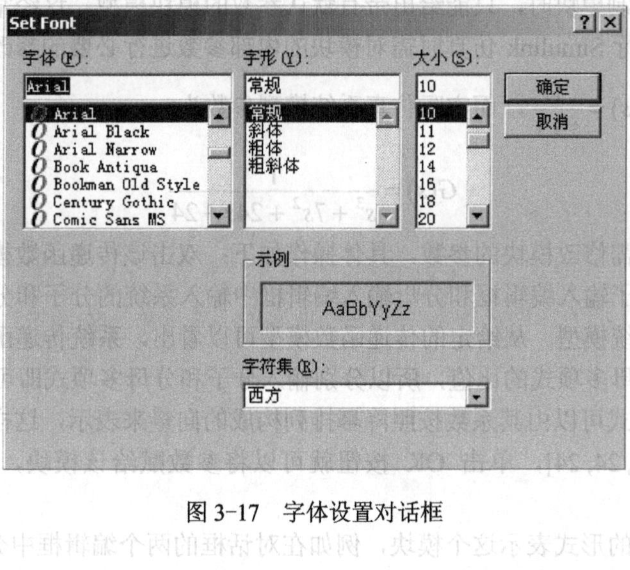

图 3-17　字体设置对话框

3.2.4　模块的连接

Simulink 模型是通过用线将各种功能模块进行连接而构建的。用鼠标可以在功能模块的输入与输出端之间直接连线。连接线可传输标量或向量信号。Simulink 模型中的连接线可以改变粗细、设定标签，也可以折弯、分支。

① 改变粗细：线之所以有粗细是因为线引出的信号可以是标量信号或向量信号，当选

中 Format 菜单下的 Wide Vector Lines 时，线的粗细会根据线所引出的信号是标量还是向量而改变，如果信号为标量则为细线，若为向量则为粗线。选中 Vector Line Widths 则可以显示出向量引出线的宽度，即向量信号由多少个单一信号合成。

② 设定标签：只要在线上双击鼠标，即可输入该线的说明标签。也可以通过选中线，然后打开 Edit 菜单下的 Signal Properties 进行设定，其中 Signal Name 属性的作用是标明信号的名称，设置这个名称反映在模型上的直接效果就是与该信号有关的端口相连的所有直线附近都会出现写有信号名称的标签。

③ 线的折弯：按住〈Shift〉键，再用鼠标在要折弯的线处单击一下，就会出现圆圈，表示折点，利用折点就可以改变线的形状。

④ 线的分支：按住鼠标右键，在需要分支的地方拉出即可。或者按住〈Ctrl〉键，并在要建立分支的地方用鼠标拉出即可。

在某些情况下，一个系统模块的输出同时作为多个其他模块的输入，这时需要从此模块中引出若干连线，以连接多个其他模块。对信号连线进行分支的操作方式为：使用鼠标右键单击需要分支的信号连线（光标变成“+”），然后拖动到目标模块。

如果用户需要在信号连线上插入一个模块，只需将这个模块移到线上就可以自动连接。注意这个功能只支持单输入单输出模块。对于其他的模块，只能先删除连线，放置模块，然后再重新连线。

3.2.5 模块的参数修改

Simulink 在绘制模块时，只能给出带有默认参数的模块模型，这经常和想要输入的模块参数不同，所以进行 Simulink 仿真时需对模块的内部参数进行必要的修改。例如传递函数模块的默认模型为 $G(s)=\dfrac{1}{s+1}$，而实际仿真系统模型参数为

$$G(s)=\frac{1}{s^3+7s^2+24s+24}$$

在这种情况下需修改模块的参数，具体操作如下：双击该传递函数模块，打开参数设置对话框，分别在分子输入编辑框和分母输入编辑框中输入系统的分子和分母参数，则可以最终获得修改后的系统模型。从给定的传递函数模型可以看出，系统传递函数的定义是一个分子多项式和一个分母多项式的比值，所以分别输入分子和分母多项式即可。在 MATLAB 和 Simulink 下，多项式可以由其系数按照降幂排列构成的向量来表示，这样 $s^3+7s^2+24s+24$ 可以表示成向量[1, 7, 24, 24]，单击 OK 按钮就可以将参数赋给该模块，这时模块的显示如图 3-18 所示。

还可以用变量的形式表示这个模块，例如在对话框的两个编辑框中分别键入“num”和“den”，则将会自动把模块的参数和 MATLAB 工作空间中的“num”和“den”两个变量建立起联系，这时模块的显示如图 3-19 所示。应该注意，在运行仿真之前，一定要在 MATLAB 的工作空间中给这两个变量赋值，否则将不能进行仿真分析。

对于其他一些模块，双击该模块，打开相应的参数修改对话框，同样可方便进行内部参数的修改。

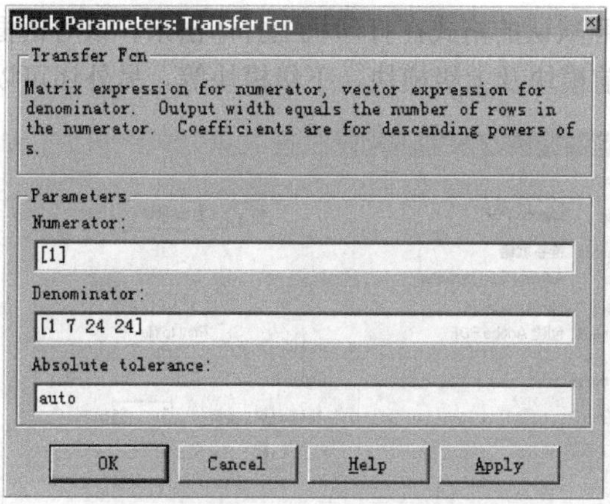

图 3-18　传递函数对话框（1）

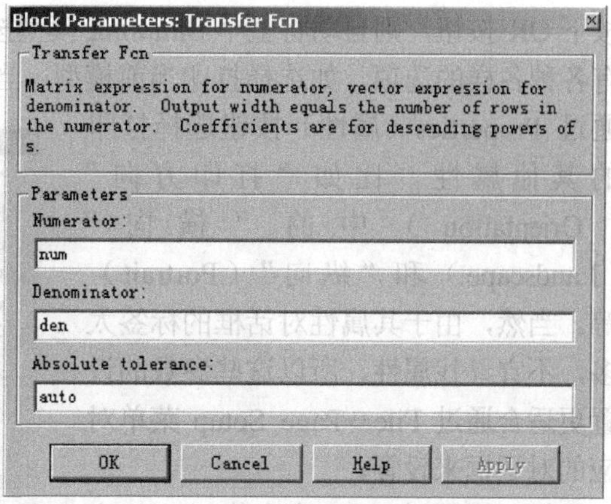

图 3-19　传递函数对话框（2）

3.2.6　Simulink 模块的联机帮助系统

和 MATLAB 其他内容一样，Simulink 也提供了较完善的联机帮助系统，选中一个模块，选择 Help→Help on the selected block 菜单项或右击该模块，并在快捷菜单中选择 Help，则将打开一个如图 3-20 所示的帮助窗口。如果 MATLAB 的文档光盘未放入光驱，则将给出错误信息，无法进行联机帮助。

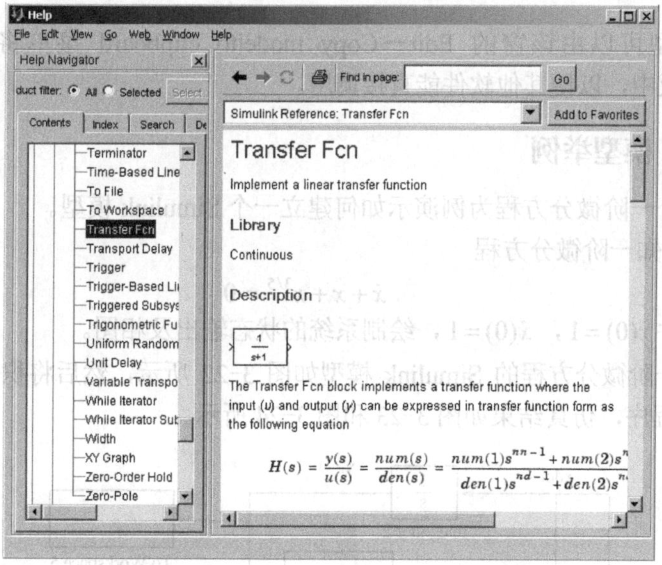

图 3-20　Simulink 模块的联机帮助系统

打开了所关心模块的帮助页面，还可以通过该页面直接访问相关的页面。这样的帮助系统使用起来还是较方便的。

3.2.7　Simulink 模型的输出与打印

在 Simulink 的模型编辑窗口下，选择 File→Print，则将出现如图 3-21 所示的对话框，按下 OK 按钮，则自动将整个 Simulink 模型按照默认的格式在打印机上打印出来。该对话框有各种各样的选项，如选择打印当前模型、当前模块及上级模块、下级模块等。另外还可以通过 Properties（属性）按钮选择打印的其他属性，比如“打印方向”（Orientation）中的“横向”（Landscape）和“纵向”（Portrait）等。当然，由于其属性对话框的标签太多，不宜寻找属性，所以这些参数的设置更适合通过 File→Page Setup 菜单对应的对话框来设置。

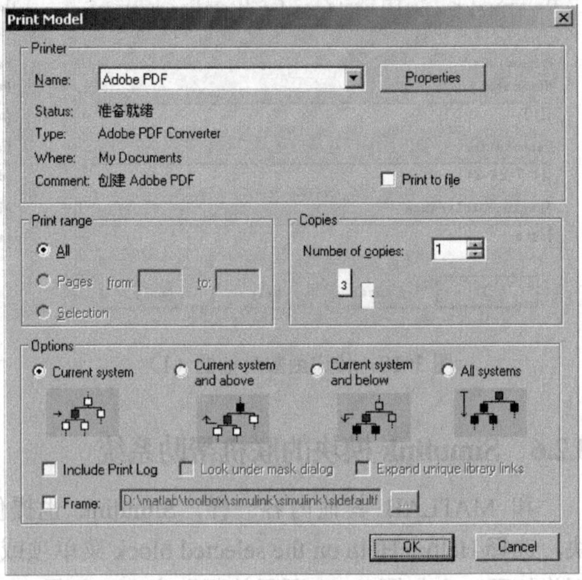

图 3-21　模型打印对话框

还可以通过 print 命令将 figure 文件保存为图片文件，其格式为：print-s-d 类型　文件名，其中“类型”可以选择各种各样不同的文件类型，用 help print 列出，其中 print-s-deps myfile 命令将按封装的 PostScript 格式将图形存成 myfile.eps 文件。如果不使用—s 选项，则可以将 MATLAB 图形窗口中的图形存成 eps 文件。

Simulink 模型可以由该窗的 Edit→Copy modelto clipboard 菜单将整个模型复制到 Windows 的剪贴板中，以便其他软件能直接调用。

3.2.8　Simulink 模型举例

本节将以一个一阶微分方程为例演示如何建立一个 Simulink 模型。

【例 3-1】　已知一阶微分方程

$$\dot{x}+x+x^{3/5}=0$$

假设初始条件 $x(0)=1$，$\dot{x}(0)=1$，绘制系统的状态输出及相图。

首先构建该一阶微分方程的 Simulink 模型如图 3-22 所示，然后将积分器初值设为 1，运行该 Simulink 程序，仿真结果如图 3-23 和图 3-24 所示。

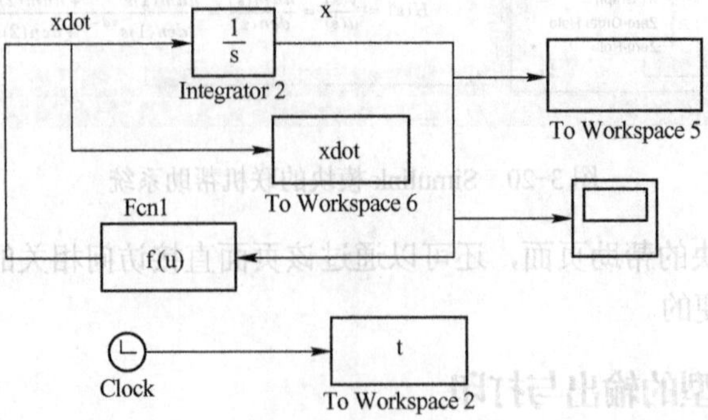

图 3-22　一阶微分方程的 Simulink 表示

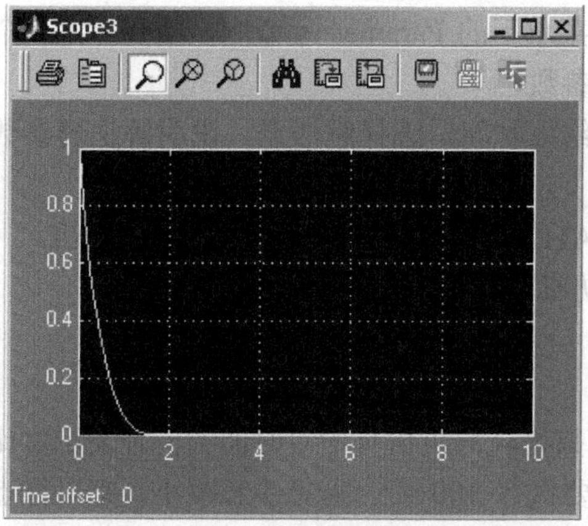

图 3-23　示波器显示结果

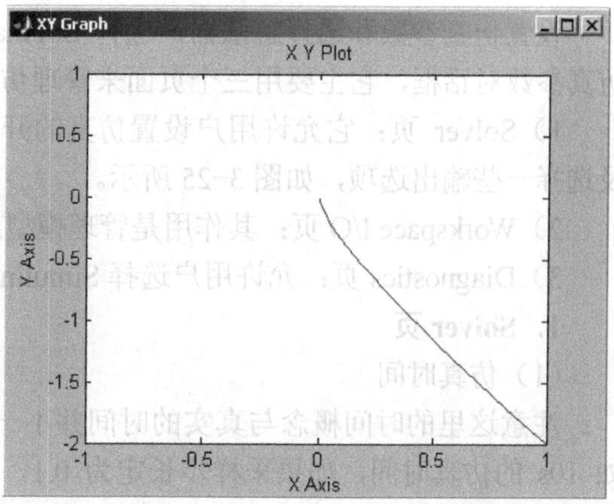

图 3-24　X-Y 示波器的相平面显示

3.3　Simulink 的仿真方法

建立好了 Simulink 模型后就可以启动仿真过程了。最简单的方法当然是按下 Simulink 工具栏下的【启动仿真】按钮了。启动仿真过程后将以默认参数为基础进行仿真，而用户还可以自己设置出需要的控制参数，打开 Simulation→Simulation parameters 菜单项，将得到如图 3-25 所示的对话框，用户可以从中填写相应的数据，控制仿真过程。

在图 3-25 的对话框中有 5 个标签，默认的标签为微分方程求解程序 Solver 的设置，在该标签下的对话框主要接受微分方程求解的算法的选择及仿真控制参数的设置。

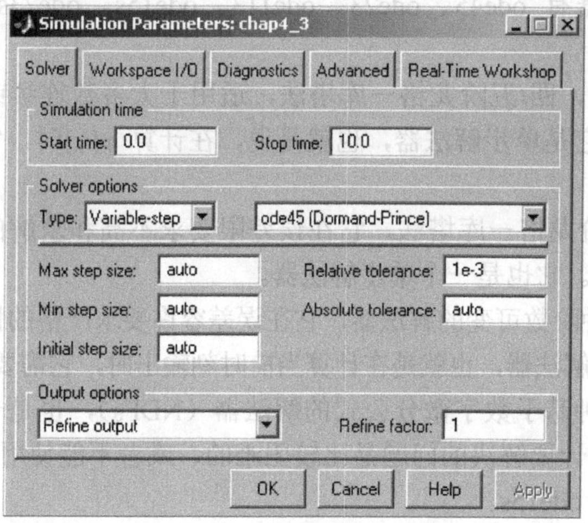

图 3-25　仿真参数设置对话框

3.3.1　仿真过程的设置

构建好一个系统的模型之后，接下来的事情就是运行模型，得出仿真结果。运行一个仿真的完整过程分成三个步骤：设置仿真参数、启动仿真和仿真结果分析。

设置仿真参数和选择解法器，选择 Simulation 菜单下的 Parameters 命令，就会弹出一个仿真参数对话框，它主要用三个页面来管理仿真的参数。

1）Solver 页：它允许用户设置仿真的开始和结束时间，选择解法器，说明解法器参数及选择一些输出选项，如图 3-25 所示。

2）Workspace I/O 页：其作用是管理模型从 MATLAB 工作空间的输入和对它的输出。

3）Diagnostics 页：允许用户选择 Simulink 在仿真中显示的警告信息的等级。

1．Solver 页

（1）仿真时间

注意这里的时间概念与真实的时间并不一样，只是计算机仿真中对时间的一种表示，比如 10s 的仿真时间，如果采样步长定为 0.1，则需要执行 100 步，若把步长减小，则采样点数增加，那么实际的执行时间就会增加。一般仿真开始时间设为 0，而结束时间视不同的因素而选择。总的说来，执行一次仿真要耗费的时间依赖于很多因素，包括模型的复杂程度、解法器及其步长的选择、计算机时钟的速度等。仿真时间由参数对话框中的开始时间和停止时间框中的内容来确定的，它们均可修改，默认的开始时间为 0.0s，停止时间为 10.0s。在仿真过程中允许实时修改仿真的停止时间。

（2）求解器选项

1）仿真算法。

用户在 Type 后面的第一个下拉选项框中指定仿真的步长选取方式，可供选择的有 Variable-step（变步长）和 Fixed-step（固定步长）模式。变步长模式可以在仿真的过程中改变步长，提供误差控制和过零检测。固定步长模式在仿真过程中提供固定的步长，不提供误差控制和过零检测。用户还可以在第二个下拉选项框中选择对应模式下仿真所采用的算法。

变步长模式解法器有 ode45、ode23、ode113、ode15s、ode23s、ode23t、ode23tb 和 discrete。

① ode45：默认值，四/五阶龙格－库塔法，适用于大多数连续或离散系统，但不适用于刚性（stiff）系统。它是单步解法器，也就是说，在计算 $y(t_n)$时，它仅需要最近处理时刻的结果 $y(t_{n-1})$。

② ode23：二/三阶龙格－库塔法，它在误差限要求不高和求解的问题不太难的情况下可能会比 ode45 更有效。它也是一个单步解法器。

③ ode113：是一种阶数可变的解法器，它在误差容许要求严格的情况下通常比 ode45 有效。ode113 是一种多步解法器，也就是在计算当前时刻输出时，它需要以前多个时刻的解。

④ ode15s：是一种基于数字微分公式的解法器（NDFs），也是一种多步解法器。适用于刚性系统，当用户估计要解决的问题是比较困难的，或者不能使用 ode45，或者即使使用效果也不好，就可以用 ode15s。

⑤ ode23s：是一种单步解法器，专门应用于刚性系统，在弱误差允许下的效果好于 ode15s。它能解决某些 ode15s 所不能有效解决的 stiff 问题。

⑥ ode23t：是梯形规则的一种自由插值实现。这种解法器适用于求解适度 stiff 的问题而用户又需要一个无数字振荡的解法器的情况。

⑦ ode23tb：是使用 TR-BDF2 的一种实现，具有两个阶段的隐式龙格－库塔公式。

⑧ discrete：当 Simulink 检查到模型没有连续状态时使用它。

固定步长模式解法器有 ode5、ode4、ode3、ode2、ode1 和 discrete。

① ode5：默认值，是 ode45 的固定步长版本，适用于大多数连续或离散系统，不适用于刚性系统。

② ode4：四阶龙格－库塔法，具有一定的计算精度。

③ ode3：固定步长的二/三阶龙格－库塔法。

④ ode2：改进的欧拉法。

⑤ ode1：欧拉法，是一种最简单的算法，精度最低，仅用来验证结果。

⑥ discrete：是一个实现积分的固定步长解法器，它适合于离散无连续状态的系统。

2）仿真步长。

对于变步长模式，用户可以设置最大的和推荐的初始步长参数，默认情况下，步长自动地确定，它由值 auto 表示。

① Maximum step size（最大步长参数）：它决定了解法器能够使用的最大时间步长，它的默认值为“仿真时间/50”，即整个仿真过程中至少取 50 个取样点，但这样的取法对于仿真时间较长的系统则可能带来取样点过于稀疏，而使仿真结果失真。一般建议对于仿真时间不超过 15s 的采用默认值即可，对于超过 15s 的每秒至少保证 5 个采样点，对于超过 100s 的，每秒至少保证 3 个采样点。

② Initial step size（初始步长参数）：一般建议使用“auto”默认值即可。

3）误差容限（对于变步长模式）。

① Relative tolerance（相对误差）：它是指误差相对于状态的值，是一个百分比，默认值为 1e−3，表示状态的计算值要精确到 0.1%。

② Absolute tolerance（绝对误差）：表示误差值的门限，或者是说在状态值为零的情况下，可以接受的误差。如果它被设成了 auto，那么 Simulink 为每一个状态设置初始绝对误差为 1e−6。

4）仿真模式（固定步长模式选择）。

① Multitasking（多任务模式）：选择这种模式时，当 Simulink 检测到模块间非法的采样速率转换，它会给出错误提示。所谓的非法采样速率转换指两个工作在不同采样速率的模块之间的直接连接。在实时多任务系统中，如果任务之间存在非法采样速率转换，那么就有可能出现一个模块的输出在另一个模块需要时却无法利用的情况。通过检查这种转换，Multitasking 将有助于用户建立一个符合现实的多任务系统的有效模型。

使用速率转换模块可以减少模型中的非法速率转换。Simulink 提供了两个这样的模块：unit delay 模块和 zero-order hold 模块。对于从慢速率到快速率的非法转换，可以在慢输出端口和快输入端口插入一个单位延时 unit delay 模块。而对于快速率到慢速率的转换，则可以插入一个零阶采样保持器 zero-order hold。

② Singletasking（单任务模式）：这种模式不检查模块间的速率转换，它在建立单任务系统模型时非常有用，在这种系统就不存在任务同步问题。

③ Auto（自动模式）：这种模式时，Simulink 会根据模型中模块的采样速率是否一致，自动决定切换到 Multitasking 和 Singletasking。

5）输出选项。

① Refine output（细化输出）：这个选项可以理解成精细输出，其意义是在仿真输出太

稀松时，Simulink 会产生额外的精细输出，这一点就像插值处理一样。用户可以在 refine factor 设置仿真时间步间插入的输出点数，产生更光滑的输出曲线，改变精细因子比减小仿真步长更有效。精细输出只能在变步长模式中才能使用，并且在 ode45 效果最好。

② Produce additional output（产生额外的输出）：它允许用户直接指定产生输出的时间点。一旦选择了该项，则在它的右边出现一个 output times 编辑框，在这里用户指定额外的仿真输出点，它既可以是一个时间向量，也可以是表达式。与精细因子相比，这个选项会改变仿真的步长。

③ Produce specified output only（只产生指定的输出）：Simulink 只在指定的时间点上产生输出。为此解法器要调整仿真步长以使之和指定的时间点重合。这个选项在比较不同的仿真时可以确保它们在相同的时间输出。

2．Workspace I/O 页

单击 Simulation→Simulation parameters 下的 Workspace I/O，打开如图 3-26 所示对话框。

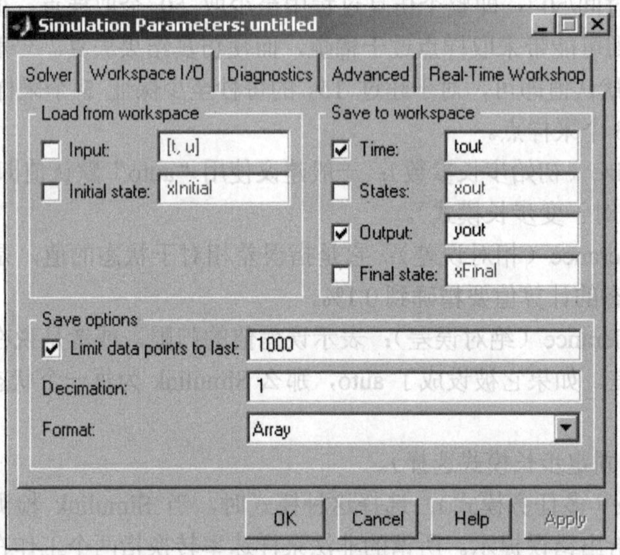

图 3-26　Workspace I/O 页仿真参数设置对话框

1）Load from workspace（从 MATLAB 工作空间装入输入和初始状态）：选中前面的复选框即可从 MATLAB 工作空间获取时间和输入变量，一般时间变量定义为 t，输入变量定义为 u。Initial state 用来定义从 MATLAB 工作空间获得的状态初始值的变量名。

2）Save to workspace（将结果保存到 MATLAB 工作空间的变量中）：用来设置存往 MATLAB 工作空间的变量类型和变量名，选中变量类型前的复选框使相应的变量有效。一般存往工作空间的变量包括输出时间向量（Time）、状态向量（States）和输出变量（Output）。最终状态（Final state）用来定义将系统稳态值存往工作空间所使用的变量名。

3）Save option：用来设置存往工作空间的存储格式和限制保存输出的变量。

① 矩阵（Array）：Simulink 将选定的输出结果分别存储在 Save to workspace 域中各编辑框命名的矩阵中，默认值分别为 tout、xout、yout 和 xFinal。矩阵的每一列与模型的一个输出或状态相对应，第一行与初始时间相对应。

② 具有时间的结构（Structure with Time）：Simulink 会以结构格式保存模型的状态和输出，结构的名称在 Save to workspace 域中指定。该结构有两个顶层字段：时间和信号。时间字段包含仿真时间向量；信号字段包含子结构数组，每个子结构对应一个模型输出端口或与具有状态的模块相对应。每个子结构包含三个字段：值、标签、模块名。值字段包含相应输出端口的输出向量；标签字段指定与输出相连的信号标签；模块名字段指定输出端口的名字。Simulink 存储模型的状态到一个结构组成相同的模型输出结构中。

③ 结构（Structure）：这个格式与前面介绍的相同，不同的是，Simulink 不会在被保存结构中的时间属性内存储仿真时间。

3. Diagnostics 页

单击 Simulation→Simulation parameters 下的 Diagnostics，打开如图 3-27 所示对话框。

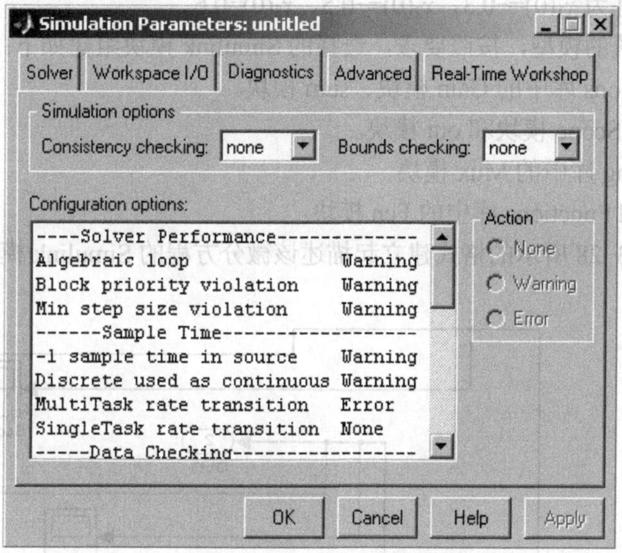

图 3-27　Diagnostics 页仿真参数设置对话框

此页分成两个部分：仿真选项（Simulation Options）和配置选项（Configuration Options）。配置选项下的列表框主要列举了一些常见的事件类型，以及当 Simulink 检查到这些事件时给予的处理。仿真选项主要包括是否进行一致性检验、是否禁用过零检测、是否禁止复用缓存、是否进行不同版本的 Simulink 的检验等几项。

除了上述 3 个主要的页外，仿真参数设置窗口还包括 Real-Time Workshop 页，主要用于与 C 语言编辑器的交换，通过它可以直接从 Simulink 模型生成代码并且自动建立可以在不同环境下运行的程序，这些环境包括实时系统和单机仿真。

4. 仿真结果分析

仿真结果可以用数据的形式保存在文件中，也可以用图形的方式直观地显示出来，查看和分析结果曲线对于了解模型的内部结构，以及判断结果的准确性具有重要意义。采用以下方法可绘制模型的输出轨迹。

1）利用示波器模块（Scope）得到输出结果。

2）利用输出接口模块（Out）得到输出结果。

3）通过将数据传送到工作空间模块（To Workspace）得到输出结果。

3.3.2 系统仿真

在这一节中，将以著名的 Genesio 方程为例演示如何将给出的微分方程模型建立图形表示，并得出一些有益的结论。

【例 3-2】 考虑 Genesio 常微分方程

$$\begin{cases} \dot{x}_1 = x_2 \\ \dot{x}_2 = x_3 \\ \dot{x}_3 = -1.1x_2 - x_1 - 0.44x_3 + x_1^{\ 2} \end{cases}$$

系统的初始条件为 $x_1(0)=-0.3$，$x_2(0)=-0.5$，$x_3(0)=0.6$。

为了建立该系统的模型，按照要求，选择的 Simulink 模块组建如下：

- Math Operations 库中的 Gain 模块、sum 模块。
- Sink 库中的 Scope 模块和 out 模块。
- Signal Routing 库中的 Mux 模块。
- User-Defined Functions 库中的 Fcn 模块。

这样即可按图 3-28 所示的格式建立起描述该微分方程的 Simulink 模型。

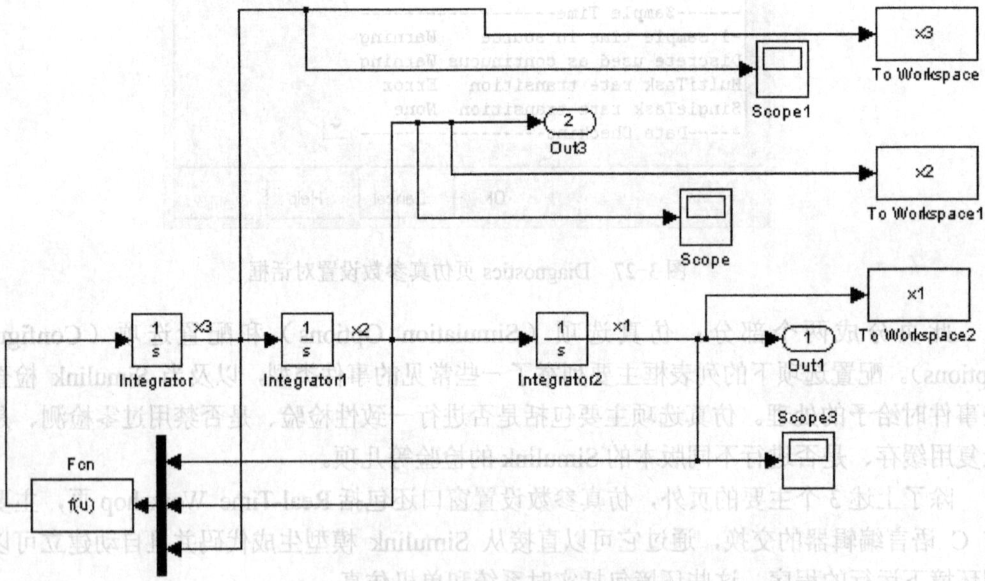

图 3-28 Genesio 方程的 Simulink 表示

可以看出，在系统框图中，除了各个模块及其连接之外，还给出了各个信号的文字描述。在 Simulink 模型中加文字描述的方式很简单，在想加文字说明的位置双击鼠标，则将出现字符插入的标示，这时将任意的字符串写到该位置即可。文字描述写到模型中后，还可利用鼠标单击并拖动到指定位置。

由这个例子可见，很多微分方程实际上都可以由 Simulink 用图示的方法完成，这种思想也可应用于更复杂系统的建模。

在 Simulink 环境下完成系统模型的创建之后，接下来需要设置模块参数，其中 Fcn 模块和 Signal Generator 模块的设置分别如图 3-29 和图 3-30 所示。仿真参数选择 Simulink 菜单下的 configuration parameters 选项，具体设置如图 3-31 所示，接下来就可选择 Simulink 菜单下的 start 选项或工具栏中的启动按钮▶启动仿真。如果模型中有些参数没有定义，则会出现错误信息提示框。如果一切设置无误，则开始仿真运行，结束时系统会发出一鸣叫声。

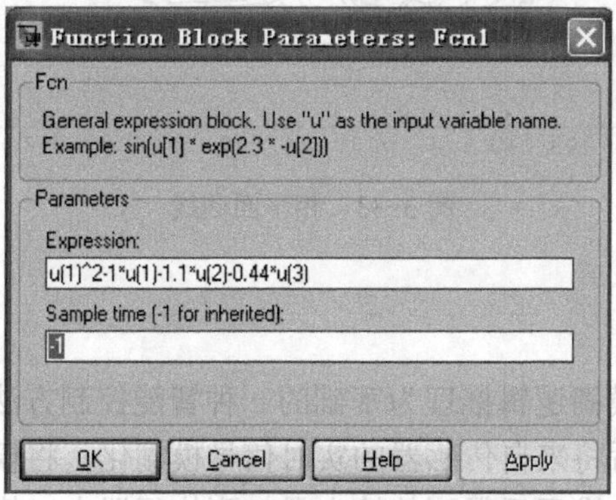

图 3-29　Fcn 模块参数设置

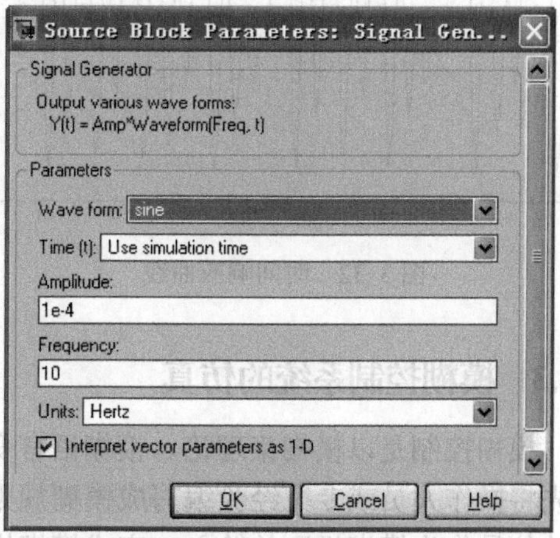

图 3-30　Signal Generator 模块参数设置

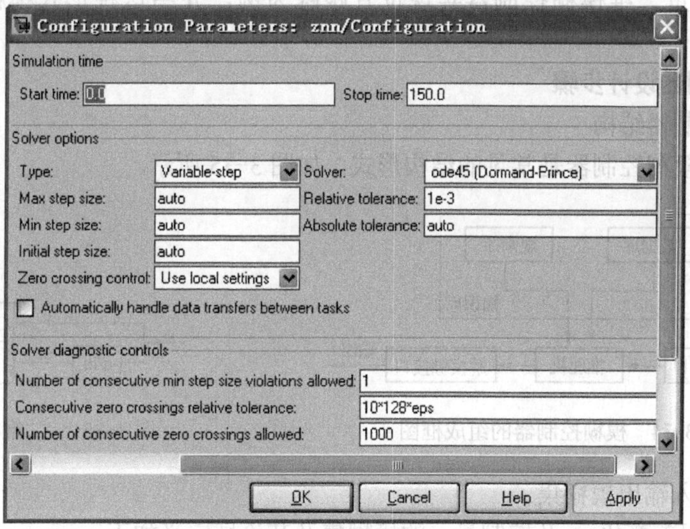

图 3-31　仿真参数设置

仿真结束后，仿真结果将赋给 MATLAB 工作空间的变量 $x1$、$x2$ 和 $x3$，这时可通过示波器观看状态变量的变化情况，也可在 MATLAB 命令窗口中给出绘图命令：

```
>>plot(x1(:,1));figure(2);plot(x1(:,1),x2(:,1))
```

将分别得到如图 3-32 和图 3-33 所示的时间响应曲线和相平面曲线。

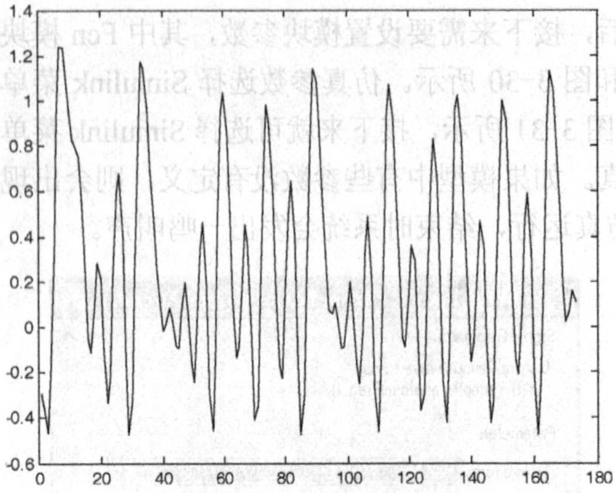

图 3-32　时间响应曲线

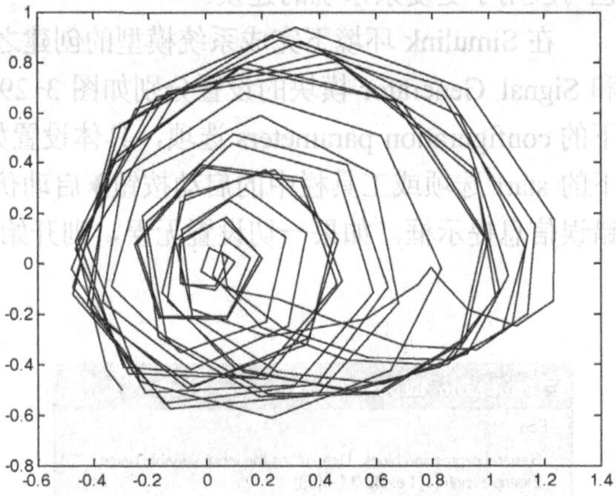

图 3-33　相平面曲线

3.3.3　模糊控制系统的仿真

模糊控制是以模糊集理论、模糊语言变量和模糊逻辑推理为基础的一种智能控制方法，首先将操作人员或专家经验编写成模糊规则，然后将来自传感器的实时信号模糊化，将模糊化的信号作为模糊规则的输入，完成模糊推理，将推理后得到的输出量加到执行器上。模糊控制器的组成框图如图 3-34 所示。

本节以单变量二维模糊控制器实现位置跟踪为例，介绍这种形式模糊控制器的设计步骤。

1．模糊控制器设计步骤

（1）模糊控制器结构

单变量二维模糊控制器是常见的结构形式，如图 3-35 所示。

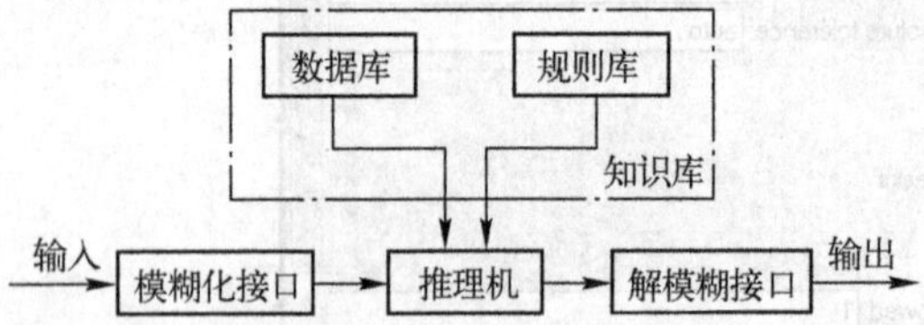

图 3-34　模糊控制器的组成框图

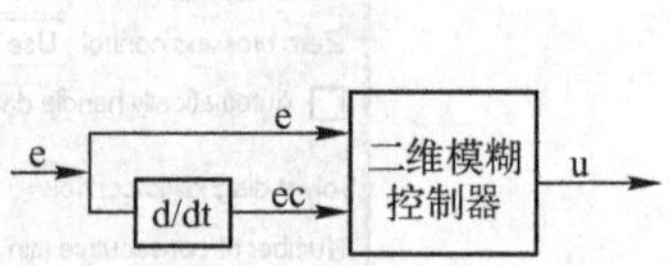

图 3-35　二维模糊控制器

（2）定义输入输出模糊集

对误差 *e*、误差变化 *ec* 及控制量 *u* 的模糊集及其论域定义如下：

e、*ec* 及 *u* 的模糊集均为{NB,NM,NS,ZO.PS,PM,PB}

e 和 *ec* 的论域为{−3，−2，−1，0，1，2，3}

u 的论域为{−4.5，−3，−1.5，0，1，3，4.5}

（3）定义输入输出隶属函数

误差 *e*、误差变化 *ec* 及控制量 *u* 的模糊集及其论域确定后，需对模糊变量确定隶属函数，即对模糊变量赋值，确定论域内元素对模糊变量的隶属度。

（4）建立模糊控制规则

根据人的直觉思维推理，由系统输出的误差及误差变化趋势来设计消除系统误差的模糊控制规则，如表 3-1 所示，表中共有 49 条模糊规则，各个模糊语句之间是“或”的关系，由第一条语句所确定的控制规则可以计算出 $u1$。同理，可以由其余各条语句分别求出控制量 $u2$，…，$u49$，则控制量为模糊集和 U，可表示为

$$U=u1+u2+\ldots+u49$$

表 3-1　模糊控制规则表

U		*e*						
		NB	NM	NS	ZO	PS	PM	PB
ec	NB	PB	PB	PM	PM	PS	ZO	ZO
	NM	PB	PB	PM	PS	PS	ZO	NS
	NS	PM	PM	PM	PS	ZO	NS	NS
	ZO	PM	PM	PS	ZO	NS	NM	NM
	PS	PS	PS	ZO	NS	NS	NM	NM
	PM	PS	ZO	NS	NM	NM	NM	NB
	PB	ZO	ZO	NM	NM	NM	NB	NB

（5）模糊推理

模糊推理是模糊控制的核心，它利用某种模糊推理算法和模糊规则进行推理，得出最终的控制量。

（6）反模糊化

通过模糊推理得到的结果是一个模糊集合。但在实际模糊控制中，必须要有一个确定值才能控制或驱动执行机构。将模糊推理结果转化为精确值的过程称为反模糊化，本例采用重心法实现反模糊化。

2．模糊控制器的 MATLAB 仿真

MATLAB 的模糊逻辑工具箱给我们提供了一个应用模糊逻辑方法处理各种事情的非常方便的工具。具体来说，工具箱基本有 3 种基本的应用方式：命令行函数、图形交互式工具和仿真模块。第一类由函数组成，可以在命令行或者自己的应用程序里调用它们；第二类通过图形用户界面把许多函数集中在一起，形成一个 GUI（图形用户界面）开发环境，给我们提供模糊推理系统的设计、分析和应用工具；第三类是一系列的模块，用于在 Simulink 环境下进行模糊逻辑推理的仿真。

MATLAB 的模糊逻辑工具箱提供 5 个 GUI 工具，用来建立模糊逻辑推理系统，它们分别是 FIS（模糊逻辑推理系统）编辑器、隶属函数编辑器、模糊规则编辑器、规则查看器（rule viewer）、表面图像查看器（surface viewer）。这些图形用户界面都动态的连接着，改变其中一个窗口的设置参数，其他的窗口也会自动的作出相应的改变。

本例控制对象为

$$G(s)=\frac{40}{s^2+2s}$$

位置跟踪信号取正弦信号 $2\sin(t)$，基于 MATLAB 的模糊控制器仿真步骤如下：

1）在 MATLAB 的命令窗口输入 fuzzy，然后按〈Enter〉键，打开 FIS 编辑窗口，如图 3-36 所示。FIS 编辑器主要是处理模糊推理系统的一些基本问题，例如输入输出变量名，推理函数的选择等。由于本例为二维模糊控制器，因此在菜单 Edit→Add Varible 设置两个输入变量，一个输出变量。

2）选中 FIS 窗口中的 input1，在右下角编辑区域将这个输入变量的名字改为“e”，用同样的方法把 input2（输入变量 2）的名字改为“ec”；把 output（输出变量）的名字改为“u”，这时 FIS 窗口的状态如图 3-37 所示。

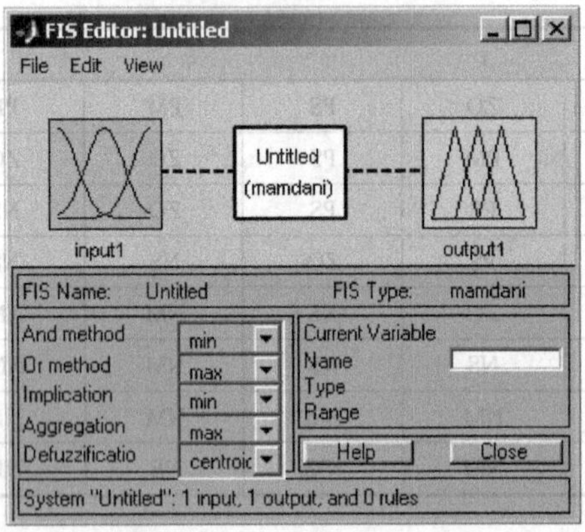

图 3-36　FIS 编辑器

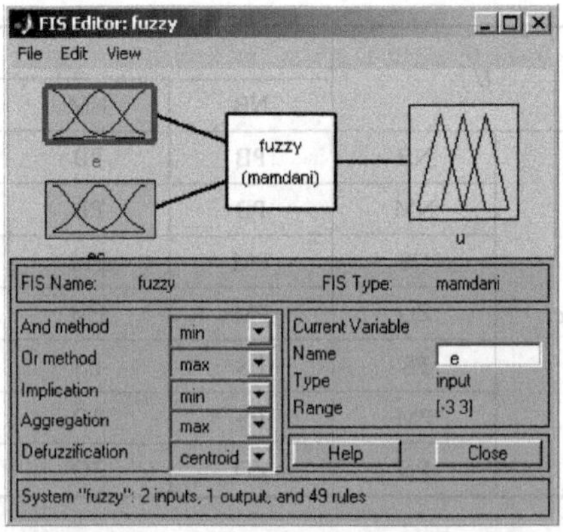

图 3-37　在 FIS 窗口中设置变量的名字

3）现在开始编辑隶属函数。双击“e”就可以打开输入变量隶属函数的编辑窗口，每个变量默认的隶属函数默认是 3 个，我们可通过 Edit→Add MFs 来增加隶属函数曲线的类型和数目。若要删除某个隶属函数，先选中这个隶属函数，然后按下〈Delete〉键即可。本例选择隶属函数 7 个，分别对应 NB（负大）、NM（负中）、NS（负小）、ZO（零）、PS（正小）、PM（正中）、PB（正大）。其中 NM、NS、ZO、PS、PM 对应曲线类型设置为 trimf 型，NB 对应曲线类型设置为 zmf 型，而 PB 对应曲线类型设置为 smf 型。设置好的窗口如图 3-38 所示。

4）用同样的方法打开另一个变量的隶属函数编辑窗口。设置 7 个隶属函数，分别对应 NB、NM、NS、ZO、PS、PM、PB，对应曲线类型设置同上。设置好的窗口如图 3-39 所示。

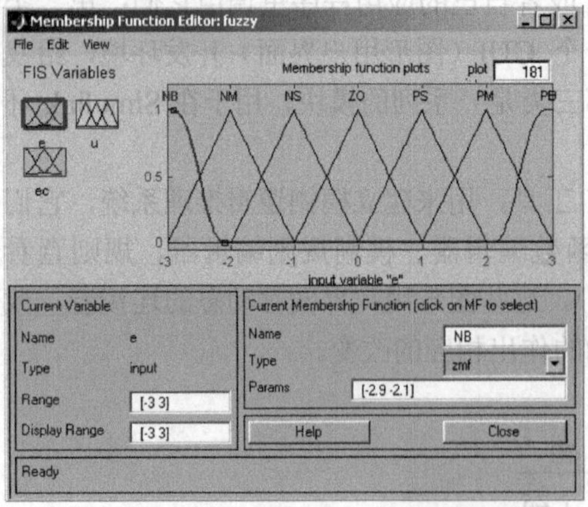

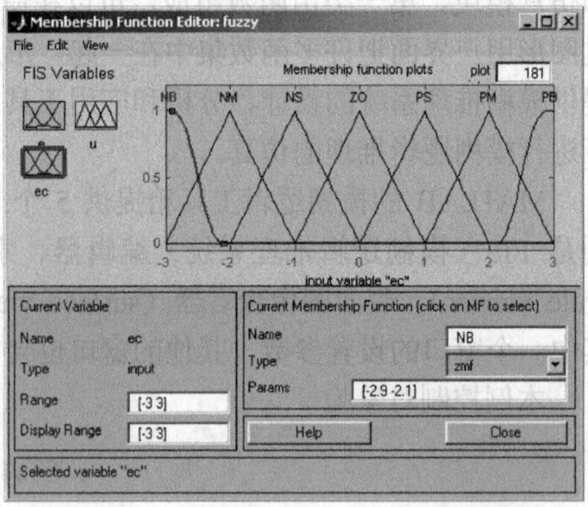

图 3-38　对输入变量“e”隶属函数的设置　　图 3-39　对输入变量“ec”隶属函数的设置

5）输出变量隶属函数的编辑窗口，用同样的方法设置输出变量“u”的隶属函数。设置7个隶属函数，设置好的输出变量隶属函数编辑窗口如图3-40所示。

6）模糊逻辑规则。在FIS窗口中，从菜单Edit里选择Rules，打开规则编辑器。根据表3-1进行设置，如图3-41所示。

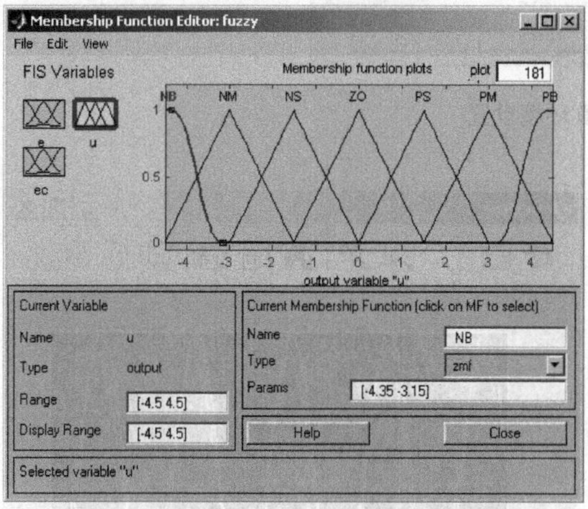

图3-40　对输出变量“u”隶属函数的设置

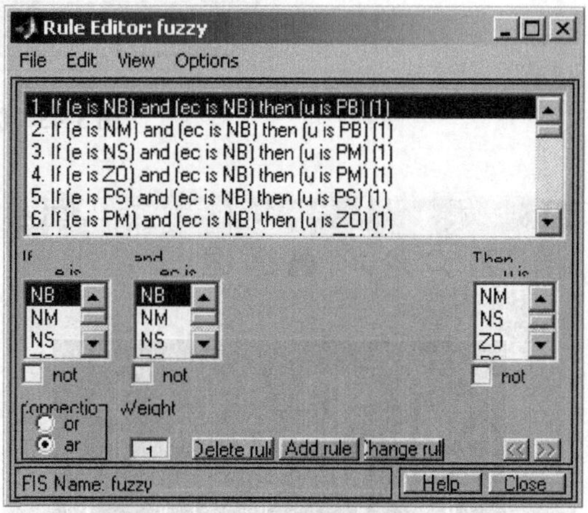

图3-41　规则编辑器窗口

7）保存设计好的模糊逻辑系统。在主菜单中通过选项File→Export→To Disk把设计好的系统命名为fuzzy.fis，并保存到硬盘上。

8）在MATLAB的命令窗口里输入a=readfis('fuzzy')，可以看到输出信息，这说明已把设计好的fuzzy.fis文件读到工作区里了。

9）接下来就可以设计Simulink文件了。通过MATLAB命令窗口的工具栏或直接在命令窗口中输入Simulink，打开Simulink的功能模块库，新建一个Simulink编辑窗口。

10）搭建如图3-42所示的Simulink模型。

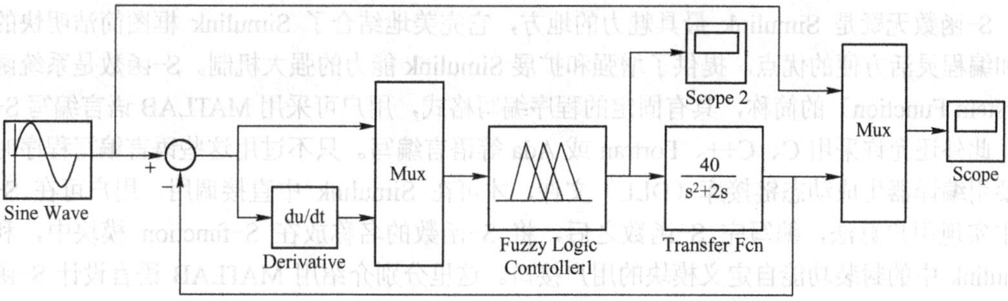

图3-42　模糊控制位置跟踪的Simulink模型

双击Fuzzy Logic Controller功能模块，就可以打开如图3-43所示对话框。在FIS matrix编辑区输入第8步中定义的a，单击OK按钮，确认、关闭对话框。

11）现在就可以进行仿真了。通过菜单Simulation→Simulation Parameters打开仿真环境参数设置对话框，仿真的终止时间设为30s。运行结果如图3-44和图3-45所示。

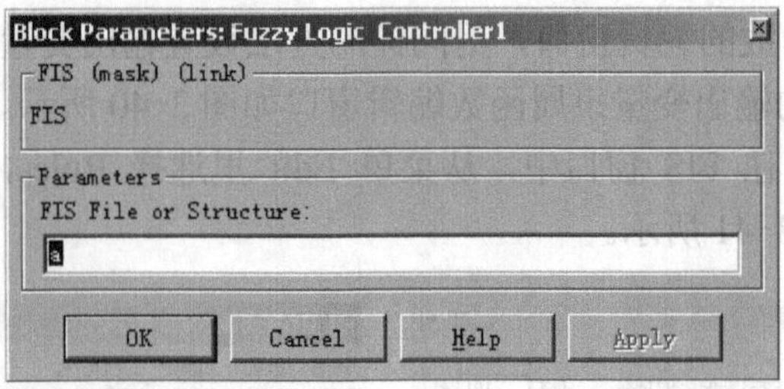

图 3-43　仿真环境设置

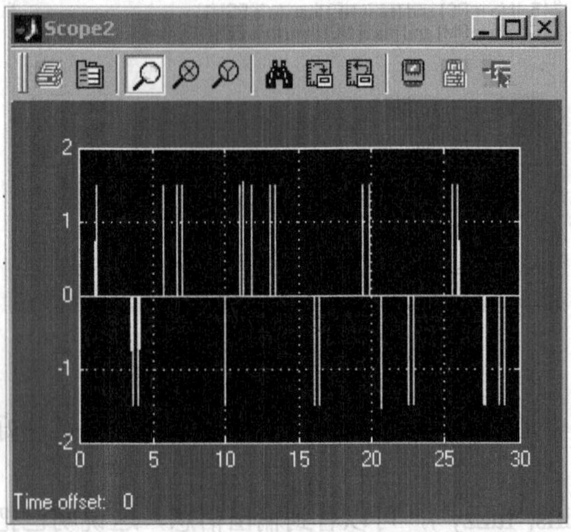

图 3-44　模糊控制“u”

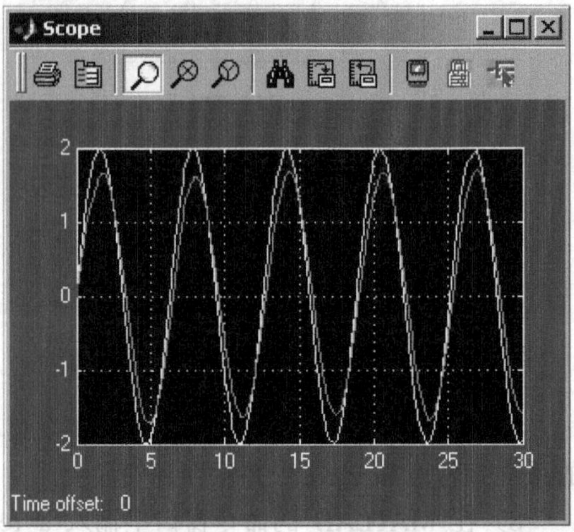

图 3-45　正弦位置跟踪

3.4　S-函数

S-函数无疑是 Simulink 最具魅力的地方，它完美地结合了 Simulink 框图简洁明快的特点和编程灵活方便的优点。提供了增强和扩展 Simulink 能力的强大机制。S-函数是系统函数（System Function）的简称，具有固定的程序编写格式，用户可采用 MATLAB 语言编写 S-函数，此外还允许采用 C、C++、Fortran 或 Ada 等语言编写。只不过用这些语言编写程序时，需要用编译器生成动态链接库（DLL）文件，才可在 Simulink 中直接调用。用户可在 S-函数中实现用户算法，编写完 S-函数之后，将 S-函数的名称放在 S-function 模块中，利用 Simulink 中的封装功能自定义模块的用户接口。这里分别介绍用 MATLAB 语言设计 S-函数和采用 C 语言编写 S-函数的方法，并通过例子介绍 S-函数的应用与技巧。

3.4.1　S-函数的工作方式

1．Simulink 模块的数学意义

若要创建 S-函数，则用户必须知道 S-函数的工作方式，即理解 Simulink 仿真模型的过程，因此也就需要理解模块的数学含义。

Simulink 中模块的输入、状态和输出之间都存在数学关系，模块输出是采样时间、输入和模块状态的函数，Simulink 将状态向量分为两部分：连续时间状态和离散时间状态。连续时间状态占据了状态向量的第一部分，离散时间状态占据了状态向量的第二部分。对于没有状态的模块，$\boldsymbol{x}$ 是一个空的向量。图 3-46 描述了模块中输入和输出的流程关系。

下面的方程表示了模块输入、状态和输出之间的数学关系。

输出方程：　$y = f_0(t,x,u)$

连续状态方程：　$\dot{x}_c = f_d(t,x,u)$

离散状态方程：　$x_{d_{k+1}} = f_u(t,x,u)$

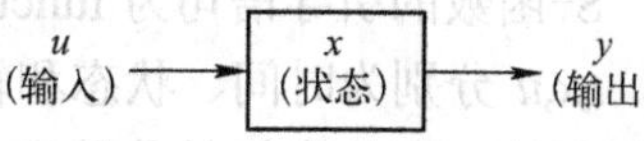

图 3-46　Simulink 模块

其中，$x = x_c + x_d$。

2. Simulink 仿真过程

Simulink 的仿真过程包含两个主要阶段：第一个阶段是初始化，初始化所有的模块，这时模块的所有参数都已确定下来；第二个阶段是仿真运行阶段，仿真过程是由求解器和系统（Simulink 引擎）交互控制的。求解器的作用是传递模块的输出，对状态导数进行积分，并确定采样时间。系统的作用是计算模块的输出，对状态进行更新，计算状态的导数，产生过零事件。从求解器传递给系统的信息包括时间、输入和当前状态；反过来，系统为求解器提供模块的输出、状态的更新和状态的导数。计算连续时间状态包含两个步骤：首先，求解器为待更新的系统提供当前状态、时间和输出值，系统计算状态导数，传递给求解器；然后求解器对状态的导数进行积分，计算新的状态的值。状态计算完成后，模块的输出更新再进行一次。这时，一些模块可能会发出过零警告，促使求解器探测出发生过零的准确时间。实际上求解器和系统之间的对话是通过不同的标志来控制的。求解器在给系统发送标志的同时也发送数据。系统使用这个标志来确定所要执行的操作，并确定所要返回的变量的值。

S-函数是 Simulink 的重要组成部分，由于它同样是 Simulink 的一个模块，所以说它的仿真过程与 Simulink 的仿真过程完全一样。即 S-函数的仿真过程也包括初始化阶段和运行阶段。当初始化工作完成以后，在每一个仿真步长（time step）内完成一次求解，如此反复，形成一个仿真循环，直到仿真结束。

在一次仿真过程中，Simulink 在以下的每个仿真阶段调用相应的 S-函数子程序。S-函数的仿真过程，可以概括如下：

1）初始化：在仿真开始前，Simulink 在这个阶段初始化 S-函数。

① 初始化结构体 SimStruct，它包含了 S-函数的所有信息。

② 设置输入/输出端口数。

③ 设置采样时间。

④ 分配存储空间。

2）数值积分：用于连续时间状态的求解和非采样过零点。如果 S-函数存在连续时间状态，Simulink 就在 minor step time 内调用 mdlDerivatives()和 mdlOutput()两个 S-函数的子函数。如果存在非采样过零点，Simulink 将调用 mdlOutput()和 mdlZeroCrossings()子函数（过零点检测子函数），以定位过零点。

3）更新离散状态：此子函数在每个步长处都要执行一次，可以在这个子函数中添加每一个仿真步都需要更新的内容，如离散时间状态的更新。

4）计算输出：计算所有输出端口的输出值。

5）计算下一个采样时间点：只有在使用变步长求解器进行仿真时，才需要计算下一个采样时间点，即计算下一步的仿真步长。

6）仿真结束：在仿真结束时调用，可以在此完成结束仿真所需的工作。

3．S-函数工作方式

S-函数的引导语句为 function [sys,x0,str,ts]=f(t,x,u,flag,p1,p2,…)。其中 f 为 S-函数的函数名，*t,x,u* 分别为时间、状态和输入信号，*flag* 为标志位。S-函数的调用顺序是通过 *flag* 标志来控制的。在仿真初始化阶段，通过设置 *flag* 标志位为 0 调用 S-函数，并请求提供数量（包括连续时间状态、离散时间状态、输入和输出的个数）、初始状态和采样时间等信息。然后，仿真开始，设置 *flag* 标志位为 4，请求 S-函数计算下一个采样时间，并提供采样时间。接下来设置 *flag* 标志位为 3，S-函数计算模块的输出。然后设置 *flag* 标志位为 2，更新离散时间状态。当用户还需要计算状态导数时，设置 *flag* 标志位为 1，求解器使用积分算法计算状态的值。计算状态导数和更新离散时间状态之后，通过设置 *flag* 标志位为 3，计算模块的输出，这样就结束了一个时间步的仿真，当到达结束时间时，设置 *flag* 标志位为 9，作结束的处理工作。*flag* 各选项的作用如表 3-2 所示。

表 3-2　*flag* 各选项的作用

flag	调用函数名	S-函数表现
0	mdlInitializeSizes	定义 S-function 模块的基本特性，包括采样时间、连续或者离散时间状态的初始条件和 sizes 数组
1	mdlDerivatives	计算连续时间状态变量的微分方程
2	mdlUpdate	更新离散时间状态、采样时间和主时间步的要求
3	mdlOutputs	计算 S-function 的输出
4	mdlGetTimeOfNextVarHit	计算下一个采样点的绝对时间，这个方法仅仅是在用户在 mdlInitializeSizes 里说明了一个可变的离散采样时间
9	mdlTerminate	实现仿真任务必须的结束

3.4.2　用 MATLAB 语言编写 S-函数

1．M 文件 S-函数模板

有些算法较复杂的模块可以用 MATLAB 语言按照 S-函数的格式来编写，但以这种方式构造的 S-函数只能用于基于 Simulink 的仿真，并不能转换成独立于 MATLAB 的独立程序。

M 文件 S-函数的引导语句为

```
function [sys, x0, str,ts]=f(t, x, u, flag, p1, p2, …)
```

S-function 默认的 4 个输入参数为 *t*、*x*、*u* 和 *flag*，4 个返回参数为 *sys*、*x0*、*str* 和 *ts*，它们的次序不能变动，代表的意义分别如下：

① ***t***：代表当前的仿真时间，这个输入参数通常用于决定下一个采样时刻，或者在多采样速率系统中，用来区分不同的采样时刻点，并据此进行不同的处理。

② ***x***：表示状态向量，这个参数是必需的，甚至在系统中不存在状态时也是如此。它具有很灵活的运用。

③ ***u***：表示输入向量。

④ *flag*：是一个控制在每一个仿真阶段调用哪一个子函数的参数，由 Simulink 在调用时自动取值。

⑤ *sys*：是一个通用的返回变量，它所返回的数值取决于 *flag* 值。

⑥ *x0*：是初始的状态值（没有状态时是一个空矩阵[]），这个返回变量只在 *flag* 值为 0 时才有效，其他时候都会被忽略。

⑦ *str*：这个变量没有什么意义，是 MathWorks 公司为将来的应用保留的，M 文件 S-function 必须把它设为空矩阵。

⑧ *ts*：包含模块采样时间和偏差值的两列矩阵，用户可以创建执行多个任务，而且每个任务以不同采样速率执行的 S-函数，也就是多速率 S-函数，这时，*ts* 应该以采样时间上升的顺序指定用户 S-函数中使用的所有采样速率。

在模型仿真过程中，Simulink 会反复调用 f()，同时用 *flag* 标识需要执行的任务，每次 S-函数执行任务后会把结果返回到具有标准格式的结构中。需要指出的是，由于 S-function 会忽略端口，所以当有多个输入变量或多个输出变量时，必须用 Mux 模块或 Demux 模块将多个单一输入合成一个复合输入向量或将一个复合输出向量分解为多个单一输出。

下面将分别介绍 S-函数的编写方法。

1）参数初始设定。

为了让 Simulink 识别出一个 M 文件 S-function，用户必须在 S-函数里提供有关 S-函数的说明信息，包括采样时间、连续或者离散时间状态个数等初始条件。这一部分主要是在 mdlInitializeSizes 子函数里完成。首先通过 sizes=simsizes 语句获得默认的系统参数变量 sizes。这个函数返回未初始化的 sizes 结构，用户必须装载包含有 S-函数信息的 sizes 结构，其结构属性所包含的信息为

① NumContStates：连续时间状态的个数（状态向量连续部分的宽度）。

② NumDiscStates：离散时间状态的个数（状态向量离散部分的宽度）。

③ NumOutputs：输出变量的个数（输出向量的宽度）。

④ NumInputs：输入变量的个数（输入向量的宽度）。

⑤ DirFeedthrough：有无直接馈入。

⑥ NumSampleTimes：采样时间的个数。

初始化 sizes 结构后，再调用 simsizes：sys=simsizes（sizes），这样即可把 sizes 结构中的信息传递给 *sys*（*sys* 是存储信息的变量），以备 Simulink 使用。

2）状态的动态更新。

连续模块的状态更新由 mdlDerivatives()函数来设置，而离散时间状态的更新应该由 mdlUpdate()函数设置。这些函数的输出值，即相应的状态均由 *sys* 变量返回。若仿真复杂系统，则需要写出以上两个函数来分别描述连续时间状态和离散时间状态。

3）输出信号的计算。

调用 mdlOutputs()函数即可计算出模块的输出信号，系统的输出仍由 sys 变量返回。

在 MATLAB 根目录下 toolbox/simulink/blocks 目录下保存有大量的用 M 文件编写的 S-function。其中模板文件 sfuntmp1. m 定义了 S-函数完整的框架结构，此文件包含一个主函数和 6 个子函数，在主函数内程序根据标志变量 *flag* 的值，使用 switch 语句将执行流程转移到

相应的子函数。用户也可以使用 if 语句来完成同样的功能。

模板文件只是 Simulink 为方便用户而提供的一种参考格式，并不是编写 S-function 的语法要求，用户完全可以改变子函数的名称，或者直接把代码写在主函数里。用户通过在 MATLAB 窗口中输入以下命令即可打开此模板文件。

```
>>edit sfuntmpl
```

【例 3-3】 利用 M 文件 S-函数实现 Lorenz 常微分方程求解。

$$\begin{cases}\dot{x}_1 = -8x_1/3 + x_2x_3 \\ \dot{x}_2 = -10x_2 + 10x_3 \\ \dot{x}_3 = 28x_2 - x_1x_2 - x_3\end{cases}$$

系统的初始条件为 $x_1(0)=x_2(0)=0, x_3(0)=1e-10$。

解： 1）利用 sfuntmpl 模板编写 Lorenz 常微分方程的 S-函数如下所示。

```
function [sys,x0,str,ts] =Lorenz(t,x,u,flag)
switch flag,
case 0,
     [sys,x0,str,ts]=mdlInitializeSizes;
  case 1,
     sys=mdlDerivatives(t,x,u);
  case {2，3，9},
      sys=[];
  otherwise
     error(['Unhandled flag = ',num2str(flag)]);
end
% mdlInitializeSizes          %初始化子程序
function [sys,x0,str,ts]=mdlInitializeSizes
sizes = simsizes;
sizes.NumContStates   = 2;
sizes.NumDiscStates   = 0;
sizes.NumOutputs        = 0;
sizes.NumInputs          = 0;
sizes.DirFeedthrough = 1;
sizes.NumSampleTimes = 1;     % at least one sample time is needed
sys = simsizes(sizes);
x0   = [0 0 1e-10];
str = [ ];
ts   = [0 0];
% mdlDerivatives   %计算导数子函数：它根据 t,x,u 计算连续状态的导数
function sys=mdlDerivatives(t,x,u)
sys(1) = -8/3*x(1)+x(2)*x(3);
sys(2) =-10*x(2)+10*x(3);
sys(3) = -x(1)*x(2)+28*x(2)-x(3);
```

2）在 MATLAB 指令方式下，输入以下指令即可得到方程在初始条件 x0= [0 0 1e-10]时

的状态导数值。

```
>>sys= Lorenz([],[0 0 1e-10],[],1)
```

2．M 文件 S-函数的模块化

在动态系统设计、仿真与分析中，用户可以使用 function & tables 模块库中的 S-function 模块来调用 S-函数。S-function 模块是一个单输入单输出的系统模块，如果有多个输入与多个输出信号，可以使用 Mux 模块与 Demux 模块对信号进行组合和分离操作。在 S-function 模块的参数设置对话框中包括了调用的 S-函数名和用户输入参数值列表，如图 3-47 所示。因 S-function 模块仅仅是以图形的方式提供给用户的一个使用 S-函数的接口，故 S-函数中填写的源文件应由用户自行编写。S-function 模块中 S-函数名和参数值列表必须与用户建立的 S-函数源文件的名称和参数列表完全一致（包括参数的顺序），并且参数值之间必须用逗号隔开。

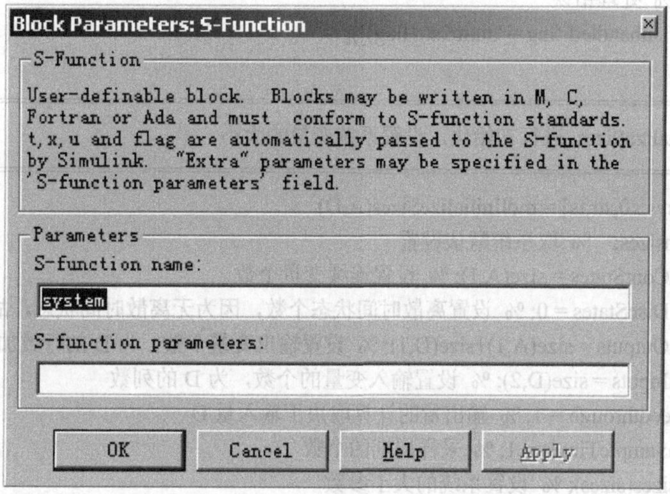

图 3-47　S-function 模块参数设置对话框

用任何一种方式创建的 S-函数文件，在经过用 S-函数模块（S-function）处理后，将转变为用户创建的 Simulink 模块，并且利用这种新模块仿真不会降低效率。此外，用户也可以使用 Simulink 的子系统封装功能对 S-函数进行封装，以增强系统模型的可读性。

【例 3-4】 利用 M 文件 S-函数实现以下连续系统的状态方程。

$$\begin{cases}\dot{x} = \boldsymbol{A}x + \boldsymbol{B}u \\ y = \boldsymbol{C}x + \boldsymbol{D}u\end{cases}$$

其中：

$$\boldsymbol{A}=\begin{bmatrix}2.25 & -5 & -1.25 & -0.5\\ 2.25 & -4.25 & -1.25 & -0.25\\ 0.25 & -0.5 & -1.25 & -1\\ 1.25 & -1.75 & -0.25 & -0.75\end{bmatrix},\ \boldsymbol{B}=\begin{bmatrix}4 & 6\\ 2 & 4\\ 2 & 2\\ 0 & 2\end{bmatrix},\ \boldsymbol{C}=\begin{bmatrix}0 & 0 & 0 & 1\\ 0 & 2 & 0 & 2\end{bmatrix},\ \boldsymbol{D}=\begin{bmatrix}0 & 0\\ 0 & 0\end{bmatrix}$$

解： 1）利用以上的模板文件编写的连续系统的 M 文件 S-函数 fun.m 如下所示。

```
function [sys,x0,str,ts] = fun(t,x,u,flag,A,B,C,D)
A=[2.25, -5, -1.25, -0.5;   2.25, -4.25, -1.25, -0.25;
    0.25, -0.5, -1.25,-1;   1.25, -1.75, -0.25, -0.75];
B=[4, 6; 2, 4; 2, 2; 0, 2];
C=[0, 0, 0, 1; 0, 2, 0, 2]; D=zeros(2,2);
switch flag,
case 0 % 初始化设置
    [sys,x0,str,ts]=mdlInitializeSizes(A,D);
case 1 % 连续时间状态变量计算
    sys = mdlDerivatives(t,x,u,A,B);
case 3 % 输出量计算
    sys = mdlOutputs(t,x,u,C,D);
case { 2, 4, 9 } % 未定义标志
    sys = [];
otherwise % 处理错误
    error(['Unhandled flag = ',num2str(flag)]);
end
%=====================================================================
% mdlInitializeSizes 进行初始化，设置系统变量的大小
%=====================================================================
function [sys,x0,str,ts] = mdlInitializeSizes(A,D)
sizes = simsizes;   % 取系统默认设置
sizes.NumContStates = size(A,1); % 设置连续变量个数
sizes.NumDiscStates = 0; % 设置离散时间状态个数，因为无离散时间状态，故设其为 0
sizes.NumOutputs = size(A,1)+size(D,1); % 设置输出变量个数，为 D 的行数加系统的阶次
sizes.NumInputs = size(D,2); % 设置输入变量的个数，为 D 的列数
sizes.DirFeedthrough = 1; % 输出量的计算取决于输入量 D
sizes.NumSampleTimes = 1; % 采样周期的个数
sys = simsizes(sizes); % 设置系统的大小参数
x0 = zeros(size(A,1),1); % 设置为零初始状态
str = []; % 设置字符串矩阵
ts = [-1 0]; % 采样周期设置，前面的-1 表示继承输入信号的采样周期
%=====================================================================
% mdlDerivatives 计算系统的状态变量
%=====================================================================
function sys = mdlDerivatives(t,x,u,A,B)
sys = A*x + B*u;
%=====================================================================
% mdlOutputs 计算系统输出
%=====================================================================
function sys = mdlOutputs(t,x,u,C,D)
sys = [C*x+D*u; x]; % 系统的增广输出
```

2）利用 functions&tables 模块库中的 S-function 模块构造如图 3-48 所示系统。然后将图 3-49 中 S-function 模块参数对话框的 S-函数名一栏中填写以上编写的 M 文件 S-函数文件名，即将 system 改写为“fun”；将 S-函数参数列表一栏填写上“A,B,C,D”。

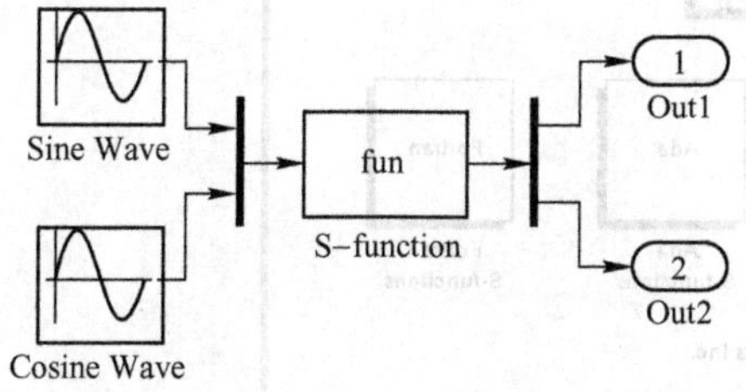

图 3-48　状态方程的 Simulink 程序

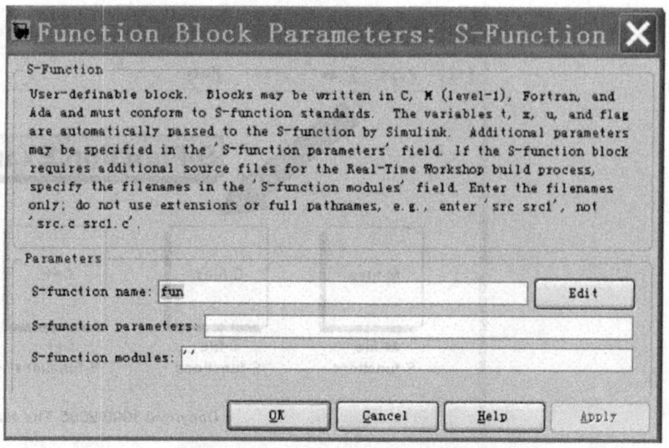

图 3-49　S-function 模块参数修改对话框

3）对整个系统进行仿真，则可得“tout”和“yout”两个变量，然后在 MATLAB 窗口输入：

```
>>plot(tout,yout(:,1:2));%系统的输出曲线
  figure; plot(tout,yout(:,3:6));% 系统的状态曲线
```

得到如图 3-50 所示的输出信号和图 3-51 的状态变量信号。

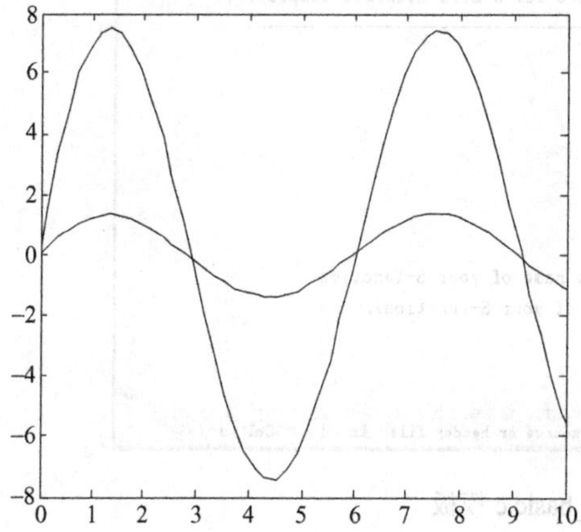

图 3-50　输出信号

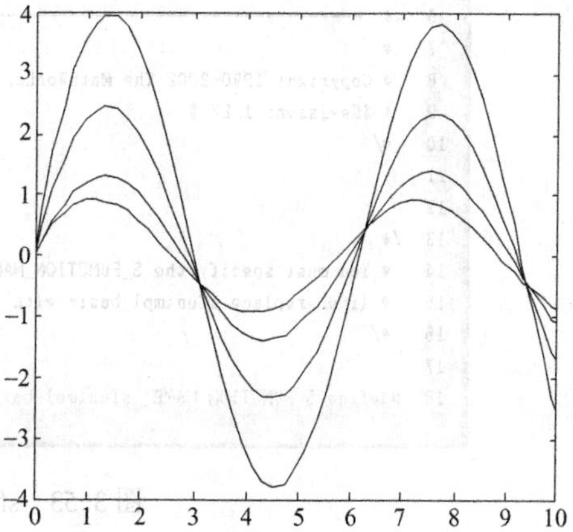

图 3-51　状态变量信号

3.4.3　用 C 语言编写 S-函数

除了用 MATLAB 语言来编写 S-函数外，还可以采用 C、C++、Fortran 或 Ada 等语言编写 S-函数，下面采用具体事例介绍采用 C 语言编写的 S-函数，MATLAB7.0 提供了 S-函数编辑程序来设计 C 语言的 S-函数模板，参考模板为 MATLAB 的安装目录下\sinmulink\src\sfuntmpl_doc.c 或 sfuntmpl_basic.c；同时 MATLAB 还提供了一些 S-函数的编程实例，这些实例位于 simulink library browser\user-defined functions\s-function examples\下，如图 3-52 所示，通过单击 C-file S-functions 模块，会出现多个 C-file Examples，选择 Basic C-MEX template 模块即可弹出 sfuntmpl_basic.c 模板，如图 3-53 所示，在此模板上即可进行相应程序的编写。

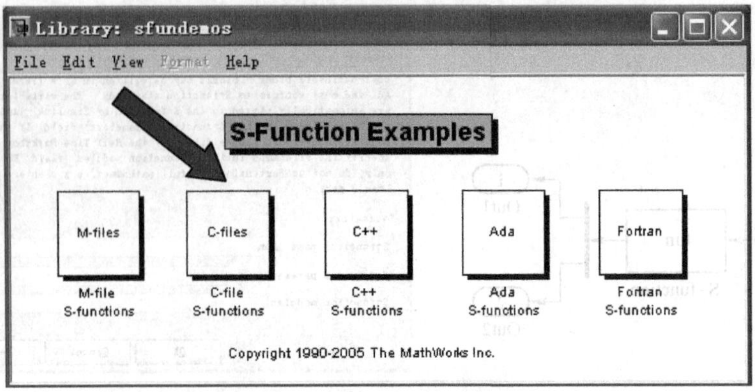

图 3-52　S-function examples

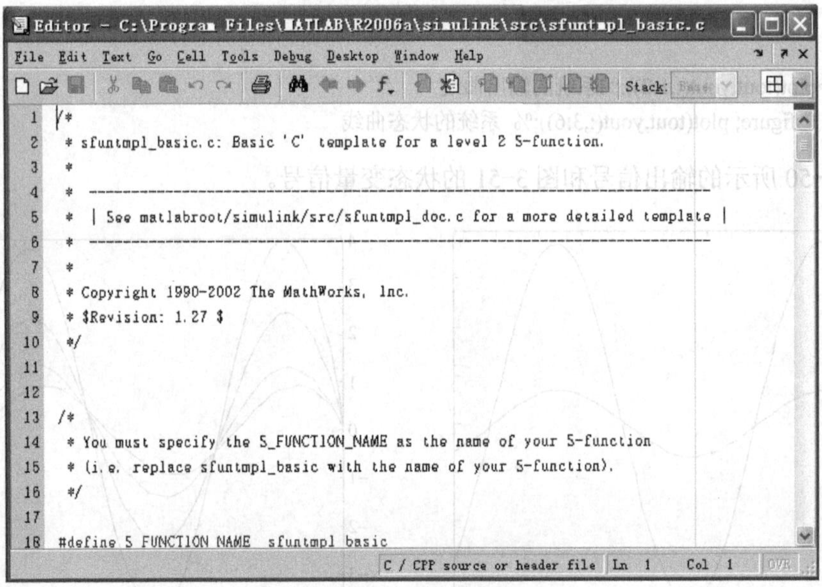

图 3-53　sfuntmpl_basic.c 模板

下面以一个例子介绍如何构建一个 C 的 S-function。

【例 3-5】 对于输入变量 *u*1 和 *u*2：*u*1=3，*u*2=sin(*t*)；系统包含两个参数：*para*1=2，*para*2=3，要求采用 C 语言编写 S-function 以实现 *y*1= *para*1**u*1，*y*2= *para*2**u*2。

首先从 S-function 模块中选择 C-file Examples 里面的 Basic C-MEX template。打开它，另存为模块名字就完成了。这里我们将程序存为 my_test.c。

下面我们来分析代码：

1）#define S_FUNCTION_NAME sfuntmpl_basic /*写成实际的函数名*/

```
#define S_FUNCTION_LEVEL 2          /*2 级 S-函数*/
#define INPUT_NUM 2                 /*输入个数*/
#define OUTPUT_NUM 2                /*输出个数*/
#define PARA_NUM 2                  /*参数个数*/
```

将模板中的这 5 条程序根据【例 3-5】的要求做一下修改，首先修改一下文件名，将第一条程序中的 sfuntmpl_basic 改为 my_test，由于【例 3-5】中输入变量为 *u*1 和 *u*2，输出变量为 *y*1 和 *y*2，参数为 *Para*1 和 *Para*2，因此设置输入输出变量的个数分别为 2，同时设置参数的个数为 2。这里的参数指的是：当我们单击 S-function 模块时，模块对话框图 3-47 中 S-function parameters 里面需要设置参数，且参数之间用空格隔开。

2）#include "simstruc.h"

此处引用头文件，根据数学计算的需要也可以添加其他库，例如，math.h、stdio.h 等。

3）static void mdlInitializeSizes(SimStruct *S) /*初始化函数*/

这个函数是用来设置输入、输出和参数的。

4）ssSetNumSFcnParams(S, PARA_NUM); /* 附加参数个数 */

```
if (ssGetNumSFcnParams(S) != ssGetSFcnParamsCount(S)) {
 /* Return if number of expected != number of actual parameters */ return;
}
```

程序中出现的 PARA_NUM 即为需要设置的参数个数，在第一部分中已定义。

5）ssSetNumContStates(S, 0);

```
ssSetNumDiscStates(S, 0);
```

这里可进行连续时间状态和离散时间状态个数的设置，默认都为 0。

6）if (!ssSetNumInputPorts(S, INPUT_NUM)) return;

```
ssSetInputPortWidth(S, 0,1); //设置端口的维数，u1 为 1*1
ssSetInputPortRequiredContiguous(S, 0, true); /*direct input signal access*/
ssSetInputPortWidth(S, 1,1); //设置端口的维数，u2 为 1*1
ssSetInputPortRequiredContiguous(S, 1, true); /*direct input signal access*/
ssSetInputPortDirectFeedThrough(S, 0, 1); /*是否将输入 u1 直接传至输出*/
ssSetInputPortDirectFeedThrough(S, 1, 1); /*是否将输入 u2 直接传至输出*/
```

这里的 INPUT_NUM 为输入端口的个数，本例 INPUT_NUM=2，接下来的程序是用于分别设置每个端口的维数的，注意端口号从 0 开始的。如程序中的“(S,0,1)”就是用于设置输入端口的维数的，其中，第二位是指输入端口，“0”表示 *u*1，“1”表示 *u*2，以此类推；第三位表示输入端口维数，其中“1”表示一维，“2”表示二维，以此类推。

SsSetInputPortRequiredContiguous()是设置 input 的访问方式，true 就是临近访问，这样指针增量后就可以直接访问下个 input 端口了。

SsSetInputPortDirectFeedThrough()设置输入端口的信号是否在 mdlOutputs()函数中使用，这儿设置为 true。

7）if (!ssSetNumOutputPorts(S, OUTPUT_NUM)) return;

```
ssSetOutputPortWidth(S, 0, 1);  /*设置输出端口的维数，y1 为 1*1*/
ssSetOutputPortWidth(S, 1, 1);   /*设置输出端口的维数，y2 为 1*1*/
```

同样设置 2 个输出端口，以及输出的维数，与输入端口的维数设置相同，这里不再赘述。

8）ssSetNumSampleTimes(S, 1);　/*采样周期个数，此处为 1s。*/

```
ssSetNumRWork(S, 0);          /*3 个附加参数情况*/
ssSetNumIWork(S, 0);
ssSetNumPWork(S, 0);
ssSetNumModes(S, 0);
ssSetNumNonsampledZCs(S, 0); /*设置采样点之间的 zero crossing 的模块的状态个数*/
ssSetOptions(S, 0);
```

9）static void mdlInitializeSampleTimes(SimStruct *S)　/*采样周期设置子程序*/

```
{
  ssSetSampleTime(S, 0, CONTINUOUS_SAMPLE_TIME);
  ssSetOffsetTime(S, 0, 0.0);
  }
  static void mdlInitializeConditions(SimStruct *S)
  {
  }
  static void mdlStart(SimStruct *S)
  {
  }
```

本例中 mdlInitializeSizesSampleTimes()、mdlInitializeConditions()、mdlStart()中的参数系统默认值。

10）mdlOutputs()函数：在这个函数里面输入程序代码。

首先得到参数，输入、输出的指针，修改下面的参数、输入和输出信息：

```
static void mdlOutputs(SimStruct *S, int_T tid)
{
    real_T *para1 = mxGetPr(ssGetSFcnParam(S,0));
    real_T *para2 = mxGetPr(ssGetSFcnParam(S,1));
    const real_T *u1 = (const real_T*) ssGetInputPortSignal(S,0);
    const real_T *u2 = (const real_T*) ssGetInputPortSignal(S,1);
    real_T        *y1 = ssGetOutputPortSignal(S,0);
    real_T        *y2 = ssGetOutputPortSignal(S,1);
    /*下面我们简单把输入乘上参数 1 或参数 2，然后赋值给输出。*/
    y1[0] = para1[0]*u1[0];
    y2[0]=para2[0]*u2[0];
}
```

由于篇幅所限，将冗长的注释语句及若干空白函数略去，将必要的修改部分用中文注释给出。

11）编写了 C 语言程序后，还需要对其进行编译，生成所需的动态链接库文件（DLL 文件），第一次运行 C 语言编译器前需要进行编译环境的设置，在 MATLAB 的命令窗口中给出下面的命令：

```
>>mex –setup
```

然后按照要求回答一系列问题，就可以建立起和一个 C 编译器之间的关系。

```
Please choose your compiler for building external interface (MEX) files:
Would you like mex to locate installed compilers [y]/n? y
Select a compiler:
[1] Lcc C version 2.4.1 in C:\PROGRAM FILES\MATLAB\R2006A\sys\lcc
[2] Microsoft Visual C/C++ version 6.0 in C:\Program Files\Microsoft Visual Studio
[0] None
```

用户可根据需要选择 MATLAB 自带的 LCC 编译器或机器上安装的 Viasual C++编译器。本例选择 LCC 编译器。

```
Compiler: 1
Please verify your choices:
Compiler: Lcc C 2.4.1
Location: C:\PROGRAM FILES\MATLAB\R2006A\sys\lcc
Are these correct?([y]/n): y
Trying to update options file: C:\Documents and Settings\zhangniaona\Application Data\MathWorks\MATLAB\R2006a\mexopts.bat
From template:          C:\PROGRAM FILES\MATLAB\R2006A\BIN\win32\mexopts\lccopts.bat
Done . . .
**************************************************************************
Warning: The file extension of 32-bit Windows MEX-files was changed
         from ".dll" to ".mexw32" in MATLAB 7.1 (R14SP3). The generated
         MEX-file will not be found by MATLAB versions prior to 7.1.
         Use the -output option with the ".dll" file extension to
         generate a MEX-file that can be called in previous versions.
         For more information see:
         MATLAB 7.1 Release Notes, New File Extension for MEX-Files on Windows
**************************************************************************
```

建立起和 C 语言编译器之间的关系，接下来就可以在 MATLAB 的 Command Window 里面对“my_ test.c”进行编译了，语句格式为

```
>>mex my_test.c
```

注意编译时一定要给出后缀名，如果程序本身没有错误，则将生成 my_test.dll。

12）接下来打开 MATLAB 的 Simulink 编辑窗口，通过拖曳相应的模块以及进行相应模块参数的设置，建立如图 3-54 所示的程序，在对 S-function 模块的参数进行设置时，注意将 S-function parameters 设置为 2 与 3，两个参数之间用空格表示，如图 3-55 所示。

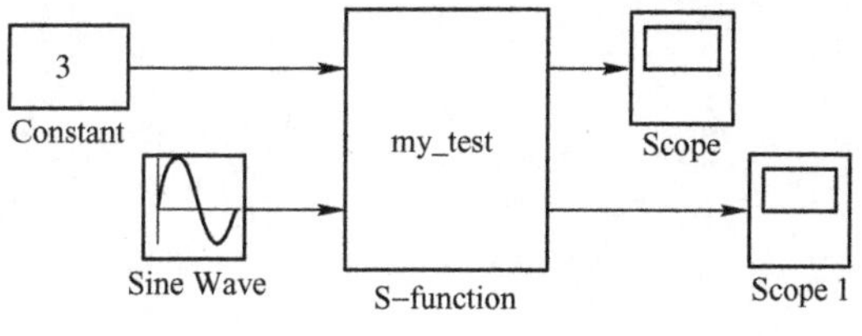

图 3-54 Simulink 程序

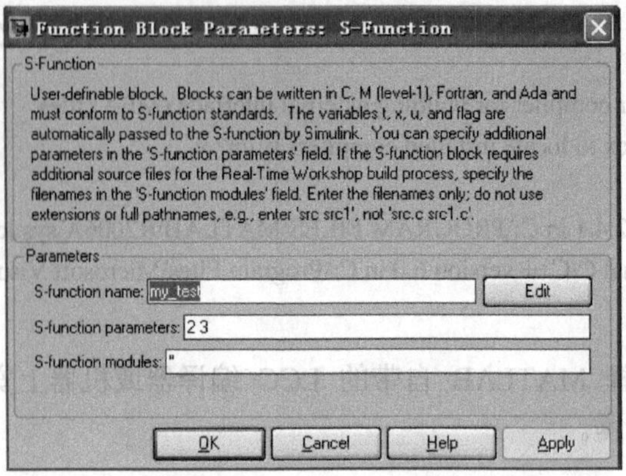

图 3-55　S-function 参数设置

3.5　本章小结

Simulink 是 MATLAB 提供的实现动态系统建模和仿真的一个软件包，它提供一个动态系统建模、仿真和综合分析的集成环境。本章由浅入深地介绍了 Simulink 的使用，包括 Simulink 的基本操作、常用模块、模块的操作、模块的参数修改、Simulink 的仿真方法等内容，最后详细介绍了使用 M 文件及 C 语言编写 S-函数的方法，并给出大量源程序作为参考。

习题

3.1　已知系统的数学描述为：系统输入 $u(t)=\sin(t)$，$t\geqslant 0$；系统输出 $y(t)=au(t)$，$a\neq 0$。要求建立系统模型，并以图形方式输出系统运算结果。

3.2　根据下面的数学模型：

$$\dot{x}=x(r-ay)$$
$$\dot{y}=y(-d+bx)$$

式中，$r=1$；$d=0.5$；$a=0.1$；$b=0.02$；$x(0)=25$；$y(0)=2$。要求建立 Simulink 系统模型求 $x(t)$，$y(t)$和 $y(x)$的图形。

3.3　对于输入 $u1$ 和 $u2$：$u1=\cos(t)$，$u2=\sin(t)$，要求分别采用 MATLAB 语言编写的 S-function 和 C 语言编写的 S-function 实现 $y1=u1+u2$，$y2=u1*u2$。

3.4　通过编写二阶系统 $x(s)=(s+100)/(s^2+100s+0.9999)$的 Simulink 模型，比较使用不同算法对系统的影响。

第 4 章　控制系统数学模型

通常，实际控制系统的动态性能和稳态性能是无法进行准确的分析。只有对实际系统的各个组成部分进行数学建模，通过对实际控制系统的数学抽象，将其内部变量间的关系表示出来，才能对系统进行仿真与计算，并将仿真分析的结果用以设计系统并优化控制器，使系统的性能指标符合实际控制系统的预期设计需要。

控制系统的数学模型分为静态数学模型和动态数学模型。静态数学模型是指描述各阶导数为零的变量间关系的代数方程。动态数学模型是指描述各阶导数不为零的变量间关系的代数方程。

线性系统常用的数学模型有传递函数模型、状态方程模型、零极点模型和部分分式模型等。不同的应用需要不同的数学模型，它们之间存在着内在联系并且可以互相转换。

4.1　动态过程微分方程描述

分析和设计控制系统首先要对实际控制系统进行数学建模，线性定常系统的基础模型即是微分方程，它是描述事物最基本的工具。

1．微分方程的形式

线性定常系统或元件微分方程的形式为

$$a_0\frac{\mathrm{d}^n c(t)}{\mathrm{d}t^n}+a_1\frac{\mathrm{d}^{n-1}c(t)}{\mathrm{d}t^{n-1}}+\cdots+a_{n-1}\frac{\mathrm{d}c(t)}{\mathrm{d}t}+a_n c(t)=$$

$$b_0\frac{\mathrm{d}^m r(t)}{\mathrm{d}t^m}+b_1\frac{\mathrm{d}^{m-1}r(t)}{\mathrm{d}t^{m-1}}+\cdots+\mathrm{b}_{m-1}\frac{\mathrm{d}r(t)}{\mathrm{d}t}+\mathrm{b}_m r(t)$$

等式左侧表示输出变量的各阶导数，右侧表示输入变量的各阶导数。通常 $n\geqslant m$，$m\geqslant 0$，$n\geqslant 1$ 且 $a_n\neq 0$，$b_n\neq 0$（a_j 及 b_j 均为实数）。

2．微分方程列写步骤

1）分析系统的工作原理及物理过程，确定输入及输出变量。

2）通过分析各环节物理特性，根据信号由输入到输出的传递顺序及各环节变量所遵循的物理规律（电学、化学、机械学、力学等的物理规律）列出微分方程。

3）将所列方程联立并消去中间变量，得到一个左侧为输出变量，右侧为输入变量的简化微分方程。

4）对简化微分方程进行标准化处理，得到规范微分方程。

3．非线性微分方程的线性化

实际控制系统的组成元件均呈现非线性特性，很难对其求解。但是许多实际控制系统的输入、输出变量都是在小偏差范围变化，因此我们可以将小偏差非线性方程线性化。但是对于继电特性、间隙等典型的非线性不能应用小偏差法，只能应用描述函数法或相平面法等非线性方法处理。

【例 4-1】 列写如图 4-1 所示的微分方程式。

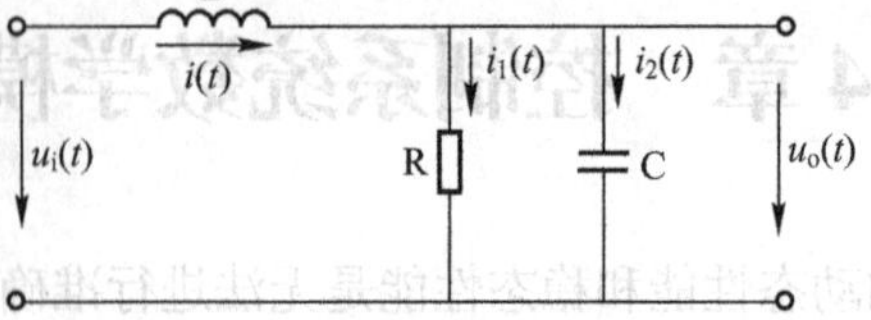

图 4-1 RLC 电路

步骤：1）确定系统的输入量为 $u_i(t)$，输出量为 $u_o(t)$。

2）根据基尔霍夫定律，列写微分方程。

3）消去中间变量，将方程标准化。

解：1）输入量为 $u_i(t)$，输出量为 $u_o(t)$。

2）列写微分方程为

$$u_i(t) = L\frac{di(t)}{dt} + u_o(t)$$

$$i_2(t) = C\frac{du_o(t)}{dt}$$

$$i(t) = i_1(t) + i_2(t)$$

$$u_o(t) = R \cdot i_1(t)$$

3）消去中间变量 $i_1(t), i_2(t)$，得到微分方程

$$LC\frac{d^2u_o(t)}{dt^2} + \frac{L}{R}\frac{du_o(t)}{dt} + u_o(t) = u_i(t)$$

将方程标准化，令

$$T_1 = LC,\ T_2 = \frac{L}{R}$$

得到二阶常系数微分方程

$$T_1\frac{d^2u_o(t)}{dt^2} + T_2\frac{du_o(t)}{dt} + u_o(t) = u_i(t)$$

4.2 动态过程的传递函数描述

4.2.1 传递函数定义与性质

通过建立控制系统的微分方程得到输入变量与输出变量关系的表达式，但是要想求解输出响应 $c(t)$ 的表达式就需要求解微分方程。对高阶微分方程的求解是非常复杂繁琐，而且计算的准确性无法保证。因此，在求解微分方程过程中应用一种数学方法将微分方程转换为代数方程来求解，即拉普拉斯变换法。拉普拉斯变换法将时域（t）动态模型转换为复

数域（s）数学模型，我们通常用传递函数表示复数域的数学模型。传递函数是表示系统性能、研究系统结构或参数变化对系统性能影响的重要概念，也是经典控制理论中应用最广泛的一种动态数学模型。

1．传递函数定义

线性定常系统在零初始条件下，系统输出量的拉普拉斯变换与输入量的拉普拉斯变换之比，称为该系统的传递函数。

定义中“零初始条件”有两方面含义：

1）输入作用是在 t=0 时刻后作用于系统，因此输入量及其各阶导数在 t=0 时的值为零。

2）输入信号作用于系统之前系统是静止的，即 t=0 时刻系统的输出量及各阶导数为零。

2．传递函数表达式

设 n 阶线性常微分方程为

$$a_0\frac{\mathrm{d}^n c(t)}{\mathrm{d}t^n}+a_1\frac{\mathrm{d}^{n-1}c(t)}{\mathrm{d}t^{n-1}}+\cdots+a_{n-1}\frac{\mathrm{d}c(t)}{\mathrm{d}t}+a_n c(t)=$$

$$b_0\frac{\mathrm{d}^m r(t)}{\mathrm{d}t^m}+b_1\frac{\mathrm{d}^{m-1}r(t)}{\mathrm{d}t^{m-1}}+\cdots+b_{m-1}\frac{\mathrm{d}r(t)}{\mathrm{d}t}+b_m r(t)$$

式中，$r(t)$为系统输入量；$c(t)$为系统输出量；$a_i(i=0,1,..,n)$和 $b_j(j=0,1,2,..,m)$是与系统结构和参数有关的常数。

设 $r(t)$和 $c(t)$及其各阶导数在 t=0 时刻的值均为零，即在零初始值条件下对等式两端进行拉普拉斯变换，令 $R(s)=L[r(t)]$，$C(s)=L[c(t)]$，得复数域（s）的代数方程为

$$(a_0 s^n+a_1 s^{n-1}+\cdots+a_{n-1}s+a_n)C(s)=(b_0 s^m+b_1 s^{m-1}+\cdots+b_{m-1}s+b_m)R(s)$$

根据传递函数定义，则系统的传递函数为

$$G(s)=\frac{C(s)}{R(s)}=\frac{b_0 s^m+b_1 s^{m-1}+\cdots+b_{m-1}s+b_m}{a_0 s^n+a_1 s^{n-1}+\cdots+a_{n-1}s+a_n}=\frac{M(s)}{N(s)}$$

$$M(s)=b_0 s^m+b_1 s^{m-1}+\cdots+b_{m-1}s+b_m$$

$$N(s)=a_0 s^n+a_1 s^{n-1}+\cdots+a_{n-1}s+a_n$$

$$C(s)=G(s)\cdot R(s)$$

输入量 $R(s)$经过传递函数 $G(s)$的传递后，得到了输出量 $C(s)$，可以用框图形象直观地表示出这一传递关系，箭头表示信号传递的方向。

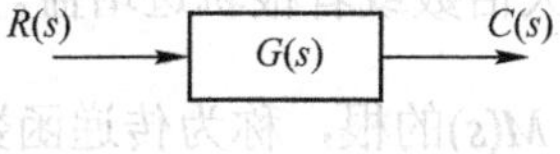

3．传递函数性质

1）$G(s)$是复变量 s 的有理分式。

2）$G(s)$适用于单输入单输出（single input single output）系统。如果系统为多输入系统时可应用叠加定理，当一个输入量作用时，其他输入量假设为零。

3）$G(s)$是一种数学描述形式，只取决于系统或元件结构和参数，与输入量无关；只反映输入量与输出量之间的关系，不反映中间变量的关系。

4）$G(s)$的拉氏反变换量为单位脉冲响应 $g(t)$。

5）$G(s)$适用于线性定常系统，它是将线性定常系统的微分方程通过拉普拉斯变换后得到的。

6）不同物理规律的系统可以有相同的传递函数，因此 $G(s)$不能反映系统在非零初始条件下的全部运动规律。

4．传递函数标准形

将传递函数表达式进一步化简整理可得两种标准形式为

$$G(s)=\frac{K^*(s-z_1)(s-z_2)...(s-z_m)}{s^v(s-p_1)(s-p_2)...(s-p_{n-v})}$$

此形式为根轨迹分析标准形。

式中，K^*为根轨迹增益；$Z_i(i=1,2,\ldots,m)$为开环零点；$P_j(j=1,2,\ldots,n-v)$为非零的开环极点；v 为系统型别。

$$G(s)=\frac{K(\tau_1 s+1)(\tau_2 s+1)...(\tau_m s+1)}{s^v(T_1 s+1)(T_2 s+1)...(T_{n-v}s+1)}$$

此形式为频域分析的标准形。

式中，K 为开环增益；$\tau_i\ (i=1,2,\ldots,m)$；$T_j\ (j=1,2,\ldots,n-v)$均大于零。

其中，

$$K=K^*\frac{\prod_{i=1}^{m}|z_i|}{\prod_{j=1}^{n-v}|p_j|}$$

4.2.2 传递函数零极点表示

1．传递函数零极点

传递函数的分子多项式和分母多项式经过因式分解后，整理得到

$$G(s)=\frac{M(s)}{N(s)}=\frac{b_0(s-z_1)(s-z_2)...(s-z_m)}{a_0(s-p_1)(s-p_2)...(s-p_n)}=K^*\frac{\prod_{i=1}^{m}(s-z_i)}{\prod_{j=1}^{n}(s-p_j)}$$

$K^*=\dfrac{b_0}{a_0}$，称为传递函数的放大倍数或者根轨迹增益。

式中，$z_i(i=1,2,\ldots,m)$为分子多项式 $M(s)$的根，称为传递函数的零点；$p_j(j=1,2,\ldots,n-v)$为分母多项式 $N(s)$的根，即传递函数特征方程的根，称为传递函数的极点。

传递函数的零极点可以为实数，也可以为复数。如果零极点为复数，则必将共轭成对的出现。在复平面上，用“○”表示零点，用“×”表示极点。

【例 4-2】 已知系统的传递函数

$$G(s)=\frac{s+3}{s^2+4s+13}$$

在复平面上表示传递函数的零点和极点。

解：将传递函数的分母多项式经过因式分解，写为

$$G(s)=\frac{s+3}{(s+2-\mathrm{j}3)(s+2+\mathrm{j}3)}=\frac{M(s)}{N(s)}$$

求零点：

$$M(s)=0 \quad s+3=0 \quad z_1=-3$$

求极点：

$$N(s)=0 \quad (s+2-\mathrm{j}3)(s+2+\mathrm{j}3)=0 \quad p_{1,2}=-2\pm\mathrm{j}3$$

零极点分布图如图 4-2 所示。

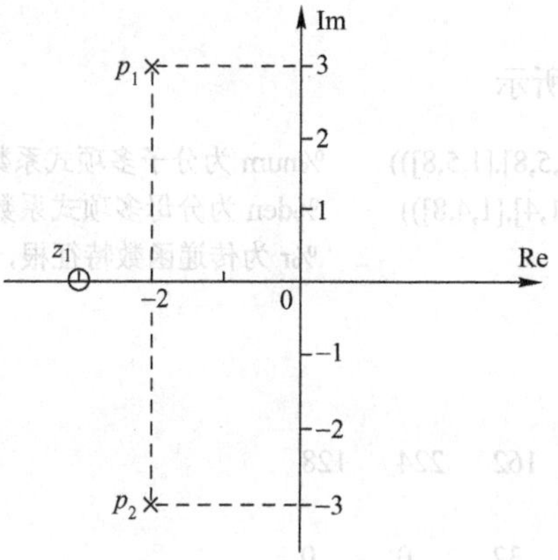

图 4-2　零极点分布图

2．传递函数 MATLAB 相关函数

在 LTI 系统中，传递函数的零极点包含了系统的所有信息。因此，研究 SISO 系统（单输入单输出系统）的传递函数的零极点，对于研究系统的动态性能和稳态性能非常重要。

1）MATLAB 中用两个行向量表示 SISO 系统的传递函数。

传递函数分子多项式的系数行向量：

$$\boldsymbol{num}=[b_0\ b_1\ \dots\ b_{m-1}\ b_m]$$

传递函数分母多项式的系数行向量：

$$\boldsymbol{den}=[a_0\ a_1\ \dots\ a_{n-1}\ a_n]$$

其中，$[b_0\ b_1\ \dots\ b_{m-1}\ b_m]$各元素为降幂排列的分子多项式的系数，$[a_0\ a_1\ \dots\ a_{n-1}\ a_n]$各元素为降幂排列的分母多项式的系数。

2）传递函数的调用格式：

$$G=\mathrm{tf}(\mathrm{num},\mathrm{den})$$

其中，tf()函数表示线性系统的传递函数变量 G。

3）如果传递函数是多项式连乘形式，可以应用 conv()命令，求得因式连乘的展开形，再应用 tf 命令建模。

4）建立零极点模型的调用格式：

$$\mathrm{sys}=\mathrm{zpk}(\mathrm{z},\mathrm{p},\mathrm{k},\mathrm{T_s})$$

其中，z 是系统的零点，p 是系统的极点，k 是系统的增益。T_s 表示采样时间，此项默认时表示连续系统。如果没有零极点可以用[ ]来表示。

5）tf2zp(num, den) 函数将系统的传递函数转换为用零极点表示的标准形式：

$$G(s)=\frac{k(s-z_1)(s-z_2)\dots(s-z_m)}{(s-p_1)(s-p_2)\dots(s-p_n)}$$

【例 4-3】 求传递函数

$$G(s)=\frac{(s+2)\left(s^2+5s+8\right)^2}{s^2\left(s+4\right)\left(s^2+4s+8\right)}$$

分子、分母多项式及特征根。

解：MATALB 程序如下所示。

```
num=conv([1,2],conv([1,5,8],[1,5,8]))     %num 为分子多项式系数行向量，函数 conv()嵌套使用
den=conv([1,0,0],conv([1,4],[1,4,8]))     %den 为分母多项式系数行向量
r=roots(den)                              %r 为传递函数特征根，roots()为求多项式根的函数
```

运行结果如下：

```
num =
     1    12    61    162    224    128
den =
     1     8    24     32      0      0
r =
          0
          0
    -4.0000
    -2.0000 + 2.0000i
    -2.0000 - 2.0000i
```

由运行结果可知系统传递函数如下：

$$G(s)=\frac{s^5+12s^4+61s^3+162s^2+224s+128}{s^5+8s^4+24s^3+32s^2}$$

【例 4-4】 已知某系统的传递函数

$$G(s)=\frac{s^2+2s}{s^4+6s^2+8s+16}$$

求其零极点。

解：MATLAB 程序如下所示。

```
num=[1,2,0];                  %传递函数分子多项式系数行向量
den=[1,0,6,8,16];             %传递函数分母多项式系数行向量
[z,p]=tf2zp(num,den)          %求传递函数的零极点，z 为零点，p 为极点
```

运行结果如下：

```
z =
     0
```

```
        -2
p =
     0.8908 + 2.4574i
     0.8908 - 2.4574i
     -0.8908 + 1.2443i
     -0.8908 - 1.2443i
```

由运行结果可知系统零极点如下：

$z_1=0$　　　$z_2=-2$

$p_1=0.8908+2.4574\mathrm{i}$　$p_2=0.8908-2.4574\mathrm{i}$　$p_3=-0.8908+1.2443\mathrm{i}$　$p_4=-0.8908-1.2443\mathrm{i}$

4.2.3 传递函数的部分分式表示

1．传递函数部分分式表示

通常传递函数的标准形式是分子多项式和分母多项式的降幂排列方式。但是，在求取系统的时域响应时，必须要应用传递函数的部分分式展开形式，即将高阶有理分式化简为一阶有理分式之和。

其形式为

$$G(s)=\sum_{j=1}^{n}\frac{k_j}{s-p_j}$$

其中，k_j 是部分分式的分解系数，p_j 是系统的极点。

如果求解系统的时间响应，则只需对 $C(S)=G(S)\cdot R(s)$表达式进行部分分式展开，再对 $C(S)$ 进行拉普拉斯反变换即可求出。

2．传递函数部分分式 MATLAB 相关函数

1）MATLAB 中的 residue()函数求解有理分式的部分分式展开，其命令格式为

$$(r,p,k)=\mathrm{residue}(b,a)$$

其中，b，a 以 s 的降幂顺序排列多项式系数，r 表示部分分式展开后的余数，p 表示部分分式展开后的极点，k 表示部分分式展开后的常数式。

2）如果已知零极点形式的传递函数，应用 zpkdata()可以得到零极点和增益，调用格式为

$$[z,p,k]=\mathrm{zpkdata}(sys,'v')$$

3）如果已知传递函数模型，应用 tfdata()可以从传递函数模型中提取分子和分母多项式的系数，调用格式为

$$[num,den]=\mathrm{tfdata}(sys,'v')$$

【例 4-5】 求传递函数

$$G(s)=\frac{5s^3+9s+10}{s^3+4s^2+5s+1}$$

的部分分式表达形式。

解： MATLAB 程序如下所示。

```
num=[5,0,9,10];                    %传递函数分子多项式系数行向量
```

```
den=[1,4,5,1];                      %传递函数分母多项式系数行向量
[r,p,k]=residue(num,den)            %用 residue()函数求系统部分分式表达式
```

运行结果如下：

```
r =
  -11.1991 -15.1281i
  -11.1991 +15.1281i
    2.3981
p =
  -1.8774 + 0.7449i
  -1.8774 - 0.7449i
  -0.2451
k =
    5
```

由运行结果可知系统部分分式表达式如下：

$$G(s)=5+\frac{-11.1991\ -15.1281\mathrm{j}}{s+1.8774\ -\ 0.7449\mathrm{j}}+\frac{-11.1991\ +15.1281\mathrm{j}}{s+1.8774\ +0.7449\mathrm{j}}+\frac{2.3981}{s+0.2451}$$

4.2.4 典型环节的传递函数及其时域响应

通常，实际控制系统是由若干元部件或者典型电路组成的。我们可以将系统各个组成电路（即典型环节）根据其遵循的物理规律列写其传递函数。只要研究和掌握了典型环节的传递函数，就可以很容易地综合研究整个控制系统的特性。

常用的典型环节有比例环节、微分环节和积分环节、惯性环节、一阶微分环节、二阶微分环节和振荡环节、时滞环节。下面我们分析 n 个典型环节的传递函数及其单位阶跃响应。

1．比例环节

1）时域表达式：

$$c(t)=Kr(t)$$

表示输出量与输入量成比例关系。
式中，K 表示比例环节的放大系数，K 为常数。

2）拉普拉斯变换表达式：

$$C(s)=KR(s)$$

3）传递函数：

$$G(s)=\frac{C(s)}{R(s)}=K$$

4）框图：

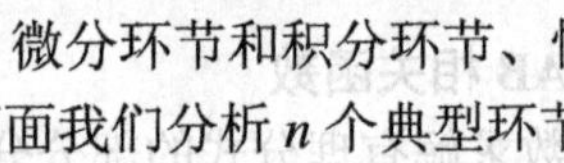

5）单位阶跃响应：

$$r(t)=1(t)\qquad R(s)=\frac{1}{s}$$

$$C(s)=G(s)\cdot R(s)=K\cdot\frac{1}{s}$$

$$c(t)=L^{-1}[C(s)]=L^{-1}\left[K\cdot\frac{1}{s}\right]=K\cdot 1(t)$$

2．微分环节

1）时域表达式：

$$c(t)=T\frac{\mathrm{d}r(t)}{dt}$$

表示输出量与输入量的一阶导数成正比。

式中，T 表示微分时间常数。

2）拉普拉斯变换表达式：

$$C(s)=TsR(s)$$

3）传递函数：

$$G(s)=\frac{C(s)}{R(s)}=Ts$$

4）框图：

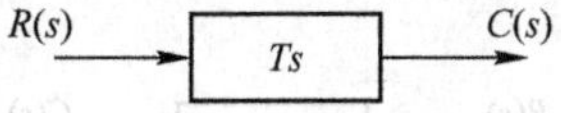

5）单位阶跃响应：

$$C(s)=G(s)\cdot R(s)=Ts\cdot\frac{1}{s}=T$$

$$c(t)=L^{-1}[C(s)]=L^{-1}[T]=T\cdot\delta(t)$$

实际系统中，微分环节都是含有惯性环节的。其传递函数为

$$G(s)=\frac{Ts}{1+Ts}$$

3．积分环节

1）时域表达式：

$$c(t)=\frac{1}{T}\int r(t)\mathrm{d}t$$

表示输出量是输入量对时间的积分。

式中，T 表示积分时间常数。

2）拉普拉斯变换表达式：

$$C(s)=\frac{1}{Ts}R(s)$$

3）传递函数：

$$G(s)=\frac{C(s)}{R(s)}=\frac{1}{Ts}$$

4）框图：

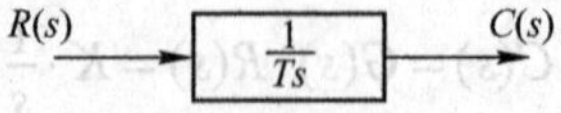

5）单位阶跃响应：

$$C(s)=G(s)\cdot R(s)=\frac{1}{Ts}\cdot\frac{1}{s}=\frac{1}{Ts^2}$$

$$c(t)=L^{-1}[C(s)]=L^{-1}\left[\frac{1}{Ts^2}\right]=\frac{1}{T}\cdot t$$

4．一阶微分环节

1）时域表达式：

$$c(t)=T\frac{\mathrm{d}r(t)}{\mathrm{d}t}+r(t)$$

2）拉普拉斯变换表达式：

$$C(s)=TsR(s)+R(s)=(Ts+1)R(s)$$

3）传递函数：

$$G(s)=\frac{C(s)}{R(s)}=Ts+1$$

4）框图：

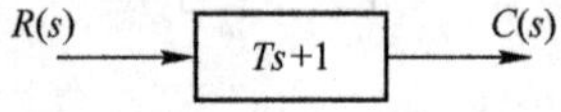

5）单位阶跃响应：

$$C(s)=G(s)\cdot R(s)=(Ts+1)\cdot\frac{1}{s}=T+\frac{1}{s}$$

$$c(t)=L^{-1}[C(s)]=L^{-1}\left[T+\frac{1}{s}\right]=T\cdot\delta(t)+1(t)$$

5．惯性环节

1）时域表达式：

$$T\frac{\mathrm{d}c(t)}{\mathrm{d}t}+c(t)=Kr(t)$$

表示某些环节含有一个储能元件。

式中，T 表示时间常数；K 表示比例环节。

2）拉普拉斯变换表达式：

$$TsC(s)+C(s)=KR(s)$$

$$(Ts+1)C(s)=KR(s)$$

3）传递函数：

$$G(s)=\frac{C(s)}{R(s)}=\frac{K}{Ts+1}$$

4）框图：

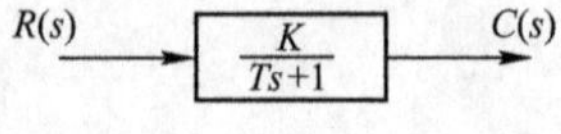

5）单位阶跃响应：

$$C(s)=G(s)\cdot R(s)=\frac{K}{Ts+1}\cdot\frac{1}{s}$$

$$c(t)=L^{-1}[C(s)]=L^{-1}\left[\frac{K}{Ts+1}\cdot\frac{1}{s}\right]=K(1-\mathrm{e}^{-t/T})$$

6．振荡环节

1）时域表达式：

$$T^2\frac{\mathrm{d}^2c(t)}{\mathrm{d}t^2}+2\zeta T\frac{\mathrm{d}c(t)}{\mathrm{d}t}+c(t)=r(t)$$

式中，T 表示振荡环节的时间常数；ζ 表示振荡环节的阻尼比。

2）拉普拉斯变换表达式：

$$T^2s^2C(s)+2\zeta TsC(s)+C(s)=R(s)$$

$$(T^2s^2+2\zeta Ts+1)C(s)=R(s)$$

3）传递函数：

$$G(s)=\frac{C(s)}{R(s)}=\frac{1}{T^2s^2+2\zeta Ts+1}=\frac{\frac{1}{T^2}}{s^2+\frac{2\zeta}{T}s+\frac{1}{T^2}}=\frac{\omega_n^2}{s^2+2\zeta\omega_n s+\omega_n^2}$$

式中，$\omega_n=\dfrac{1}{T}$ 表示自然振荡频率。

4）框图：

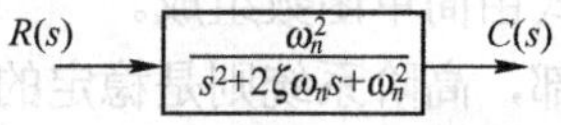

5）单位阶跃响应：

$$C(s)=G(s)\cdot R(s)=\frac{\omega_n^2}{s^2+2\zeta\omega_n s+\omega_n^2}\cdot\frac{1}{s}$$

$$c(t)=L^{-1}[C(s)]=L^{-1}\left[\frac{\omega_n^2}{s^2+2\zeta\omega_n s+\omega_n^2}\cdot\frac{1}{s}\right]$$

$$=1-\frac{\mathrm{e}^{-\zeta\omega_n t}}{\sqrt{1-\zeta^2}}\sin(\omega_n\sqrt{1-\zeta^2}\,t+\theta)$$

式中，$\theta=\arctan\dfrac{\sqrt{1-\zeta^2}}{\zeta}$。

7．延时环节

1）时域表达式：

$$c(t)=r(t-\tau)\cdot 1(t-\tau)$$

式中，τ 为延迟时间。

2）拉普拉斯变换表达式：

$$C(s) = \mathrm{e}^{-\tau s} R(s) = \frac{1}{\mathrm{e}^{\tau s}} R(s)$$

3）传递函数：

$$G(s) = \frac{C(s)}{R(s)} = \mathrm{e}^{-\tau s} = \frac{1}{\mathrm{e}^{\tau s}}$$

4）框图：

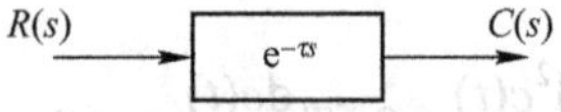

通常，将延迟环节 $\mathrm{e}^{-\tau s}$ 进行泰勒级数展开并省略高次项，可得

$$G(s) = \frac{1}{1 + \tau s + \frac{\tau^2}{2!} s^2 + \cdots} \approx \frac{1}{1 + \tau s}$$

从其简化的传递函数看出，延迟环节在一定条件下可以近似看做是惯性环节。实际上，其输出曲线与输入曲线图形相同，但是延迟了时间τ。如果系统中存在延迟环节，将使系统变得极其不稳定，而且τ越大对系统的稳定性越不利。

4.2.5 高阶系统的时域分析

通常把三阶以上的系统称为高阶系统。在实际控制系统中，几乎都是由高阶微分方程来描述，即均为高阶系统。对于高阶系统的建模及分析比较困难，通常采用突出主要因素，忽略次要因素的方法，将高阶系统近似为一个二阶系统。

1. 高阶系统的特点

1）高阶系统的时间响应表达式由简单函数组成。

2）如果闭环极点都具有负实部，高阶系统则是稳定的。

3）高阶系统时间响应的类型取决于闭环极点的性质和大小，响应曲线形状与闭环零点有关。

2. 高阶系统的闭环主导极点

系统输出各动态响应分量衰减快慢取决于对应的闭环极点距离 s 平面虚轴的远近，其中最靠近虚轴的闭环极点所对应的动态分量衰减得最慢，在所有各分量中起主要作用。

如果高阶系统中，所有其他极点的实部比距离虚轴最近的闭环极点的实部大 5 倍以上，并且在该极点附近不存在闭环零点，则这种离虚轴最近的闭环极点将对系统的动态响应起主导作用，并称其为闭环主导极点。

主导极点常以共轭复数形式出现，此时可用二阶系统的动态响应指标来估计高阶系统的性能。所以，主导极点具有重要的实用意义。

4.3 动态过程状态空间描述

经典控制理论是针对单输入单输出（SISO）线性定常系统，用拉普拉斯变换及传递函数作为数学工具来求解系统各项动态性能指标以分析系统的稳定性、快速性、准确性。

现代控制理论是针对多输入多输出（MIMO）系统，用矩阵变换及状态空间模型为数学工具的时域分析方法，主要解决 MIMO 系统的内在联系和状态。

1．线性系统的状态空间描述

（1）定义

系统在时间域中的行为或运动信息的集合称为状态。描述系统状态变量与输入变量之间关系的一阶微分（差分）方程组称为状态方程。

线性系统的状态空间表达式是线性函数的系统，其表达式为

$$\begin{cases}\dot{\boldsymbol{x}}(t)=\boldsymbol{A}(t)\boldsymbol{x}(t)+\boldsymbol{B}(t)\boldsymbol{u}(t)\\ \boldsymbol{y}(t)=\boldsymbol{C}(t)\boldsymbol{x}(t)+\boldsymbol{D}(t)\boldsymbol{u}(t)\end{cases}$$

线性定常系统的状态空间表达式的系统矩阵是常数的线性系统，其表达式为

$$\begin{cases}\dot{\boldsymbol{x}}(t)=\boldsymbol{A}\boldsymbol{x}(t)+\boldsymbol{B}\boldsymbol{u}(t)\\ \boldsymbol{y}(t)=\boldsymbol{C}\boldsymbol{x}(t)+\boldsymbol{D}\boldsymbol{u}(t)\end{cases}$$

（2）状态空间表达式的建立

描述系统的状态变量均是独立变量，n 阶系统的状态变量数是 n 个。状态变量的选取会得到不同的状态空间表达式。通常，SISO 系统的状态方程有三种形式即可控标准型、可观测标准型、约当型。

（3）状态方程的解与连续时间系统的离散化

求解状态转移矩阵$\boldsymbol{\phi}(t)$的方法。

1）级数展开法：

$$\mathrm{e}^{At}=\boldsymbol{I}+\boldsymbol{A}t+\frac{1}{2!}\boldsymbol{A}^2t^2+\cdots+\frac{1}{k!}\boldsymbol{A}^kt^k+\cdots$$

2）拉普拉斯变换法：

$$\boldsymbol{\phi}(t)=L^{-1}[(\boldsymbol{SI}-\boldsymbol{A})^{-1}]$$

3）凯莱-哈密顿定理：

$$\boldsymbol{A}^{At}=\sum_{i=0}^{n-1}a_i(t)\boldsymbol{A}^i$$

线性定常连续系统状态方程求解。

1）齐次方程的解：

$$\boldsymbol{x}(t)=\boldsymbol{\phi}(t)x(0)$$

2）非齐次方程的解：

$$\boldsymbol{x}(t)=\boldsymbol{\phi}(t)x(0)+\int_0^t\boldsymbol{\phi}(t-\tau)\boldsymbol{Bu}(\tau)\mathrm{d}\tau$$

线性定常连续系统的离散化

1） $\boldsymbol{x}(k+1)=\boldsymbol{Gx}(k)+\boldsymbol{Hu}(k)$ 。

2） $\boldsymbol{y}(k)=\boldsymbol{Cx}(k)+\boldsymbol{Du}(k)$ 。

2．线性系统的可控性与可观性

对于 $\boldsymbol{x}(t)=\boldsymbol{A}\dot{\boldsymbol{x}}(t)+\boldsymbol{Bu}(t)$ 线性系统，如果状态空间中所有非零状态 $\boldsymbol{x}(t)\neq 0$ 都可以在 $\boldsymbol{u}(t)$ 作用下在有限时间 T 内转移到 $\boldsymbol{x}(T)=0$，则称系统状态完全可控。

如果在有限时间间隔$[t_0,t_1]$存在无约束分段连续控制函数 $\boldsymbol{u}(t)$使初始输出 $\boldsymbol{y}(t_0)$转移到输出

$y(t_1)$，则称系统是输出可控。

在给定控制输入 $\boldsymbol{u}(t)$作用下，对任意初始时刻 t_0 如果在有限时间 $T_0>t_0$ 内，根据 t_0 到 T_0 对系统输出 $\boldsymbol{y}(t_1)$的测量值，唯一地确定系统在 t_0 时刻在状态 $\boldsymbol{x}(t_0)$，则称系统是状态完全可观的，简称系统可观。可观性指的是输出量 $\boldsymbol{y}(t)$对状态变量的反映能力。

3．线性定常系统的状态反馈与状态观测器

被控系统可控是应用状态反馈实现系统闭环极点任意配置的充要条件。引入状态反馈系统的可控性不变，可观性与原系统不一定一致，而且状态反馈不改变系统的零点，只改变极点。单输入无零点系统引入状态反馈后不会出现零极点对消，其可观性与原系统保持一致。

如果被控系统$\{\boldsymbol{A},\boldsymbol{B},\boldsymbol{C},\boldsymbol{D}\}$可观，则其状态可用形如

$$\dot{\boldsymbol{x}}(t)=(\boldsymbol{A}-\boldsymbol{HC})\hat{\boldsymbol{x}}(t)+\boldsymbol{Bu}(t)+\boldsymbol{Hy}(t)$$

的全维状态观测器给出估值。矩阵 H 根据任意配置观测器极点的需要来选择，以决定状态估值误差衰减的速率。

4．状态空间模型的 MATLAB 相关函数

1）设线性定常系统的状态空间模型为

$$\begin{cases}\dot{\boldsymbol{x}}(t)=\boldsymbol{Ax}(t)+\boldsymbol{Bu}(t)\\ \boldsymbol{y}(t)=\boldsymbol{Cx}(t)+\boldsymbol{Du}(t)\end{cases}$$

应用命令 sys=ss(A,B,C,D,T_s)建立状态空间模型，其中，$\boldsymbol{A},\boldsymbol{B},\boldsymbol{C},\boldsymbol{D}$ 为状态空间模型的系统矩阵，T_s 表示采样时间，默认时表示连续系统。

2）对于已知的状态空间模型，应用[A,B,C,D]=ssdata(sys)命令提取状态空间矩阵，其中，*sys* 为已知状态空间模型，$\boldsymbol{A},\boldsymbol{B},\boldsymbol{C},\boldsymbol{D}$ 为系统状态空间矩阵。

【例 4-6】 已知某两输入两输出系统的状态方程和输出方程如下：

$$\dot{\boldsymbol{x}}=\begin{bmatrix}3&8&9&11\\3&14&8&14\\4&7&9&8\\5&8&13&12\end{bmatrix}\boldsymbol{x}+\begin{bmatrix}4&6\\8&4\\8&2\\1&0\end{bmatrix}\boldsymbol{u},\quad \boldsymbol{y}=\begin{bmatrix}0&0&3&1\\6&0&3&3\end{bmatrix}\boldsymbol{x}$$，求状态空间模型。

解： MATLAB 程序如下所示。

```
A=[3 8 9 11;3 14 8 14;4 7 9 8;5 8 13 12];    %系统状态矩阵
B=[4 6;8 4;8 2;1 0];                          %系统输入矩阵
C=[0 0 3 1;6 0 3 3];                          %系统输出矩阵
D=zeros(2,2);                                 %系统输入输出矩阵
G=ss(A,B,C,D)                                 %利用 ss()函数生成状态空间模型
```

运行结果如下：

```
a =
        x1  x2  x3  x4
    x1   3   8   9  11
    x2   3  14   8  14
    x3   4   7   9   8
```

```
    x4   5   8  13  12

b =
         u1  u2
    x1    4   6
    x2    8   4
    x3    8   2
    x4    1   0

c =
         x1  x2  x3  x4
    y1    0   0   3   1
    y2    6   0   3   3

d =
         u1  u2
    y1    0   0
    y2    0   0
```

4.4 系统模型转换及连接

前述理论中介绍了控制系统的微分方程、传递函数以及状态方程的数学描述方法。微分方程描述方程是控制系统的数学基础，但是高阶微分方程的求解十分繁锁、复杂，因此在控制系统仿真时已很少应用微分方程的描述方法。而传递函数和状态方程描述方法都是在微分方程的基础上通过一定的数学工具变换发展起来的。其形式比微分方程简洁而且运算方便，因此这两种描述方法经常应用于控制系统仿真中。但是，传递函数描述方法属于频率域范畴，状态方程描述方法属于时间域范畴，不同的范畴必须涉及模型间转换和连接问题。MATLAB 提供了控制系统模型间相互转换的函数，这些函数可以实现传递函数与状态方程之间的相互转换。

4.4.1 模型转换

实际控制系统在分析和设计时，首先需要建立系统的状态方程，但是系统的结构与参数往往是未知的，这样状态方程的描述就变得非常困难。但是我们可以首先确定系统的传递函数，也可以通过实验的方法得出输入和输出间的关系，再根据传递函数确定状态方程。

如果已知传递函数或者脉冲响应函数，求解系统输入输出特性状态方程描述的过程称为模型转换的实现。

假设已知其系统的传递函数 $G(s)$，可以通过分析计算得到其各种结构的实现$\{\boldsymbol{a},\boldsymbol{b},\boldsymbol{c},\boldsymbol{d}\}$。如果得到的实现对于$\{\boldsymbol{a},\boldsymbol{b}\}$矩阵是可控的，称其为可控性实现。如果得到的实现对于$\{\boldsymbol{a},\boldsymbol{c}\}$矩阵是可观的，称其为可观性实现。如果 $\boldsymbol{a}$ 矩阵为约当规范型，称其为约当型实现。如果实现的 $\boldsymbol{a}$ 矩阵阶次最低，称其为最小实现。

通常，线性时不变系统（LTI）的模型包含传递函数模型、零极点增益模型、状态空间模型，三种模型间相互转换关系如图 4-3 所示。

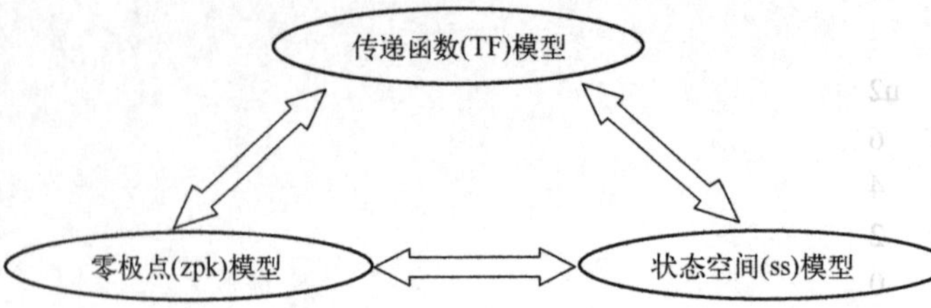

图 4-3　模型转换关系图

MATLAB 模型转换函数如表 4-1 所示。

表 4-1　模型转换函数

函 数 名 称	功 能 说 明
residue	传递函数模型转换为部分分式形式
ss2tf	状态空间模型转换为传递函数模型
tf2ss	传递函数模型转换为状态空间模型
ss2zp	状态空间模型转换为零极点模型
tf2zp	传递函数模型转换为零极点模型
zp2ss	零极点模型转换为状态空间模型
zp2tf	零极点模型转换为传递函数模型
c2d	状态空间模型由连续形式转换为离散形式
d2c	状态空间模型由离散形式转换为连续形式

其中，部分函数调用格式如表 4-2 所示。

表 4-2　模型转换函数调用格式

函 数 名 称	调 用 格 式	说　　明
ss2tf	[num,den]=ss2tf(a,b,c,d,n)	***a,b,c,d*** 为系统矩阵，***n*** 为输入序号
ss2zp	[z,p,k]=ss2zp(a,b,c,d,n)	***a,b,c,d*** 为系统矩阵，***n*** 为输入序号
tf2ss	[a,b,c,d]=tf2ss(num,den)	num 为分子多项式系数行向量 den 为分母多项式系数行向量
c2d	[phi,gamma]=c2d(a,b,T)	*T* 为采样时间

【例 4-7】 系统状态空间模型描述如下：

$$\dot{\boldsymbol{x}}=\begin{bmatrix}0 & 1 & -1\\ -6 & -11 & 6\\ -6 & -11 & 5\end{bmatrix}\boldsymbol{x}+\begin{bmatrix}0\\0\\1\end{bmatrix}\boldsymbol{u}$$

$\boldsymbol{y}=\begin{bmatrix}1 & 0 & 0\end{bmatrix}\boldsymbol{x}$，求传递函数模型和零极点模型。

解：MATLAB 程序如下所示。

```
A=[0 1 -1;-6 -11 6;-6 -11 5];        %系统状态矩阵
```

```
B=[0 0 1]';                              %系统输入矩阵
C=[1 0 0];                               %系统输出矩阵
D=0;                                     %系统输入输出矩阵
[num den]=ss2tf(A,B,C,D)                 %将系统状态空间模型转换成传递函数模型
[z,p,k]=ss2zp(A,B,C,D)                   %将系统状态空间模型转换成零极点模型
```

运行结果如下：

```
num =
         0    0.0000   -1.0000   -5.0000
den =
    1.0000    6.0000   11.0000    6.0000
z =
   -5.0000
p =
   -1.0000
   -2.0000
   -3.0000
k =
   -1.0000
```

【例 4-8】 已知系统的传递函数为

$$G(s)=\frac{s^3+14s^2+20s}{s^3+6s^2+11s+6}$$

求其状态空间模型。

解：MATLAB 程序如下所示。

```
num=[1 14 20 0];                  %系统传递函数分子多项式系数行向量
den=[1 6 11 6];                   %系统传递函数分母多项式系数行向量
[A,B,C,D]=tf2ss(num,den)          %将传递函数模型转化为状态空间模型
```

运行结果如下：

```
A =
    -6   -11    -6
     1     0     0
     0     1     0
B =
     1
     0
     0
C =
     8     9    -6
D =
     1
```

4.4.2 模型连接

一个实际控制系统是由两个或者多个典型系统根据物理要求通过一定的连接方式建立起来的。通常，我们求出系统的结构图，为了进一步对系统的性能进行分析、计算，需要对复杂的系统结构图进行化简以及等效变换得出系统的传递函数。等效是指结构图变换前、后系统的输入量、输出量之间的数学关系保持不变。一般有串联方式、并联方式、反馈方式和单位反馈（闭环）连接方式。

1．串联连接方式

控制系统中，*n* 个典型环节根据信号的传递方向串联连接，这种连接方式称为串联连接。如果两个相邻的环节之间没有负载效应，则其串联连接的结构图如图 4-4a 所示。

$$R_1(s) = G_1(s) \cdot R(s)$$

$$C(s) = G_2(s) \cdot R_1(s)$$

消去中间变量 $R_1(s)$，则串联等效传递函数

$$G(s) = G_1(s) \cdot G_2(s)$$

其串联连接等效变换如图 4-4b 所示。

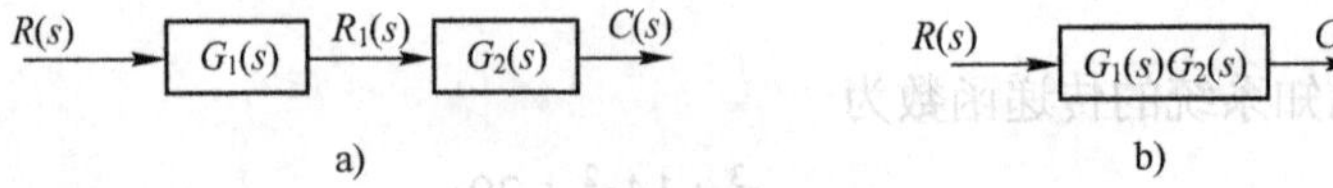

图 4-4　串联连接方式

两个传递函数的串联连接的等效传递函数，等于这两个传递函数的乘积。此结论可以推广到 *n* 个传递函数的串联，其等效传递函数等于各个串联传递函数的乘积。

MATLAB 中串联连接模型函数 series()，其调用格式为

```
[num,den]=series(num1,den1,num2,den2)
```

表示将 $G_1(s)$和 $G_2(s)$进行串联连接。其中，***num1*，*den1*** 为系统 $G_1(s)$的分子和分母多项式的行向量；***num2*, *den2*** 为系统 $G_2(s)$的分子和分母多项式的行向量；***num*, *den*** 为串联等效后的传递函数 $G(s)$的分子和分母多项式的行向量。

2．并联连接方式

控制系统中的两个或 *n* 个典型环节的输入信号相同，输出信号等于各环节输出信号的代数和，这种连接方式称为并联连接，如图 4-5a 所示。

$$C_1(s) = G_1(s) \cdot R(s)$$

$$C_2(s) = G_2(s) \cdot R(s)$$

$$C(s) = C_1(s) + C_2(s) = G_1(s) \cdot R(s) + G_2(s) \cdot R(s) = [G_1(s) + G_2(s)] \cdot R(s) = G(s) \cdot R(s)$$

则并联等效传递函数

$$G(s) = G_1(s) + G_2(s)$$

其并联等效传递函数等于各个环节传递函数的代数和，其等效变换图如图 4-5b 所示。

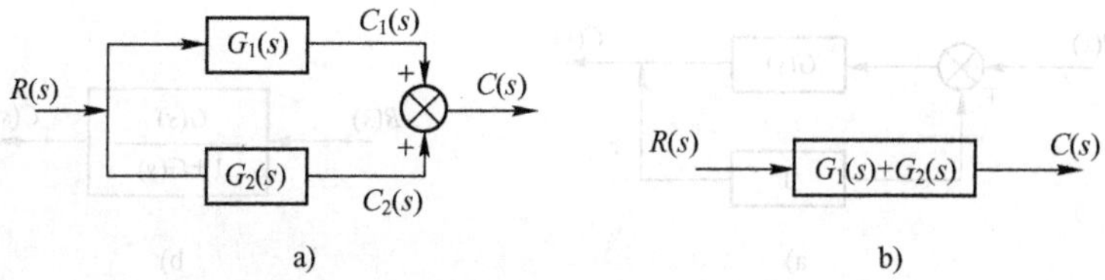

图 4-5 并联连接方式

MATLAB 中并联连接模型函数 parallel()，其调用格式为

```
[num,den]=parallel(num1,den1.num2.den2)
```

表示将 $G_1(s)$和 $G_2(s)$进行并联连接。

3. 反馈连接形式

控制系统输出信号 $C(s)$经过反馈环节 $H(s)$与输入信号 $R(s)$相加或相减后作用于 $G(s)$环节，这种连接方式称为反馈连接。在自动控制系统中，反馈系统的应用最为广泛。反馈系统又分为正反馈系统和负反馈系统，其结构图如图 4-6a 所示。$G(s)$为前向传递函数，$H(s)$为反馈传递函数。

$$C(s)=G(s)\cdot E(s)$$
$$B(s)=H(s)\cdot C(s)$$
$$E(s)=R(s)\mp B(s)$$

消去中间变量 $E(s)$，$B(s)$，得

$$\frac{C(s)}{R(s)}=\frac{G(s)}{1\pm G(s)H(s)}=\Phi(s)$$

其中，$G(s)H(s)$称为开环传递函数，$\Phi(s)$称为闭环传递函数，其等效变换图如图 4-6b 所示。

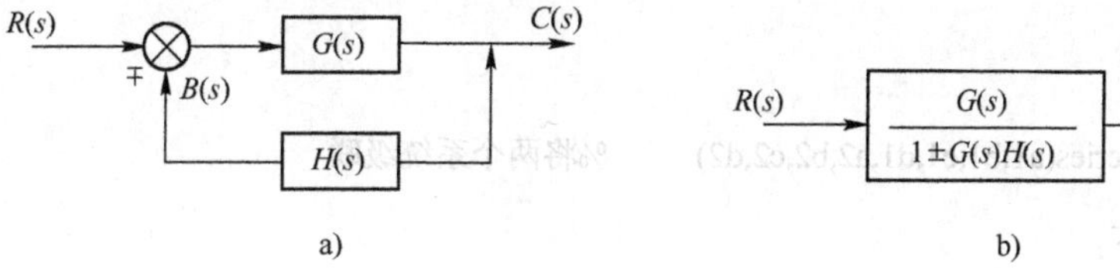

图 4-6 反馈连接形式

MATLAB 中反馈连接模型函数 feedback()，其调用格式为

```
[num,den]=feedback(num1,den1,num2,den2,sign)
```

表示将 $G(s)$和 $H(s)$进行反馈连接。其中 *sign* 表示系统正反馈或者负反馈连接符号。一般情况下，*sign* 默认负值，即 *sign*=–1。

4. 单位反馈（闭环）连接形式

单位反馈（闭环）连接就是指反馈传递函数 $H(s)$=1 的连接方式，如图 4-7a 所示，其等效变换图如图 4-7b 所示。

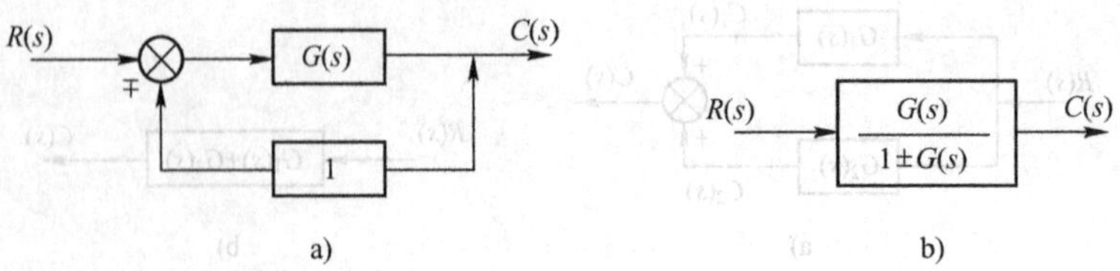

图 4-7 单位反馈连接形式

MATLAB 中单位反馈连接模型函数 cloop()，其调用格式为

```
[numc,denc]=cloop(num,den,sign)
```

表示开环传递函数转换为闭环传递函数。其中，***num,den*** 为 $G(s)$的分子和分母多项式的行向量；*sign* 表示反馈连接符号，*sign*=1 表示正反馈连接，*sign*=−1 表示负反馈连接。***numc,denc*** 表示闭环传递函数的分子和分母多项式的行向量。

【例 4-9】 已知下列两个系统，求其级联后的状态方程。

$$\dot{\boldsymbol{x}}_1=\begin{bmatrix}0 & 3\\ -3 & -1\end{bmatrix}\boldsymbol{x}_1+\begin{bmatrix}0\\1\end{bmatrix}\boldsymbol{u}_1,\quad \boldsymbol{y}_1=\begin{bmatrix}1 & 3\end{bmatrix}\boldsymbol{x}_1+2\boldsymbol{u}_1$$

$$\dot{\boldsymbol{x}}_2=\begin{bmatrix}2 & 3\\ -1 & 4\end{bmatrix}\boldsymbol{x}_2+\begin{bmatrix}1\\0\end{bmatrix}\boldsymbol{u}_2,\quad \boldsymbol{y}_2=\begin{bmatrix}2 & 4\end{bmatrix}\boldsymbol{x}_2+\boldsymbol{u}_2$$

解：MATLAB 程序如下所示。

```
a1=[0 3;-3 -1];
b1=[0 1]';
c1=[1 3];
d1=2;
a2=[2 3;-1 4];
b2=[1 0]';
c2=[2 4];
d2=1;
[a,b,c,d]=series(a1,b1,c1,d1,a2,b2,c2,d2)          %将两个系统级联
```

运行结果如下：

```
a =
      2     3     1     3
     -1     4     0     0
      0     0     0     3
      0     0    -3    -1
b =
      2
      0
      0
      1
c =
      2     4     1     3
```

```
d =
     2
```

【例 4-10】 求上例两个系统并联后的状态空间方程。

解：MATLAB 程序如下所示。

```
a1=[0 3;-3 -1];
b1=[0 1]';
c1=[1 3];
d1=2;
a2=[2 3;-1 4];
b2=[1 0]';
c2=[2 4];
d2=1;
[a,b,c,d]=parallel(a1,b1,c1,d1,a2,b2,c2,d2)        %将两个系统并联
```

运行结果如下：

```
a =
     0     3     0     0
    -3    -1     0     0
     0     0     2     3
     0     0    -1     4
b =
     0
     1
     1
     0
c =
     1     3     2     4
d =
     3
```

4.5 本章小结

本章介绍了控制系统数学模型的建立、动态过程的传递函数描述方法、动态过程的状态空间描述方法、模型的转换连接方法，并通过在控制系统数学模型中的实例讲解 MATLAB 相关函数的应用方法。

习题

4.1 典型二阶系统传递函数$G(s)=\dfrac{\omega_n^{\ 2}}{s^2+2\zeta\omega_n s+\omega_n^{\ 2}}$，应用 MATLAB 绘制出当$\zeta=0.5$，$\omega_n$取 4，6，8，10 时系统的单位阶跃响应并且分析当ω_n增加时系统阶跃响应的变化规律。

4.2 已知系统传递函数 $G(s)=\dfrac{(s+2)(s^2+2s+4)}{s(s+1)(s^4+2s^3+3s^2+4s+5)}$，求分子和分母多项式及传递函数的零极点。

4.3 系统模型 $G(s)=\dfrac{2s^3+4s^2+13s+28}{s^5+10s^4+25s^3+30s^2+40s+65}$，判断系统的稳定性。

4.4 已知系统开环传递函数 $G(s)=\dfrac{6}{s^2+7s+8}$，求单位反馈系统阶跃响应曲线。

4.5 系统零极点模型 $G(s)=\dfrac{2(s+1)}{(s+2)(s+3)(s+5)}$，求传递函数及状态空间模型。

4.6 已知两个系统的传递函数 $G_1(s)=\dfrac{3s+1}{s^2+4s+2}$，$G_2(s)=\dfrac{s+5}{s^2+7s+1}$，求系统串联和并联时的传递函数。

4.7 某系统框图如图 4-8 所示，求 k,τ 值，并且使系统满足 $\sigma\%\leqslant 20\%, t_p=0.6\text{s}$ 。

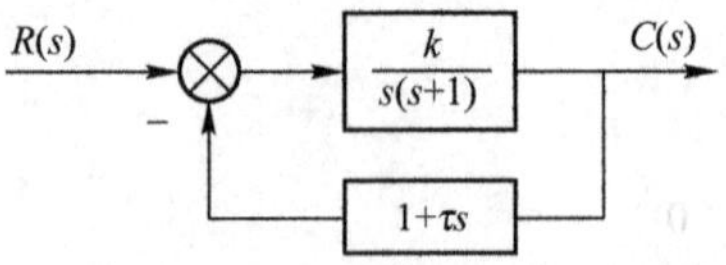

图 4-8 系统框图

第5章　控制系统分析

分析控制系统首先要建立数学模型，其次再应用不同的方法分析控制系统各项性能。在经典控制理论中分析方法有很多种，主要有时域分析法、根轨迹分析法、频域分析法等。不同的分析方法具有各自的优点，它们的适用范围和对象也有所不同。

时域分析法主要以拉普拉斯变换为数学工具直接在时间域研究控制系统动态性能和稳态性能的方法。时域分析法的优点是可以形象、直观、准确地得到系统时间响应的全部信息。根轨迹法是一种简便的图解分析方法，尤其对于多回路系统分析更加有效。频域分析法是在正弦信号作用下分析系统性能的图解方法，不仅适用线性定常系统，还可以推广应用于非线性系统。系统的频域特性可以通过分析法和实验法定性与定量地对各项性能进行分析。

5.1　时域分析

时域分析法就是通过求解控制系统的时间响应来分析系统的稳定性、快速性和准确性。这是一种在时间域对系统进行分析的方法，具有形象、直观、准确等特点，尤其适用于对二阶控制系统的各项性能进行分析设计。但是，由于时域分析法计算繁琐，因此对于高阶系统此方法并不适用。

5.1.1　典型输入信号

实际上，控制系统的输入信号常常是未知而且是随机的，很难用数学解析的方法表示。因此，在分析和设计控制系统时，对各种控制系统性能分析需要有个比较的依据。这个依据可以通过对控制系统加入各种输入信号，从而比较它们对特定输入信号的响应来建立。

控制系统的设计准则就是建立在这些输入信号的基础上，称其为典型输入信号，因为系统对典型输入信号的响应特性与系统对实际输入信号的响应特性之间存在着一定关系，所以采用典型输入信号来评价系统性能是合理的。

1. 典型输入信号

实际系统的输入是多样的，为了比较系统性能，常常规定一些输入信号的典型形式，这些典型形式的选择原则如下：

① 实际输入信号的一种近似和抽象。

② 典型信号的响应与系统的实际响应存在一定关系。

③ 可以通过实验装置产生且易于验证其对系统的作用。

④ 数学表达式简单，便于分析计算。

一般我们常用阶跃函数作为典型输入信号，另外典型输入信号还有斜坡函数、加速度函数、脉冲函数、正弦函数。

（1）阶跃输入信号

数学表达式：$r(t)=\begin{cases}0 & t<0 \\ K & t\geqslant 0\end{cases}$

拉普拉斯变换式：$R(s)=\dfrac{K}{s}$

单位阶跃函数：K=1　　$R(s)=\dfrac{1}{s}$

阶跃输入信号是时域分析中应用最广泛的输入信号，相当于一个恒值突然施加于控制系统的输入，比如电源的突然接通，负载的突变等都可以看作为阶跃信号输入。

（2）斜坡输入信号

数学表达式：$r(t)=\begin{cases}0 & t\leqslant 0 \\ Kt & t>0\end{cases}$

拉普拉斯变换式：$R(s)=\dfrac{K}{s^2}$

单位斜坡函数：$K=1$　　$R(s)=\dfrac{1}{s^2}$

随动系统输入一个以恒定速度变化的位置信号，这个信号即是斜坡输入信号。

（3）加速度输入信号

数学表达式：$r(t)=\begin{cases}0 & t\leqslant 0 \\ Kt^2 & t>0\end{cases}$

拉普拉斯变换式：$R(s)=\dfrac{K}{s^3}$

单位加速度函数：$K=\dfrac{1}{2}$　　$R(s)=\dfrac{1}{s^3}$

随动系统输入一个以恒定加速度变化的位置信号，这个信号即是加速度输入信号。

（4）脉冲输入信号

数学表达式：$r(t)=K\delta(t)$

拉普拉斯变换式：$R(s)=K$

单位脉冲函数：$K=1$　$R(s)=1$

脉冲函数是抽象出的数学函数，脉宽很窄的电压信号、阵风扰动、作用于系统的瞬间冲击力都可以看做是脉冲输入信号。

（5）正弦输入信号

数学表达式：$r(t)=\begin{cases}0 & t\leqslant 0 \\ K\sin\omega t & t>0\end{cases}$

拉普拉斯变换式：$R(s)=\dfrac{K\omega}{s^2+\omega^2}$

实际中电源电压的波动、机械的振动都可以近似看做是正弦信号输入。通常我们采用频率特性分析方法分析系统频率特性，得出系统各项性能指标。

2．动态过程和稳态过程

在典型输入信号作用下，任何一个控制系统的时间响应分为瞬态响应和稳态响应。瞬态响应指系统从初始状态到最终状态的响应过程。通常有衰减、发散、等幅振荡形式。

稳态响应是指当 t 趋近于无穷大时系统的输出状态，它表征系统输出量最终复现输入量的程度。

3．绝对稳定性和稳态误差

在设计控制系统时，我们能够根据元件的性能，估算出系统的动态特性。控制系统动态特性中，最重要的是绝对稳定性，即系统是稳定的还是不稳定的。如果控制系统没有受到任何扰动或者输入信号的作用，系统的输出量保持在某一状态上，控制系统便处于平衡状态。如果线性定常控制系统受到扰动量的作用后，输出量最终又返回到它的平衡状态，那么，这种系统是稳定的。如果线性定常控制系统受到扰动量作用后，输出量显现为持续的振荡过程或输出量无限制地偏离其平衡状态，那么系统便是不稳定的。

稳态误差是衡量系统控制精度或抗扰动能力的参数。当时间趋于无穷大时，系统的输出量不等于输入量，则系统存在稳态误差。

5.1.2 动态性能指标

在许多实际情况中，控制系统所需要的性能指标，常常以时域量值的形式给出。通常，控制系统的性能指标是指系统在初使条件为零（静止状态，输出量和输入量的各阶导数为0）时，单位阶跃输入信号的瞬态响应指标如图 5-1 所示。

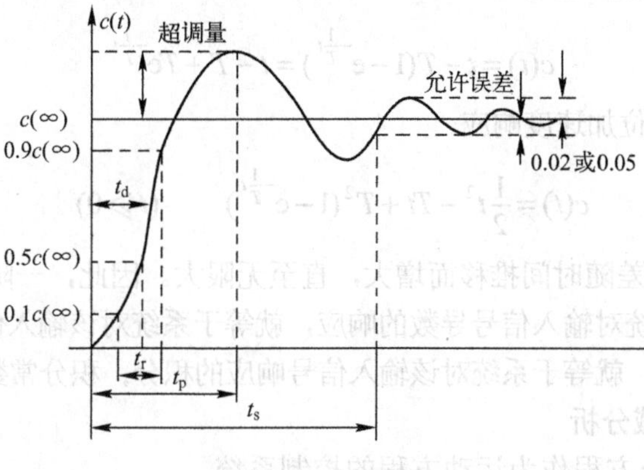

图 5-1　动态性能指标

延迟时间：响应曲线第一次达到稳态值的一半所需的时间。

上升时间：响应曲线从稳态值的 10%上升到 90%所需的时间。上升时间越短，响应速度越快。

峰值时间：响应曲线超过其终值到达第一个峰值所需要的时间。

调节时间：响应到达并保持在终值（±5%或者±2%）范围内所需的最短时间。

超调量：指响应的最大偏离量 $c(t_p)$ 与终值之差的百分比，即

$$\sigma\% = \frac{c(t_p) - c(\infty)}{c(\infty)} \times 100\%$$

5.1.3 线性系统时域响应

1．一阶系统的时域分析

一阶系统的传递函数

$$\phi(s)=\frac{C(s)}{R(s)}=\frac{1}{Ts+1}$$

这种系统实际上是一个非周期性的惯性环节。

（1）一阶系统的单位阶跃响应

$$c(t)=1-\mathrm{e}^{-\frac{t}{T}}$$

传递函数的零点形成系统响应的稳态分量，传递函数的极点是产生系统响应的瞬态分量。这一个结论不仅适用于一阶线性定常系统，而且也适用于高阶线性定常系统。

（2）一阶系统的单位脉冲响应

当输入信号为理想单位脉冲函数时，$R(s)=1$，输出量的拉普拉斯反变换与系统的传递函数相同，即

$$c(t)=\frac{1}{T}\mathrm{e}^{-\frac{t}{T}} \qquad t\geqslant 0$$

（3）一阶系统的单位斜坡响应

$$c(t)=t-T(1-\mathrm{e}^{-\frac{1}{T}t})=t-T+T\mathrm{e}^{-\frac{1}{T}t}$$

（4）一阶系统的单位加速度响应

$$c(t)=\frac{1}{2}t^2-Tt+T^2(1-\mathrm{e}^{-\frac{1}{T}t}) \qquad (t\geqslant 0)$$

上式表明，跟踪误差随时间推移而增大，直至无限大。因此，一阶系统不能实现对加速度输入函数的跟踪。系统对输入信号导数的响应，就等于系统对该输入信号响应的导数；系统对输入信号积分的响应，就等于系统对该输入信号响应的积分；积分常数由零初始条件确定。

2．二阶系统的时域分析

凡以二阶系统微分方程作为运动方程的控制系统称为二阶系统。

二阶系统的传递函数为

$$\phi(s)=\frac{\omega_n^{\ 2}}{s^2+2\zeta\omega_n s+\omega_n^{\ 2}}$$

1）二阶系统极点分布如图 5-2 所示。

2）二阶系统的单位阶跃响应（Unit-Step Response of Second-Order Systems）。

① 无阻尼（ ζ=1）：

$$c(t)=1-\cos\omega_n t, t\geqslant 0$$

系统单位阶跃响应为一条不衰减的等幅振荡曲

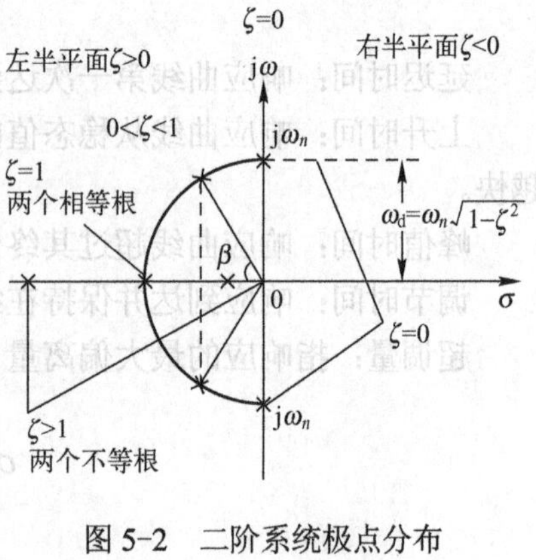

图 5-2　二阶系统极点分布

线，振荡频率为 ω_n。

② 欠阻尼（$0<\zeta<1$）：二阶系统的单位阶跃响应

$$c(t)=1-\frac{1}{\sqrt{1-\xi^2}}\mathrm{e}^{-\xi\omega_n t}\sin(\omega_{\mathrm{d}}t+\beta) \qquad t\geqslant 0$$

$$\beta=\arctan\frac{\sqrt{1-\xi^2}}{\xi}=\arccos\xi$$

欠阻尼二阶系统的单位阶跃响应由稳态和瞬态两部分组成：

稳态部分等于 1，表明不存在稳态误差。瞬态部分是阻尼正弦振荡过程，阻尼的大小由 $\zeta\omega_n$（即 σ，特征根实部）决定；振荡角频率为阻尼振荡角频率 ω_{d}（特征根虚部），其值由阻尼比 ζ 和自然振荡角频率 ω_n 决定。

③ 临界阻尼（$\zeta=1$）：

$$c(t)=1-\mathrm{e}^{-\omega_n t}-\omega_n t\mathrm{e}^{-\omega_n t}=1-\mathrm{e}^{-\omega_n t}(1+\omega_n t)\ (t\geqslant 0)$$

系统的输出响应曲线由零开始单调上升，最后达到稳态值 1。临界阻尼阶跃响应是输出响应曲线单调上升和振荡过程的分界，在单调上升过程中无超调、无振荡、无稳态误差。

④ 过阻尼（$\zeta>1$）：

$$c(t)=1-\frac{1}{2\sqrt{\xi^2-1}(\xi-\sqrt{\xi^2-1})}\mathrm{e}^{-(\xi-\sqrt{\xi^2-1})\omega_n t}+\frac{1}{2\sqrt{\xi^2-1}(\xi+\sqrt{\xi^2-1})}\mathrm{e}^{-(\xi+\sqrt{\xi^2-1})\omega_n t} \quad t\geqslant 0$$

系统的单位阶跃响应由稳态分量和瞬态分量组成，其稳态分量为 1，瞬态分量包含两个衰减指数项，随着 t 增加，指数项衰减，响应曲线单调上升，在单调上升过程中无振荡、无超调、无稳态误差。

不同阻尼情况系统的阶跃响应如图 5-3 所示。

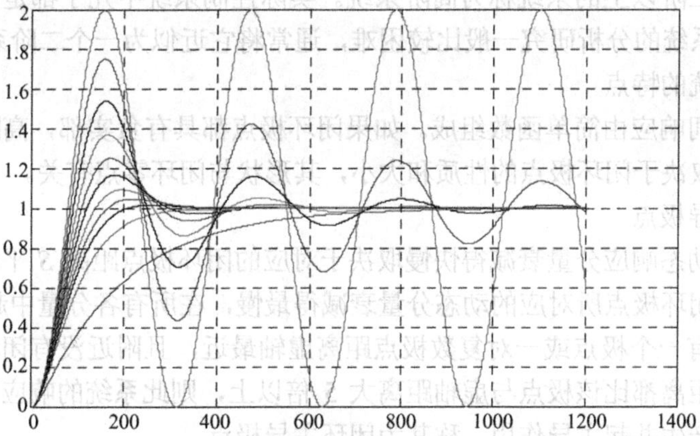

图 5-3 不同阻尼情况系统的阶跃响应

3）二阶系统阶跃响应欠阻尼情况的性能指标。

在控制工程中，除了那些不容许产生振荡响应的系统外，通常都希望控制系统具有适度的阻尼、快速的响应速度和较短的调节时间。

① 上升时间 t_r：

$$c(t_r)=1$$

$$t_r=\frac{\pi-\beta}{\omega_d}=\frac{\pi-\beta}{\omega_n\sqrt{1-\zeta^2}}$$

② 峰值时间 t_p：

$$\left.\frac{dc(t)}{dt}\right|_{t=t_p}=0 \qquad t_p=\frac{\pi}{\omega_d}=\frac{\pi}{\omega_n\sqrt{1-\zeta^2}}$$

③ 超调量 $\sigma\%$：

$$\sigma\%=\frac{c(t_p)-c(\infty)}{c(\infty)}\times 100\%$$

$$\sigma\%=e^{-\frac{\pi\zeta}{\sqrt{1-\zeta^2}}}\times 100\%$$

④ 调节时间 t_s：

$$t_s=\frac{3.5}{\zeta\omega_n} \qquad 或 \qquad t_s=\frac{4.5}{\zeta\omega_n}$$

⑤ 延迟时间：

$$t_d=\frac{1+0.7\zeta}{\omega_n}$$

3．高阶系统的时域分析

通常我们把三阶以上的系统称为高阶系统。实际控制系统中几乎都是由高阶微分方程来描述，而对高阶系统的分析研究一般比较困难，通常将它近似为一个二阶系统。

（1）高阶系统的特点

高阶系统时间响应由简单函数组成。如果闭环极点都具有负实部，高阶系统是稳定的。时间响应的类型取决于闭环极点的性质和大小，其形状与闭环零点有关。

（2）闭环主导极点

系统输出各动态响应分量衰减得快慢取决于对应的闭环极点距离 S 平面虚轴的远近，其中最靠近虚轴的闭环极点所对应的动态分量衰减得最慢，在所有各分量中起主要作用。

如果系统中有一个极点或一对复数极点距离虚轴最近，且附近没有闭环零点，而其他闭环极点与虚轴的距离都比该极点与虚轴距离大 5 倍以上，则此系统的响应可近似地视为由这个或这对极点所产生并起主导作用，称其为闭环主导极点。

闭环主导极点常以共轭复数形式出现，此时可用二阶系统的动态响应指标来估计高阶系统的性能。所以，闭环主导极点具有重要的实用意义。

5.1.4 时域分析相关的 MATLAB 函数

时域分析法的缺点是分析系统的计算量非常大，尤其对于高阶系统分析系统极点和留数时存在较大困难。MATLAB 中提供了时域分析法的相关函数，使我们在分析计算控制系统性能时更加快捷、准确。

1．step()

功能：系统单位阶跃响应函数。

常用调用格式有如下几个。

y=step(num, den, t)：当不带输出变量 y 时，step 命令可直接绘制阶跃响应曲线；t 用于设定仿真时间，可默认。

[y, x, t]=step(num, den)：系统模型自动生成时间向量 *t*，状态变量 x 返回空矩阵。

[y, x, t]=step(A, B, C, D, iu)：***A, B, C, D*** 为系统的状态空间描述矩阵，*iu* 表明输入变量序号。

如果不需要求取系统的响应值，只是绘制阶跃响应曲线，则直接调用 step()函数即可。

2．impulse()

功能：系统单位脉冲响应函数。

常用调用格式有如下几个。

y= impulse(num, den, t)：当不带输出变量 y 时，impulse step 命令可直接绘制脉冲响应曲线；t 用于设定仿真时间，可默认。

[y, x, t]= impulse (num, den)：系统模型自动生成时间向量 *t*，状态变量 *x* 返回空矩阵。

[y, x, t]= impulse (A, B, C, D, iu)：***A, B, C, D*** 为系统的状态空间描述矩阵，*iu* 表明输入变量序号。

如果不需要求取系统的响应值，只是绘制脉冲响应曲线，则直接调用 impulse()函数即可。

3．lsim ()

功能：任意输入响应函数。

常用调用格式为 y=lsim(sys, u, t, x0)：当不带输出变量 *y* 时，lsim 命令可直接绘制响应曲线；其中，*u* 表示输入，*x*0 用于设定初始状态，默认为 0，*t* 用于设定仿真时间，可默认。

如果不需要求取系统的响应值，只是绘制响应曲线，则直接调用 lsim ()函数即可。

4．initial ()

功能：零输入响应函数。

常用调用格式为 y=initial(sys, x0, t)：*sys* 为状态空间模型。当不带输出变量 *y* 时，initial 命令可直接绘制响应曲线；其中 *x*0 用于设定初始状态，默认为 0，*t* 用于设定仿真时间，可默认。

5.1.5 MATLAB/Simulink 在时域分析中的应用

【例 5-1】 系统传递函数如下：

$$G(s)=\frac{10}{s^4+4s^3+18s^2+20s+10}$$

试绘制其阶跃响应曲线。

解：MATLAB 程序如下所示。

```
num=[10];
den=[1 4 18 20 10];
t=[0：0.1：10];
y=step(num,den,t)                          %y 为系统阶跃响应
plot(t,y)                                  %绘制系统阶跃响应曲线
xlabel('时间 t');ylabel('y');              %横纵轴标注
title('单位阶跃输入响应曲线');             %输出图形题目
```

运行程序，系统单位阶跃响应曲线如图 5-4 所示。

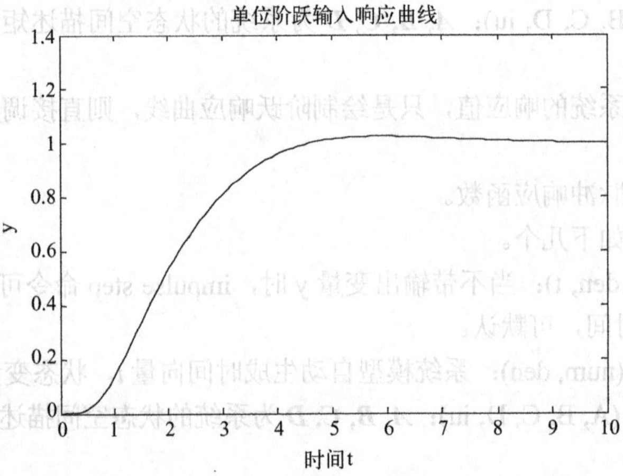

图 5-4　单位阶跃响应曲线

【例 5-2】 系统传递函数如下：

$$G(s)=\frac{36}{s^2+13s+36}$$

试用 MATLAB 绘制出单位阶跃响应、单位斜坡响应、单位脉冲响应曲线图。

解：MATLAB 程序如下所示。

```
num=[36];
den=[1 13 36];
t=[0：0.1：10];                            %响应时间
u=t;                                       %u 为单位斜坡输入
y=step(num,den,t);                         %单位阶跃响应
y1=lsim(num,den,u,t);                      %单位斜坡响应
y2=impulse(num,den,t);                     %单位脉冲响应
plot(t,y,'-',t,y1,'-.',t,y2,':');
xlabel('时间 t');ylabel('y');              %标注横、纵坐标轴
title('单位阶跃、斜坡、脉冲输入响应曲线');  %添加图标题
legend('单位阶跃响应曲线','单位斜坡响应曲线','单位脉冲响应曲线'); %添加文字标注
```

运行程序，系统单位阶跃响应曲线、单位斜坡响应曲线、单位脉冲响应曲线如图 5-5 所示。

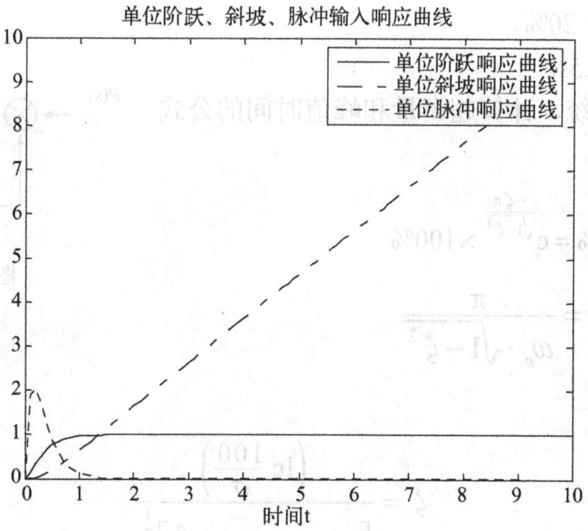

图 5-5　响应曲线

【例 5-3】　已知单位负反馈系统，其开环传递函数

$$G(s)=\frac{s+5}{s^2+3s+4}$$

采用正弦输入 $r(t)$=sin(t)，试用 Simulink 求取系统输出响应，并将输入和输出信号对比显示。

解：Simulink 可以实现动态系统建模和仿真，Simulink 中提供了很多类型的信号发生器。系统 Simulink 模型如图 5-6 所示。

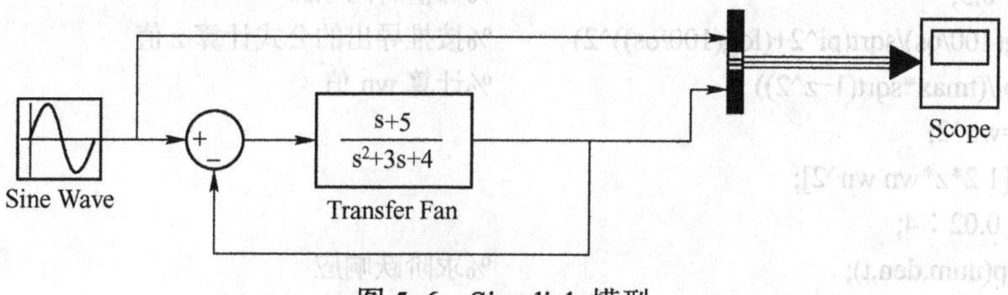

图 5-6　Simulink 模型

模型连接好后双击示波器 Scope 进行仿真，运行后，输出结果如图 5-7 所示。

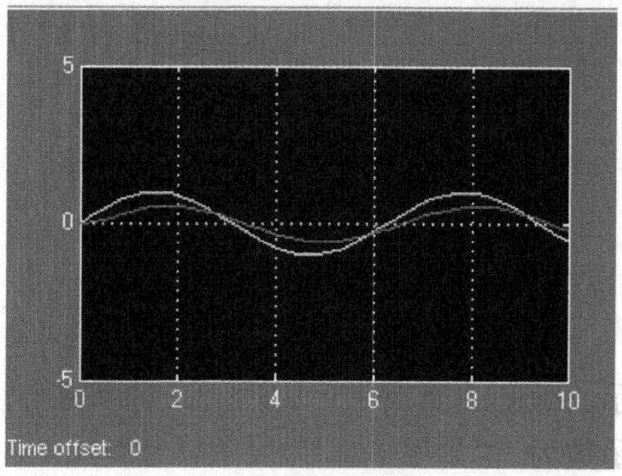

图 5-7　输入输出曲线

【例 5-4】　某系统的方框图如图 5-8 所示，求 k 和 τ，使系统的阶跃响应满足：

① 超调量不大于 20%。

② 峰值时间为 0.5s。

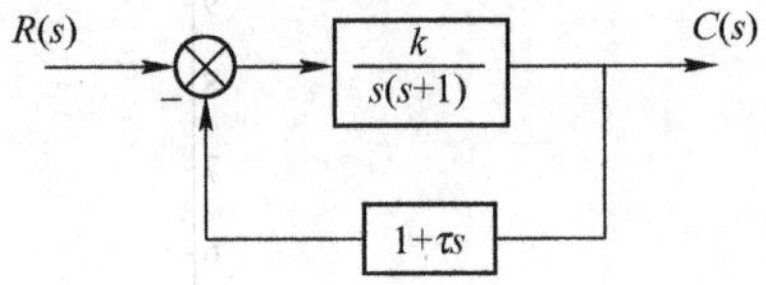

图 5-8 系统框图

解：对于二阶系统，计算超调量和峰值时间的公式如下所示。

$$\sigma\% = e^{\frac{-\zeta\pi}{\sqrt{1-\zeta^2}}} \times 100\%$$

$$t_p = \frac{\pi}{\omega_n \cdot \sqrt{1-\zeta^2}}$$

将上式联立得

$$\zeta = \frac{\left(\ln \frac{100}{\sigma}\right)}{\left[\pi^2 + \left(\ln \frac{100}{\sigma}\right)^2\right]^{\frac{1}{2}}}$$

因此，该二阶系统可表示为标准形式：

$$G(s) = \frac{\omega_n^{\ 2}}{s^2 + 2\zeta\omega_n s + \omega_n^{\ 2}}$$

因此，MATLAB 程序如下：

```
os=20;                                          %超调量 20%
tmax=0.5;                                       %峰值时间 0.5s
z=log(100/os)/sqrt(pi^2+(log(100/os))^2)        %按推导出的公式计算 z 值
wn=pi/(tmax*sqrt(1-z^2))                        %计算 wn 值
num=wn^2;
den=[1 2*z*wn wn^2];
t=0：0.02：4;
c=step(num,den,t);                              %求阶跃响应
plot(t,c);                                      %绘制阶跃响应曲线
xlabel('时间/s');
ylabel('y(t)');
grid                                            %添加栅格
```

运行结果如下：

```
z =
    0.4559
wn =
7.0597
```

输出曲线如图 5-9 所示。

由此可知，闭环传递函数为

$$G_c(s) = \frac{C(s)}{R(s)} = \frac{k}{s^2 + (k \cdot \tau + 1)s + k}$$

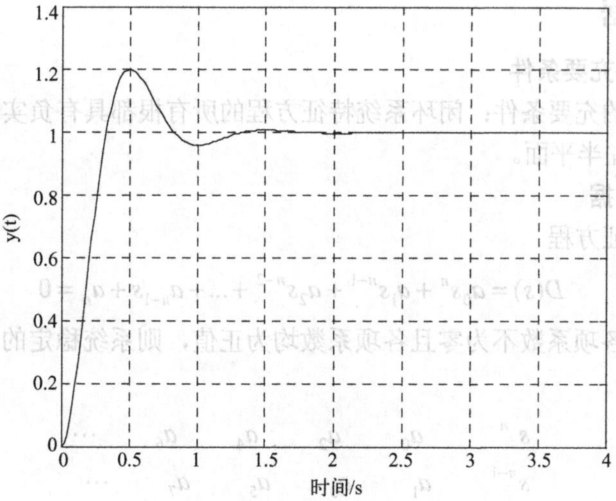

图 5-9　系统的阶跃响应曲线

令两边系数相等，可得

$$k=\omega_n^2=7.0597^2=49.8396$$

$$k\cdot\tau+1=2(0.4559)(7.0597)$$

由此得

$$\tau=0.1091$$

因此，该系统的闭环传递函数为

$$G_c(s)=\frac{49.8396}{s^2+6.4378s+49.8396}$$

5.2　稳定性分析

系统稳定是控制系统能够正常运行的首要条件。对系统进行各类品质指标的分析也必须在系统稳定的前提下进行。但是实际控制系统总会受到外界或者内部因素的扰动。例如，负载和能源的波动、系统参数的变化、环境条件的改变等。如果系统设计时不充分地考虑这些因素，设计出来的系统将会不稳定，在外界干扰作用下系统就会偏离原平衡状态，我们需要重新设计或者适当调整某些参数或结构。因此，分析系统的稳定性并提出保证系统稳定的措施，这是自动控制理论的基本任务之一。

5.2.1　稳定性基本概念

当系统受到扰动信号作用时，被控量与原平衡状态产生偏差，当扰动消失后，经过一段时间偏差逐渐趋近于零，系统恢复到原平衡状态，称之为系统稳定。反之，偏差随着时间的推移而发散，系统则不稳定。

5.2.2 稳定性判据

1．系统稳定的充要条件

线性系统稳定的充要条件：闭环系统特征方程的所有根都具有负实部或者闭环传递函数的极点均位于 S 的左半平面。

2．劳斯稳定判据

系统的闭环特征方程

$$D(s)=a_0s^n+a_1s^{n-1}+a_2s^{n-2}+\ldots+a_{n-1}s+a_n=0$$

如果特征方程各项系数不为零且各项系数均为正值，则系统稳定的充要条件用劳斯判据判定，劳斯表如下：

$$\begin{array}{llllll}
s^n & a_0 & a_2 & a_4 & a_6 & \cdots \\
s^{n-1} & a_1 & a_3 & a_5 & a_7 & \cdots \\
s^{n-2} & b_1 & b_2 & b_3\cdots & & \\
s^{n-3} & c_1 & c_2 & c_3\cdots & & \\
\vdots & & & & & \\
s^2 & d_1 & d_2 & d_3 & & \\
s^1 & e_1 & e_2 & & & \\
s^0 & f & & & &
\end{array}$$

$$b_1=\frac{a_1a_2-a_0a_3}{a_1},b_2=\frac{a_1a_4-a_0a_5}{a_1},b_3=\frac{a_1a_6-a_0a_7}{a_1}\cdots$$

$$c_1=\frac{b_1a_3-a_1b_2}{b_1},c_2=\frac{b_1a_5-a_1b_3}{b_1},c_3=\frac{b_1a_7-a_1b_4}{b_1}\cdots$$

$$\vdots$$

$$f_1=\frac{e_1d_2-d_1e_2}{e_1}$$

劳斯稳定判据是根据所列劳斯表第一列系数符号的变化来判别特征方程式根在 S 平面上的具体分布，过程如下：

1）如果劳斯表中第一列的系数均为正值，则其特征方程式的根都在 S 的左半平面，相应的系统是稳定的。

2）如果劳斯表中第一列系数的符号有变化，其变化的次数等于该特征方程式的根在 S 的右半平面上的个数，相应的系统为不稳定。

5.2.3 稳态误差计算

在阶跃函数作用下没有稳态误差的系统称为无差系统，有稳态误差的系统称为有差系统。

1．稳态误差的定义

误差定义有两种形式。

1）从系统输出端来定义误差：

$$E(s)=R(s)-C(s)$$

式中，$R(s)$为系统输出量的希望值；$C(s)$为输出量的实际值。

2）从系统输入端来定义误差：

$$E(s)=R(s)-B(s)=R(s)-H(s)C(s)$$

式中，$R(s)$为系统的给定输入；$B(s)$为系统主反馈信号。通常 $H(s)$是测量装置的传递函数，它在系统中是可以测量的，因而具有实用性。

稳态系统误差信号的稳态分量称为系统的稳态误差，用 e_{ss} 表示。

$$e_{ss}(t)=\lim_{t\to\infty}e(t)$$

$$\Phi_e(s)\overset{\text{def}}{=}\frac{E(s)}{R(s)}=\frac{1}{1+H(s)G(s)}$$

$$E(s)=\Phi_e(s)R(s)=\frac{R(s)}{1+H(s)G(s)}$$

$$e_{ss}(\infty)=e_{ss}=\lim_{s\to 0}sE(s)=\lim_{s\to 0}\frac{sR(s)}{1+H(s)G(s)}$$

给定的稳定系统，当输入信号形式一定时，系统是否存在稳态误差，就取决于开环传递函数所描述的系统结构。

2．系统型别

$$G(s)H(s)=\frac{K\prod_{i=1}^{m}(\tau_i s+1)}{s^v\prod_{j=1}^{n-v}(T_j s+1)},\quad n\geqslant m$$

v 为系统中含有积分环节的个数，v=0 时称为 0 型系统，v=1 时称为 I 型系统，v=2 时称为Ⅱ型系统。v>2 时，也就是Ⅱ型以上的系统，实际上很难稳定。

稳态误差与系统型别 v、开环增益 K、输入信号 $R(s)$有关。

（1）阶跃信号输入

$$r(t)=R1(t),\quad R(s)=\frac{R}{s}$$

$$\begin{aligned}e_{ss}&=\lim_{s\to 0}sE(s)=\lim_{s\to 0}\frac{sR(s)}{1+G(s)H(s)}\\&=\lim_{s\to 0}\frac{R}{1+G(s)H(s)}=\frac{R}{1+\lim_{s\to 0}G(s)H(s)}\end{aligned}$$

$$K_p=\lim_{s\to 0}G(s)H(s)$$

$$e_{ss}=\frac{R}{1+K_p}$$

（2）斜坡信号输入

$$r(t)=Rt1(t),\qquad R(s)=\frac{R}{s^2}$$

$$e_{ss}=\lim_{s\to 0}sE(s)=\lim_{s\to 0}\frac{sR(s)}{1+G(s)H(s)}$$
$$=\lim_{s\to 0}\frac{R}{s+sG(s)H(s)}=\frac{R}{\lim\limits_{s\to 0}sG(s)H(s)}$$

$$e_{ss}=\frac{R}{K_v}$$

（3）加速度信号输入

$$r(t)=\frac{1}{2}Rt^2 1(t),\quad R(s)=\frac{R}{s^3}$$

$$e_{ss}=\lim_{s\to 0}sE(s)=\lim_{s\to 0}\frac{sR(s)}{1+G(s)H(s)}$$
$$=\lim_{s\to 0}\frac{R}{s^2+s^2G(s)H(s)}=\frac{R}{\lim\limits_{s\to 0}s^2G(s)H(s)}$$

$$K_a=\lim_{s\to 0}s^2G(s)H(s)$$

$$e_{ss}=\frac{R}{K_a}$$

不同系统型别的静态误差系数如表 5-1 所示。

表 5-1　不同系统型别的静态误差系数

误差系数 / 型别	K_P	K_v	K_a
0 型	K	0	0
Ⅰ型	∞	K	0
Ⅱ型	∞	∞	K

3．减小或消除稳态误差的措施

稳态误差是系统控制精度的度量，也是系统的一个重要性能指标。系统的稳态误差既与其结构和参数有关，也与控制信号的形式、大小和作用点有关。

系统的稳态精度与动态性能在对系统的类型和开环增益的要求上是相矛盾的。解决这一矛盾的方法，除了在系统中设置校正装置外，还可用前馈补偿的方法来提高系统的稳态精度。

提高系统的开环增益和增加系统的型别是减小和消除系统稳态误差的有效方法。另外，顺馈控制作用能够实现既减小系统的稳态误差，又能保证系统稳定性不变的目的。

5.2.4 MATLAB 在稳定性分析中的应用

应用 MATLAB 求根命令 roots 可以直接求取系统所有零极点并判断系统的稳定性。或者应用[rtab,msg]=routh(den)命令构造系统的 routh 表，其中 rtab 为系统的 routh 表矩阵。

【例 5-5】 已知系统的闭环传递函数为

$$G(s)=\frac{9}{s^2+5\zeta s+9}$$

其中 ζ=0.5，求二阶系统的单位阶跃响应和单位斜坡响应。

解： MATLAB 程序如下所示。

```
zeta=0.5;num=[9];den=[1 5*zeta 9];
sys=tf(num,den);                                    %建立闭环传递函数模型
p=roots(den)                                        %计算系统特征根判别系统稳定性
t=0：0.01：3;                                       %设定仿真时间为 3s
figure(1)
step(sys,t);grid                                    %求取系统的单位阶跃响应
xlabel('t');ylabel('c(t)');title('step response');
figure(2)
u=t;                                                %定义输入斜坡信号
lsim(sys,u,t,0);grid                                %求取系统的单位斜坡响应
xlabel('t');ylabel('c(t)');title('ramp response');
```

运行结果如下：

```
p =
   -2.0000 + 2.2361i
   -2.0000 - 2.2361i
```

通过系统特征根可以判断系统是否稳定。由 MATLAB 运行得到的单位阶跃响应曲线如图 5-10 所示，单击鼠标可得系统的各项性能指标。

```
zeta=0.5;num=[9];den=[1 5*zeta 9];
sys=tf(num,den);                            %建立闭环传递函数模型
p=roots(den)                                %计算系统特征根判别系统稳定性
t=0:0.01:3;                                 %设定仿真时间为 3s
figure(2)
u=t;                                        %定义输入斜坡信号
lsim(sys,u,t,0);grid                        %求取系统的单位斜坡响应
xlabel('t');ylabel('c(t)');title('ramp response');
```

MATLAB 运行得到的单位斜坡响应如图 5-11 所示。若例题中 ζ=0.707，系统性能又将如何变化，读者不妨一试.

【例 5-6】 系统传递函数为

$$G(s)=\frac{20}{s^2+4s+20}$$

利用 MATLAB 实现：① 分析系统的稳定性并绘制阶跃响应曲线。② 计算系统的稳态误差。

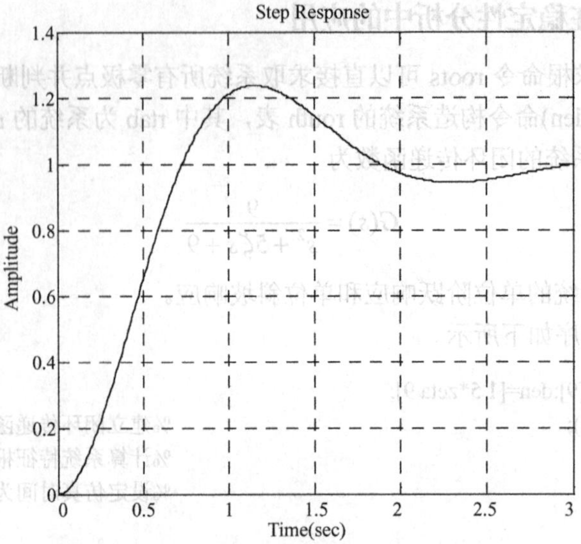

图 5-10　单位阶跃响应曲线

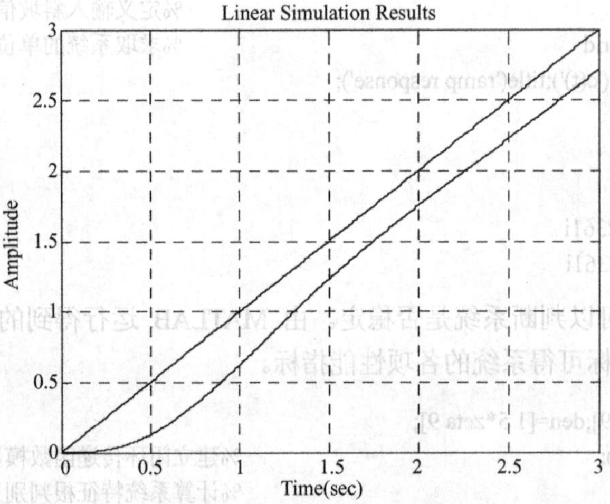

图 5-11　单位斜坡响应曲线

解：

① MATLAB 程序如下所示。

```
num=[20];
den=[1 4 20];                    %闭环系统传递函数分母多项式系数
roots(den)                       %求闭环系统特征多项式的根
sys=tf(num,den);                 %建立传递函数模型
pzmap(sys);                      %绘制零极点图
grid on                          %在图像中显示网格线
```

运行结果如下：

```
ans =
```

```
-2.0000 + 4.0000i
-2.0000 - 4.0000i
```

通过运行结果看出系统特征根均具有负实部，因此，闭环系统是稳定的。系统零极点分布如图 5-12 所示，极点（图中如“×”所示）都在左半平面，因此系统稳定。

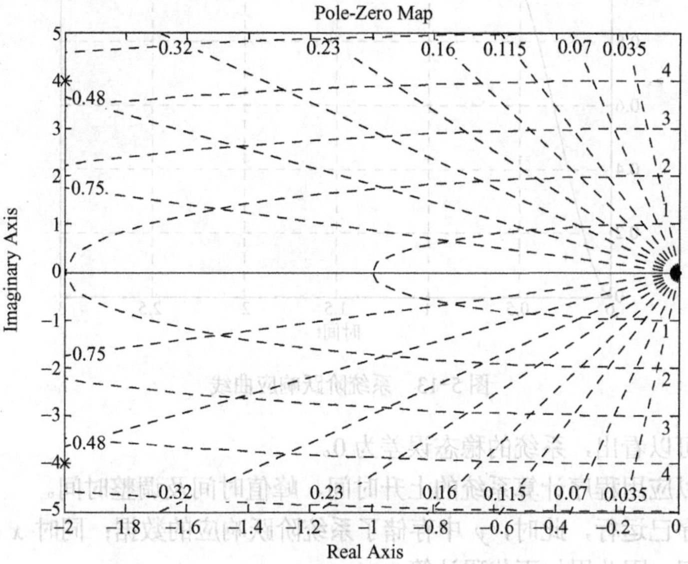

图 5-12　零极点分布图

求阶跃响应曲线：

MATLAB 程序如下所示。

```
num=[20];
den=[1 4 20];
[y,t,x]=step(num,den);
plot(x,y);
grid on
xlabel('时间 t'); ylabel('y');
title('系统阶跃响应曲线');
```

运行结果如图 5-13 所示。

② 响应曲线中可以看出，系统的稳态值为 1。

利用以下程序求出系统的超调量：

```
%计算系统的超调量
y_stable=1;                          %系统稳态值为 1
max_y=max(y);                        %闭环系统阶跃响应的最大值
sigma=(max_y-y_stable)/y_stable      %阶跃响应的超调量
```

运行结果如下：

```
sigma =
    0.2076
```

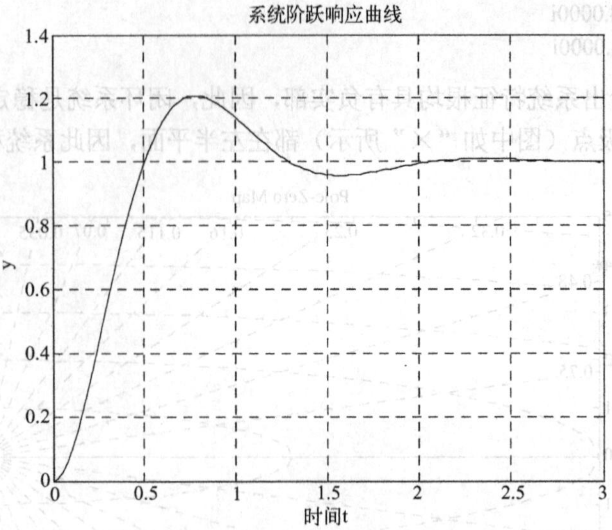

图 5-13　系统阶跃响应曲线

由运行结果可以看出，系统的稳态误差为 0。

同时，还可以应用程序计算系统的上升时间、峰值时间及调整时间。

由于上述程序已运行，此时，y 中存储了系统阶跃响应的数据；同时 x 中存放了其中每个数据对应的时间，因此用如下代码计算：

```
%计算系统的上升时间
for i=1:length(y)
   if y(i)>y_stable
        break;
   end
end
tr=x(i)                                   %tr 为阶跃响应的上升时间
%计算峰值时间
[max_y,index]=max(y);
tp=x(index)                               %tp 为阶跃响应的峰值时间
%计算系统的调整时间--取误差带为 2%
for i=1:length(y)
   if max(y(1:length(y)))<=1.02*y_stable
        if min(y(1:length(y)))>=0.98*y_stable
        break;
          end
   end
end
ts=x(i)                                   %ts 为阶跃响应的调整时间
```

运行结果如下：

```
tr =
     0.5245
tp =
```

```
    0.7730
ts =
    2.9816
```

即上升时间为 0.5245s，峰值时间为 0.7730s，系统在 2.9816s 后进入稳态。

【例 5-7】 某系统传递函数为

$$G(s)=\frac{s^3+5s^2+20s+20}{s^4+10s^3+25s^2+60s+20}$$

应用 routh 判据判断系统稳定性。

解：MATLAB 程序如下所示。

```
den=[1 10 25 60 20];
[rtab,msg]=routh(den)          %利用 routh()函数判断其稳定性
```

运行结果如下：

```
rtab =
    1.0000    25.0000    20.0000
   10.0000    60.0000          0
   19.0000    20.0000          0
   49.4737          0          0
   20.0000          0          0
```

运行结果可以看出，routh 表第一列没有符号的变化，所以系统是稳定的。

注：上述 routh()函数并非 MATLAB 自带，因此需要自行编写函数代码如下所示。

```
function [rtab,info]=routh(den)
info=[];
vec1=den(1：2：length(den)); nrT=length(vec1);
vec2=den(2：2：length(den)-1);
rtab=[vec1; vec2, zeros(1,nrT-length(vec2))];
for k=1：length(den)-2,
    alpha(k)=vec1(1)/vec2(1);
    for i=1：length(vec2),
        a3(i)=rtab(k,i+1)-alpha(k)*rtab(k+1,i+1);
    end
    if sum(abs(a3))= =0
        a3=polyder(vec2);
        info=[info,'All elements in row ',...
                int2str(k+2) ' are zeros;'];
    elseif abs(a3(1))<eps
        a3(1)=1e-6;
        info=[info,'Replaced first element;'];
    end
    rtab=[rtab; a3, zeros(1,nrT-length(a3))];
    vec1=vec2; vec2=a3;
end
```

【例 5-8】 已知单位负反馈控制系统的开环传递函数为

$$G_0(s)=\frac{2(s+25)}{s(s+5)(s+7)(s+3)}$$

试用 MATLAB 编写程序判断此闭环系统的稳定性，并绘制闭环系统的零极点图。

解：MATLAB 程序如下所示。

```
z=-25;p=[0,-5,-7,-3];k=2;
Go=zpk(z,p,k);
Gc=feedback(Go,1);
Gctf=tf(Gc);
dc=Gctf.den{1};
dens=poly2str(dc,'s')          %dens 是系统的特征多项式
```

运行结果如下：

```
dens =
    s^4 + 15 s^3 + 71 s^2 + 107 s + 50
%接着输入如下程序
        den=[1 15 71 107 50]
        p=roots(den)
        pzmap(Gctf)
        grid
```

运行后，输出结果如下：

```
p =
   -6.3994 + 0.8210i
   -6.3994 - 0.8210i
   -1.2012
   -1.0000
```

可见，系统只有负实部的特征根，因此闭环系统是稳定的。
同时，系统的零极点图如图 5-14 所示。

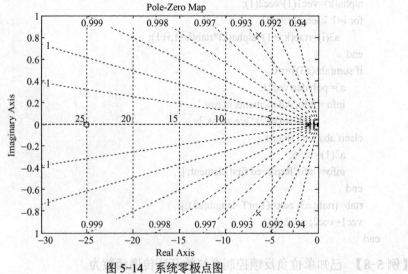

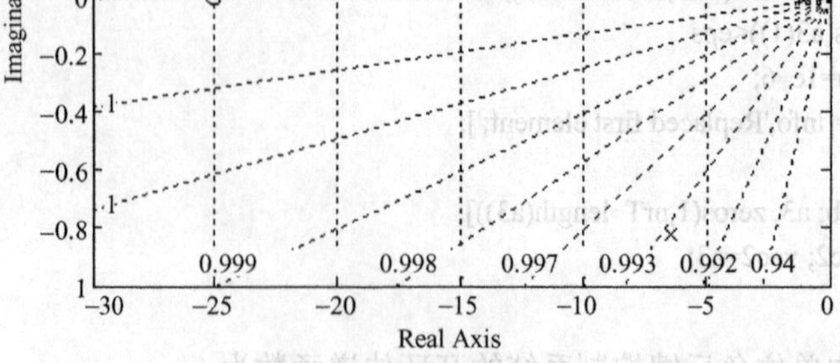

图 5-14　系统零极点图

5.3 根轨迹分析

5.3.1 幅值条件和相角条件

1. 根轨迹基本概念

根轨迹法是一种图解方法，它是经典控制理论中对系统进行分析和综合的基本方法之一。由于根轨迹图直观地描述了系统特征方程的根（即系统的闭环极点）在 S 平面上的分布，因此，用根轨迹法分析自动控制系统十分方便，特别是对于高阶系统和多回路系统，应用根轨迹法比用其他方法更为方便，因此在工程实践中获得了广泛应用。

当系统某一参数（K 或 T）由 0→∞变化时，闭环特征根在 S 平面上变化的轨迹称为根轨迹。研究根轨迹的目的是分析系统的各种性能。

2. 绘制根轨迹的依据

系统的特征方程为

$$1+G(s)H(s)=0$$

$$G(s)H(s)=-1$$

当系统有 m 个开环零点和 n 个开环极点时，设系统的开环传递函数为

$$G(s)H(s)=K^*\frac{\prod_{i=1}^{m}(s-z_i)}{\prod_{j=1}^{n}(s-p_j)}$$

特征方程可写成

$$K^*\frac{\prod_{i=1}^{m}(s-z_i)}{\prod_{j=1}^{n}(s-p_j)}=-1$$

称为根轨迹方程。根轨迹方程是一个向量方程，满足幅值条件的表达式为

$$K^*\frac{\prod_{i=1}^{m}|s-z_i|}{\prod_{j=1}^{n}|s-p_j|}=1$$

满足相角条件的表达式为

$$\sum_{i=1}^{m}\angle(s-z_i)-\sum_{j=1}^{n}\angle(s-p_j)=(2k+1)\pi,\quad (k=0,\ \pm1,\ \pm2,\cdots)$$

通常，我们把以开环根轨迹增益 K^* 为可变参数绘制的根轨迹叫做常规根轨迹（或一般根轨迹）。

5.3.2 绘制根轨迹的一般法则

【法则 1】 根轨迹起于开环极点，终于开环零点。

【法则 2】 根轨迹分支数等于有限极点数 n 并对称于实轴。

根轨迹的分支数即根轨迹的条数。既然根轨迹是描述闭环系统特征方程的根（即闭环极点）在 S 平面上的分布，那么，根轨迹的分支数就应等于系统特征方程的阶数。

【法则 3】 根轨迹渐近线：当开环有限极点数 n 大于有限零点数 m 时，有 $n-m$ 条根轨迹分支沿着与实轴交角为 φ_a，交点为 σ_a 的一组渐近线趋向无穷远处，且有

$$\varphi_a = \frac{(2k+1)\pi}{n-m} \quad (k = 0,1,2,\dots,n-m-1)$$

$$\sigma_a = \frac{\sum_{j=1}^{n} p_j - \sum_{i=1}^{m} z_i}{n-m}$$

【法则 4】 实轴上根轨迹：实轴上的某一区域，若其右边开环实数零极点个数之和为奇数，则该区域必是根轨迹。

【法则 5】 根轨迹的分离点：两条或两条以上根轨迹分支在 S 平面上相遇又立即分开的点，称为根轨迹的分离点。

1）如实轴上相邻两极点间有根轨迹，一定有分离点。

2）如实轴上相邻两零点间有根轨迹，一定有汇合点。

3）如实轴上相邻零极点间有根轨迹，可能有分离点，汇合点或不存在或同时存在。

$$\sum_{i=1}^{m} \frac{1}{d-z_i} = \sum_{j=1}^{n} \frac{1}{d-p_j}$$

【法则 6】 根轨迹的起始角和终止角。

起始角：

$$\theta_{p_i} = (2k+1)\pi + \sum_{j=1}^{m} \varphi_{z_j p_i} - \sum_{\substack{i=1 \\ i \neq j}}^{n} \theta_{p_j p_i}$$

终止角：

$$\varphi_{z_i} = (2k+1)\pi - \left(\sum_{\substack{j=1 \\ j \neq i}}^{m} \varphi_{z_j z_i} - \sum_{j=1}^{n} \theta_{p_j z_i} \right)$$

【法则 7】 根轨迹与虚轴的交点：若根轨迹与虚轴相交，则交点上的 K 值和 ω 值可用劳斯判据确定，也可令闭环特征方程中的 $s=\mathrm{j}\omega$，然后分别令其实部和虚部为零而求得。

【法则 8】 根之和：系统的闭环特征方程在 $n-m \geqslant 2$ 时，无论 K^* 取何值，开环 n 个极点之和总是等于闭环特征方程 n 个根之和。

$$\sum_{i=1}^{n} s_i = \sum_{i=1}^{n} p_i$$

5.3.3 广义根轨迹

在负反馈系统中，K^*变化时的根轨迹叫做常规根轨迹。其他情况下的根轨迹称为广义根轨迹。通常有参数根轨迹和零度根轨迹。

变化的参数不是开环根轨迹增益 K^*的根轨迹叫参数根轨迹。将开环传递函数变形并让变化的参数处于开环增益的位置就可以采用绘制常规根轨迹时的法则。

绘制参数根轨迹的步骤：

① 列出系统的闭环特征方程。

② 以特征方程中不含参变量的各项除特征方程，得到等效的系统根轨迹方程。该参变量称为等效系统的根轨迹增益。

③ 用已知的方法绘制等效系统的根轨迹，即为原系统的参变量根轨迹。

5.3.4 根轨迹分析相关的 MATLAB 函数

根轨迹法是求解闭环系统特征方程的根（即闭环极点）的一种图解方法。应用根轨迹法可以在已知系统开环零极点的情况下绘制出闭环极点在 S 平面上随某一参数变化时运动的轨迹。由于闭环极点决定闭环系统的稳定性及主要动态性能，因此根轨迹法是分析和设计线性定常系统有效的方法。根据基本绘制法则，我们可以迅速画出近似的根轨迹图，形象直观地反映系统参数变化对闭环根分布及系统性能的影响。在根轨迹法中，通常选取开环放大倍数 K 或者根轨迹增益 K^*作为可变参数。

MATLAB 中提供了绘制根轨迹的相关函数，使我们在绘制根轨迹时更加方便快捷。

1．pzmap()

功能：绘制系统零极点图。

常用调用格式有如下几个。

pzmap(p,z)：绘制 LTI 系统的零极点图。

pzmap(num,den)：计算 LTI 系统的零极点。

[p,z]=pzmap(num,den)：返回系统零极点位置数据。

2．rlocus()

功能：绘制系统根轨迹图。

常用调用格式有如下几个。

rlocus(num,den)：计算并绘制 SISO 系统的根轨迹。

rlocus(num,den, k)：绘制指定增益 k 时的系统根轨迹。

rlocus(sys1,sys2, …)：复平面上同时绘制多个 SISO 系统的根轨迹。

3．rlocfind()

功能：计算给定一组根的根轨迹增益。

常用调用格式有如下几个。

rlocfind()：计算与根轨迹极点相对应的根轨迹增益。

[k,poles]=rlocfind(num,den)：在以传递函数表示的系统根轨迹图上选取轨迹。

[k,poles]=rlocfind(num,den,p)：指定要得到增益的向量（闭环极点）$\boldsymbol{P}$，并计算相应位置上的根轨迹增益。

4．sgrid()

功能：连续系统根轨迹图上加等阻尼线和等自然振荡角频率线。

常用调用格式有如下几个。

sgrid()：在连续系统根轨迹或者零极点图上绘制栅格线，栅格线由等阻尼线和自然振荡角频率构成。

sgrid(z,wn)：指定阻尼系数 z 与自然振荡角频率 w_n。

5．zgrid()

功能：离散系统根轨迹图上加等阻尼线和等自然振荡角频率线。

常用调用格式有如下几个。

zgrid()：在离散系统根轨迹或者零极点图上绘制栅格线，栅格线由等阻尼线和自然振荡角频率构成。

zgrid(z,wn)：指定阻尼系数 z 与自然振荡角频率 w_n。

5.3.5 MATLAB 在绘制根轨迹图中的应用

【例 5-9】 已知某单位负反馈系统的开环传递函数为

$$G(s)=\frac{K(s+6)}{(s+1)(s+5)(s+10)}$$

应用 MATLAB 绘制系统的根轨迹，并在根轨迹图上任选一点，计算该点的增益 K 及其所有极点的位置。

解：MATLAB 程序如下所示。

```
num=[1,6];
den=conv([1,1],conv([1,5],[1,10]));
sys=tf(num,den)                    %建立传递函数模型
rlocus(sys)                        %绘制根轨迹图
[k,poles]=rlocfind(sys)            %计算所选定的点处的增益和其他闭环极点
title('Root Locus')
```

运行结果如下：

```
Select a point in the graphics window    %用十字形光标提示在图形窗口的根轨迹上选择一点
selected_point =%选择的点如下
   -4.7630 + 7.0342i
%计算出该点对应的增益 K 和 K 值下的其他极点
k =
    68.9407
poles =
   -4.8035 + 7.0320i
   -4.8035 - 7.0320i
   -6.3931
```

运行程序其根轨迹如图 5-15 所示。

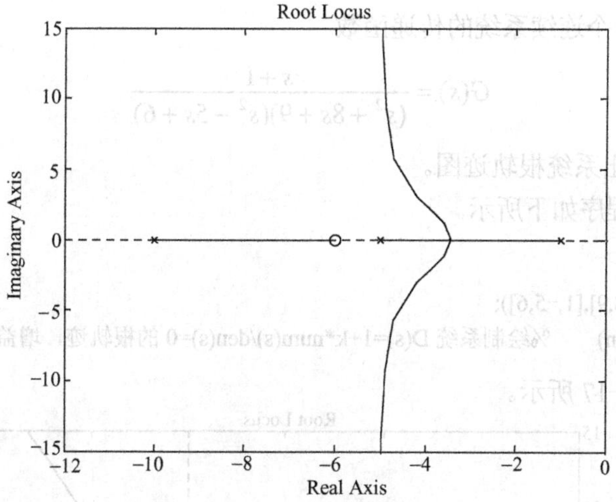

图 5-15　根轨迹图

【例 5-10】 已知某单位负反馈系统的开环传递函数为

$$G(s)=\frac{5s+1}{s(s+1)(2s+1)}\mathrm{e}^{-s}$$

试用 MATLAB 绘制时延系统的根轨迹图。

解：MATLAB 程序如下所示。

```
num=[5 1];
den=conv([1,0],conv([1,1],[2,1]));
sys1=tf(num,den)
[np,dp]=pade(1,3);              %对实验环节进行 pade 近似
sys=sys1*tf(np,dp)              %建立传递函数
rlocus(sys)                     %绘制根轨迹图
title('时延系统的根轨迹图')
```

运行输出结果如图 5-16 所示。

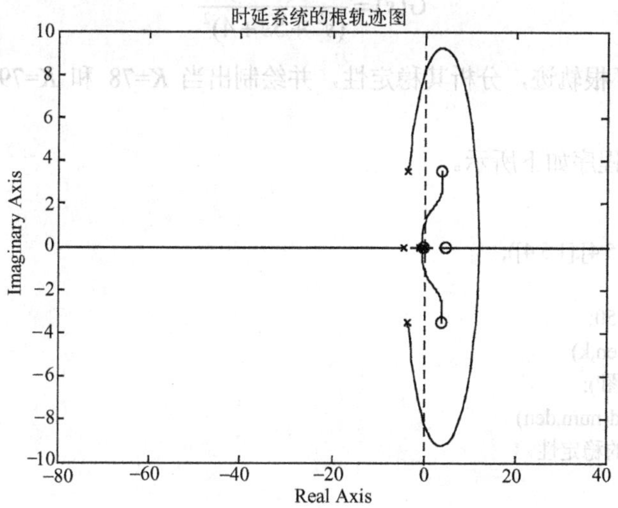

图 5-16　时延系统根轨迹

【例 5-11】 有一个连续系统的传递函数

$$G(s)=\frac{s+1}{(s^2+8s+9)(s^2-5s+6)}$$

应用 MATLAB 绘制出系统根轨迹图。

解：MATLAB 程序如下所示。

```
Num =[1 1];
den=conv([1,8,9],[1,-5,6]);
rlocus(num,den)      %绘制系统 D(s)=1+k*num(s)/den(s)=0 的根轨迹，增益 K 自动选取
```

运行结果如图 5-17 所示。

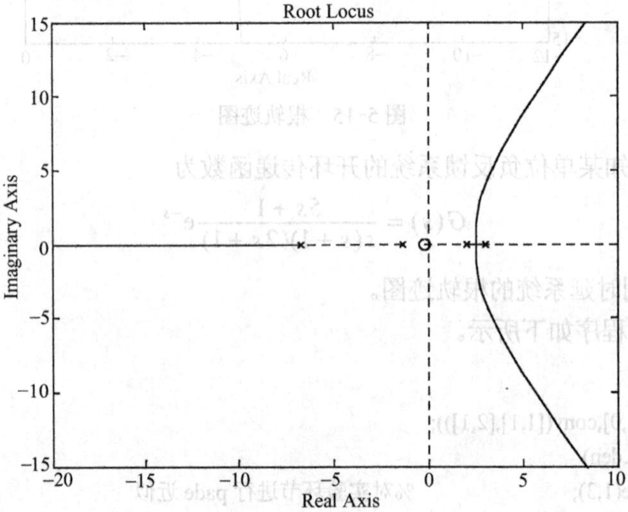

图 5-17　根轨迹图

【例 5-12】 已知开环传递函数如下：

$$G(s)=\frac{K(s+3)}{(s^2+5s+4)^2}$$

试绘制该系统的闭环根轨迹，分析其稳定性，并绘制出当 K=78 和 K=79 时系统的闭环冲激响应。

解：MATLAB 程序如下所示。

```
num=[1 3];
den=conv([1 5 4],[1 5 4]);
figure(1)
k=0：0.1：150;
rlocus(num,den,k)
title('根轨迹图');
[k,p]=rlocfind(num,den)
%检验系统的稳定性
figure(2)
k=78;
```

```
num1=k*[1 3];
den1=conv([1 5 4],[1 5 4]);
[num,den]=cloop(num1,den1,−1);
impulse(num,den)
title('冲激响应(K=78)')
%检验系统的稳定性
figure(3)
k=79;
num1=k*[1 3];
den1=conv([1 5 4],[1 5 4]);
[num,den]=cloop(num1,den1,−1);
impulse(num,den)
title('冲激响应(K=79)')
```

接着，系统要求在根轨迹上用鼠标输入要标示的增益和相应的闭环极点，执行后得到的结果如下：

```
Select a point in the graphics window
selected_point =
    0.0036 + 3.4455i
k =
    78.6073
p =
   −6.9602
    0.0043 + 3.4451i
    0.0043 − 3.4451i
   −3.0483
```

这里利用 rlocfind()函数得到根轨迹与虚轴的交点，并求得交点处 K=78.6073，也就是说，当 K<78.6073 时，闭环系统稳定，K>78.6073 时，闭环系统不稳定。这也可以从该系统的闭环冲激响应看出，分别取 K=78 和 K=79，绘制出该系统的闭环冲激响应如图 5-18 与图 5-19 所示。

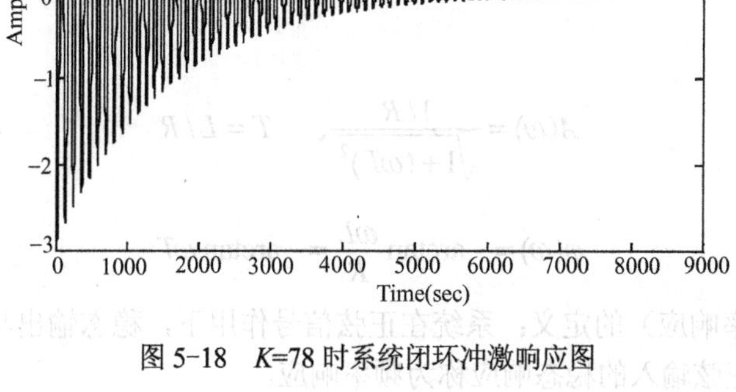

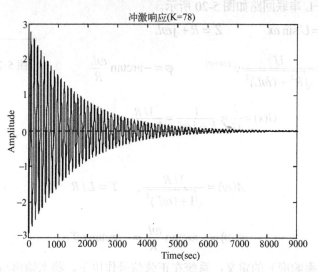

图 5-18　K=78 时系统闭环冲激响应图

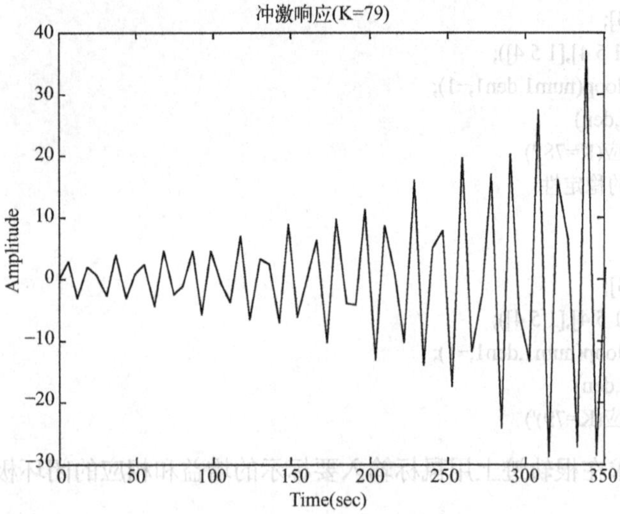

图 5-19　*K*=79 时系统闭环冲激响应图

5.4 频域分析

5.4.1 频率特性

控制系统的频域分析法是应用频率特性研究自动控制系统的一种经典图解方法，其特点是可以通过实验直接求出频率特性来分析系统的各项品质，因此在工程领域应用广泛，并可以推广应用于某些非线性系统的分析。频域分析中的信号可以表示为不同频率正弦信号的合成，控制系统的频率特性反映正弦信号作用下系统响应的性能。

1．频率特性的定义

【例 5-13】 R-L 串联回路如图 5-20 所示。

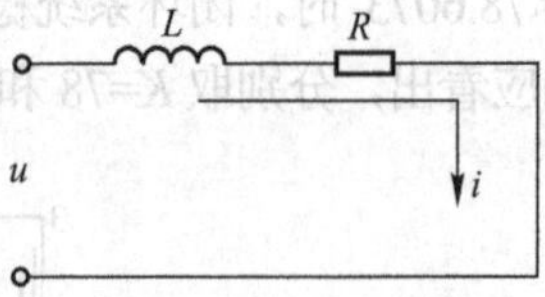

图 5-20　R-L 串联回路

$$u = U\sin\omega t \qquad Z = R + \mathrm{j}\omega L$$

$$\dot{I} = \frac{\dot{U}}{R+\mathrm{j}\omega L} = \frac{U}{\sqrt{R^2+(\omega L)^2}}\mathrm{e}^{\mathrm{j}(\omega t+\varphi)} \qquad \varphi = -\arctan\frac{\omega L}{R}$$

$$G(s) = \frac{\dot{I}}{\dot{U}} = \frac{1}{R+\mathrm{j}\omega L} = \frac{1/R}{1+\mathrm{j}\omega T} = \frac{1/R}{\sqrt{1+(\omega T)^2}}\mathrm{e}^{\mathrm{j}\varphi}$$

其中，

$$A(\omega) = \frac{1/R}{\sqrt{1+(\omega T)^2}}, \qquad T = L/R$$

$$\varphi(\omega) = -\arctan\frac{\omega L}{R} = -\arctan\omega T$$

频率特性（频率响应）的定义：系统在正弦信号作用下，稳态输出与输入之比相对频率的关系，即系统对正弦输入的稳态响应称为频率响应。

频率特性的定义式为

$$G(\mathrm{j}w)=\frac{C(\mathrm{j}\omega)}{R(\mathrm{j}\omega)}=A(\omega)\mathrm{e}^{\mathrm{j}\varphi(\omega)}$$

频率特性与传递函数的关系：

$$G(\mathrm{j}\omega)=G(s) \qquad s=\mathrm{j}\omega$$

2．频率特性的表示方法

频率特性是与ω有关的复数，通常有三种表达形式：

1）代数形式：

$$G(\mathrm{j}\omega)=P(\omega)+\mathrm{j}Q(\omega)$$

2）三角形式：

$$G(\mathrm{j}\omega)=A(\omega)\cos\varphi(\omega)+\mathrm{j}A(\omega)\sin\varphi(\omega)$$

3）指数形式：

$$G(\mathrm{j}\omega)=A(\omega)\mathrm{e}^{\mathrm{j}\varphi(\omega)}$$

设系统或环节的传递函数为

$$G(s)=\frac{b_0s^m+b_1s^{m-1}+...+b_m}{a_0s^n+a_1s^{n-1}+...+a_n}$$

令 s=jω，可得系统或环节的频率特性：

$$G(j\omega)=\frac{b_0(\mathrm{j}\omega)^m+b_1(\mathrm{j}\omega)^{m-1}+...+b_m}{a_0(\mathrm{j}\omega)^n+a_1(\mathrm{j}\omega)^{n-1}+...+a_n}=P(\omega)+\mathrm{j}Q(\omega)$$

这就是系统频率特性的代数形式，其中，$P(\omega)$是频率特性的实部，称为实频特性，$Q(\omega)$为频率特性的虚部，称为虚频特性。

将上式表示成指数形式：

$$G(\mathrm{j}\omega)=\sqrt{P^2(\omega)+Q^2(\omega)}\mathrm{e}^{\mathrm{j}\varphi(\omega)}=A(\omega)\mathrm{e}^{\mathrm{j}\varphi(\omega)}$$

$$A(\omega)=\sqrt{P^2(\omega)+Q^2(\omega)}$$

$$\varphi(\omega)=\arctan\frac{P(\omega)}{Q(\omega)}$$

其中，$A(\omega)$为频率特性的模，即幅频特性。$\varphi(\omega)$为频率特性的幅角或相位移，即相频特性。

3．频率特性的几何表示法

（1）奈氏图（又称为极坐标图或幅相特性曲线）

奈氏曲线的特点是将ω看成参变量，当ω从$0\to\infty$变化时，将频率特性的幅频和相频特性或者将实频和虚频特性同时表示在复数平面上。

（2）Bode 图（对数坐标图）

Bode 图又称为对数频率特性图，是由对数幅频曲线和对数相频曲线两条曲线组成。其

横坐标是ω，采用对数 $\lg\omega$ 分度，虽然横坐标以 $\lg\omega$ 线性分度，但是对于ω却是非线性分度的。纵坐标表示对数幅频特性的函数值，按照 $20\lg A(\omega)=20\lg|G(j\omega)|$均匀线性分度。

$$G(j\omega)=\sqrt{P^2(\omega)+Q^2(\omega)}e^{j\varphi(\omega)}=A(\omega)e^{j\varphi(\omega)}$$

定义：

$$\begin{cases}L(\omega)=20\lg A(\omega)，单位为dB\\ \varphi(\omega)=\varphi(\omega)，单位为°或 rad\end{cases}$$

Bode 图横纵坐标的对数分度如图 5-21 所示。

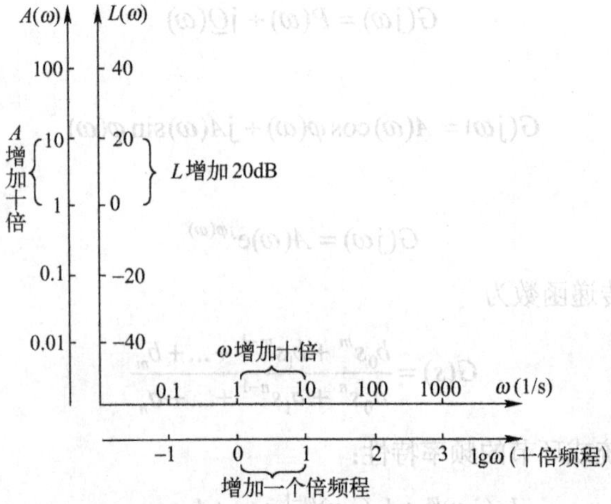

图 5-21　坐标的对数分度图

Bode 图的优点：

1）高频部分横坐标得到了压缩，低频部分相对展宽，扩大了频率的分析范围，同时也可以在一幅图上观察低频段的微小变化。

2）简化运算。将对数幅频的乘法运算取对数后变为加法运算。

3）叠加作图。对数频率特性可以用分段直线的渐近线表示，因此在进行叠加作图时只需要在直线斜率变化时修正直线的斜率即可。

（3）对数幅相频率特性（尼氏图）

对数幅相频率特性将对数幅频特性和对数相频特性绘在一个平面上，以对数幅值作纵坐标（单位为分贝）、以相位移作横坐标（单位为度）、以频率为参变量。这种图称为对数幅相频率特性，也称为尼柯尔斯图，或尼氏图。

5.4.2　典型环节频率响应分析

1．典型环节的频率特性及系统开环频率特性的绘制

（1）比例环节

传递函数：

$$G(s)=K$$

频率特性：

1） $G(\mathrm{j}\omega)=K$ 。

2） $\begin{cases}L(\omega)=20\lg A(\omega)=20\lg K\\ \varphi(\omega)=0\end{cases}$ 。

Bode 图如图 5-22 所示。

（2）惯性环节

传递函数：

$$G(s)=\frac{1}{1+Ts}$$

频率特性：

1） $G(\mathrm{j}\omega)=\dfrac{1}{1+\mathrm{j}\omega T}$

$=\dfrac{1}{\sqrt{1+T^2\omega^2}}\mathrm{e}^{-\mathrm{j}\arctan T\omega}$ 。

2） $\begin{cases}L(\omega)=20\lg A(\omega)=20\lg\dfrac{1}{\sqrt{1+T^2\omega^2}}=-20\lg\sqrt{1+T^2\omega^2}\\ \varphi(\omega)=-\arctan T\omega\end{cases}$ 。

Bode 图如图 5-23 所示。

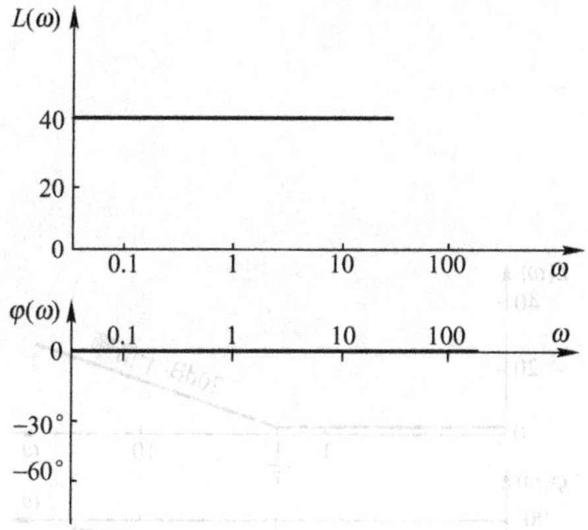

图 5-22　比例环节 Bode 图

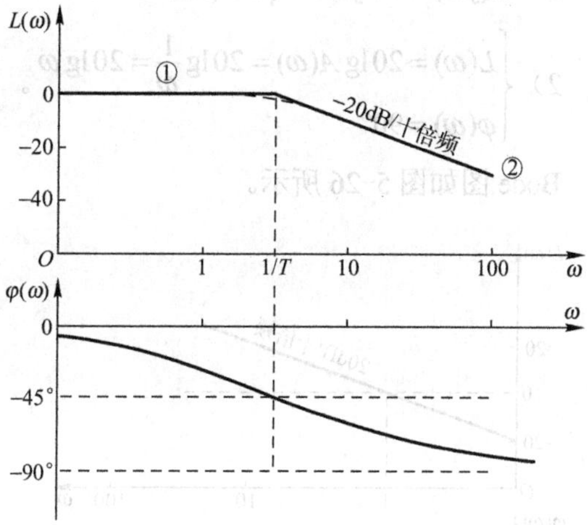

图 5-23　惯性环节 Bode 图

（3）积分环节

传递函数：

$$G(s)=\frac{1}{s}$$

频率特性：

1） $G(\mathrm{j}\omega)=\dfrac{1}{\mathrm{j}\omega}=\dfrac{1}{\omega}\mathrm{e}^{-\mathrm{j}\frac{\pi}{2}}$ 。

2） $\begin{cases} L(\omega)=20\lg A(\omega)=20\lg\dfrac{1}{\omega}=-20\lg\omega \\ \varphi(\omega)=-90^\circ \end{cases}$。

Bode 图如图 5-24 所示。

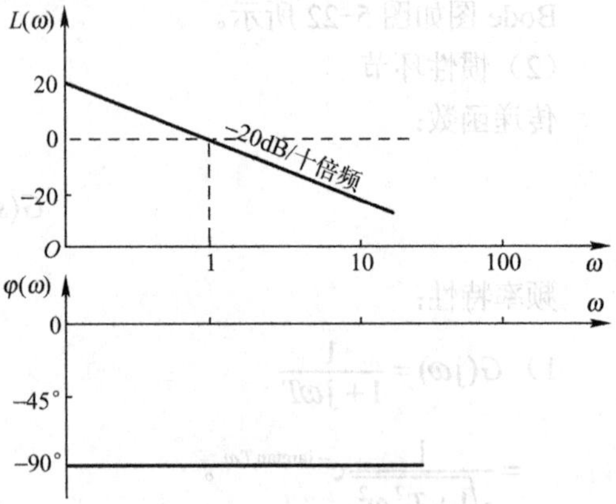

图 5-24　积分环节 Bode 图

（4）微分环节

传递函数：

$$G(s)=s$$

频率特性：

1） $G(\mathrm{j}\omega)=\mathrm{j}\omega=\omega\mathrm{e}^{\mathrm{j}\frac{\pi}{2}}$。

2） $\begin{cases} L(\omega)=20\lg A(\omega)=20\lg\dfrac{1}{\omega}=20\lg\omega \\ \varphi(\omega)=90^\circ \end{cases}$。

Bode 图如图 5-25 所示。

（5）一阶微分环节

传递函数：

$$G(s)=1+\tau s$$

频率特性：

1） $G(\mathrm{j}\omega)=1+\mathrm{j}\tau\omega=\sqrt{1+(\tau\omega)^2}\,\mathrm{e}^{\mathrm{j}\tau\omega}$。

2） $\begin{cases} L(\omega)=20\lg A(\omega)=20\lg\dfrac{1}{\omega}=20\lg\omega \\ \varphi(\omega)=90^\circ \end{cases}$。

Bode 图如图 5-26 所示。

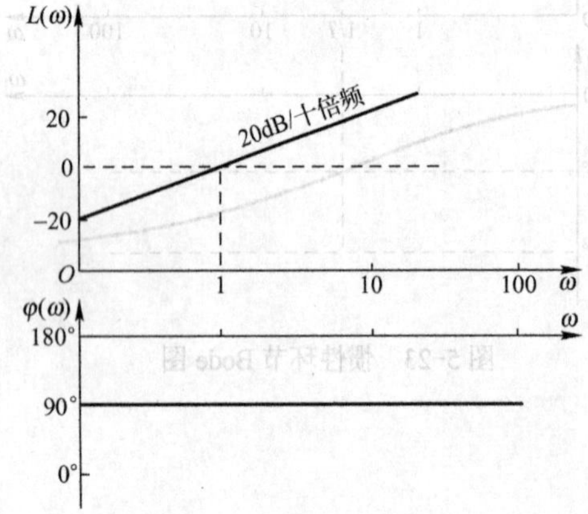

图 5-25　微分环节 Bode 图

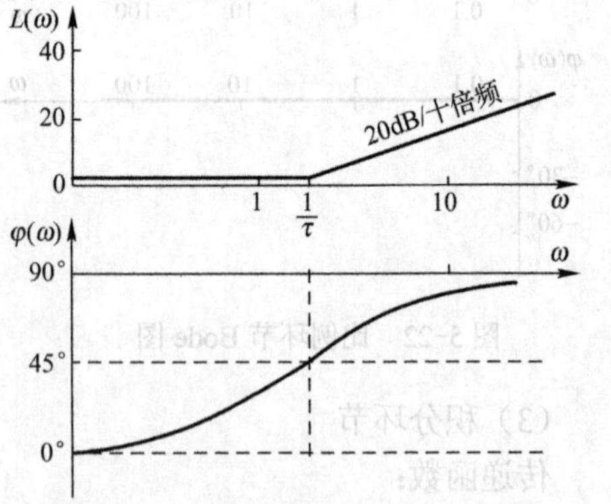

图 5-26　一阶微分环节 Bode 图

（6）振荡环节

传递函数：

$$G(s)=\frac{1}{T^2s^2+2\xi Ts+1}$$

频率特性：

1） $G(\mathrm{j}\omega)=\dfrac{1}{1+2\zeta T\mathrm{j}\omega-T^2\omega^2}=\dfrac{1}{\sqrt{(1-T^2\omega^2)^2+(2\zeta T\omega)^2}}\mathrm{e}^{-\arctan\left(\frac{2\zeta T\omega}{1-T^2\omega^2}\right)}$

2） $\begin{cases}L(\omega)=20\lg A(\omega)\\ \quad\;=20\lg1-20\lg\sqrt{(1-T^2\omega^2)^2+(2\zeta T\omega)^2}\\ \varphi(\omega)=-\arctan\left(\dfrac{2\zeta T\omega}{1-T^2\omega^2}\right)\end{cases}$

Bode 图如图 5-27 所示。

（7）时滞环节

传递函数：

$$G(s)=\mathrm{e}^{-\tau s}$$

频率特性：

1） $G(\mathrm{j}\omega)=\mathrm{e}^{-\mathrm{j}\tau\omega}$

2） $\begin{cases}L(\omega)=20\lg A(\omega)=0\mathrm{dB}\\ \varphi(\omega)=-\tau\omega\end{cases}$

Bode 图如图 5-28 所示。

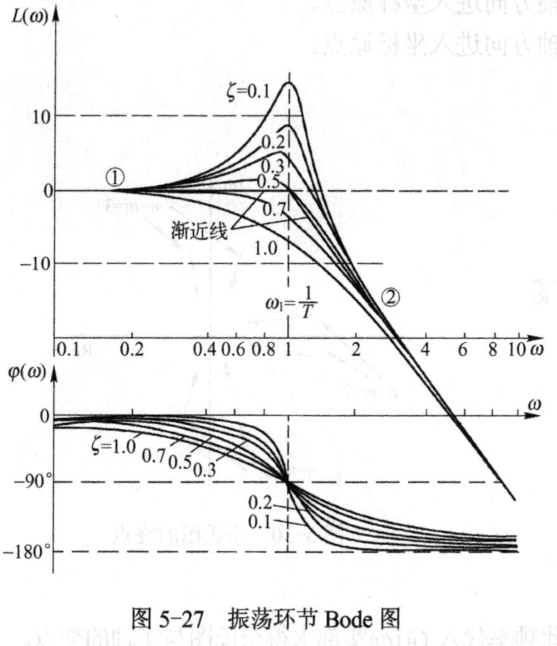

图 5-27　振荡环节 Bode 图

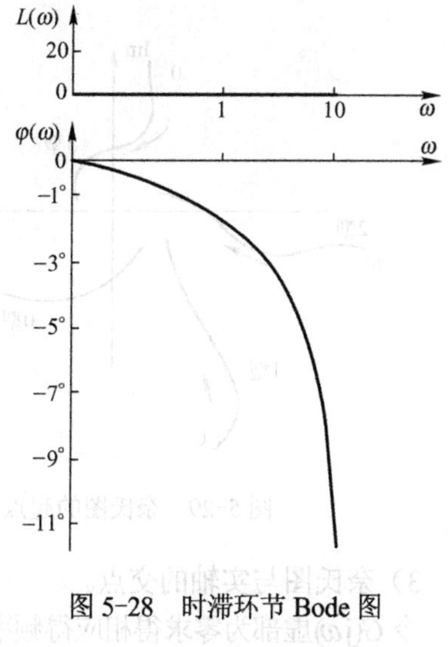

图 5-28　时滞环节 Bode 图

（8）最小相位环节

“最小相位”是指具有相同幅频特性的一些环节，其中相角位移有最小可能值的，称为最小相位环节；反之，其中相角位移大于最小可能值的环节称为非最小相位环节；后者常在传递函数中包含右半 S 平面的零点或极点。

2．系统开环频率特性

（1）奈氏图求取

将开环传递函数表示为时间常数表达形式：

$$G(s)=K\frac{\prod_{i=1}^{m}(1+\tau_i s)}{s^{\nu}\prod_{j=1}^{n-\nu}(1+T_j s)}=\frac{b_0 s^m+b_1 s^{m-1}+\cdots+b_{m-1}s+b_m}{a_0 s^n+a_1 s^{n-1}+\cdots+a_{n-1}s+a_n}$$

1）奈氏图的低频段 $\omega\to 0$。

$$\lim_{\omega\to 0}G(\mathrm{j}\omega)=\lim_{\omega\to 0}\frac{K}{(\mathrm{j}\omega)^{\nu}}=\lim_{\omega\to 0}\frac{K}{\omega^{\nu}}\cdot\angle-\nu\cdot 90^{\circ}$$

$\nu=0$ 时，$G(\mathrm{j}\omega)=K\angle 0^{\circ}$，即奈氏图起始于正实轴上的某一点。

$\nu\neq 0$ 时，$G(\mathrm{j}\omega)=\infty\angle-\nu\times 90^{\circ}$，即奈氏图起始于无穷远处。

如图 5-29 所示。

2）奈氏图的高频部分 $\omega\to\infty$

$$\lim_{\omega\to\infty}G(\mathrm{j}\omega)=\lim_{\omega\to\infty}\frac{b_0}{a_0(\mathrm{j}\omega)^{n-m}}=\lim_{\omega\to\infty}\frac{b_0}{a_0\omega^{n-m}}\cdot\angle-(n-m)\cdot 90^{\circ}$$

$n-m=1$ 时，$G(\mathrm{j}\omega)=0\angle-90^{\circ}$，从负虚轴方向进入坐标原点。

$n-m=2$ 时，$G(\mathrm{j}\omega)=0\angle-180^{\circ}$，从负实轴方向进入坐标原点。

$n-m=3$ 时，$G(\mathrm{j}\omega)=0\angle-270^{\circ}$，从正虚轴方向进入坐标原点。

如图 5-30 所示。

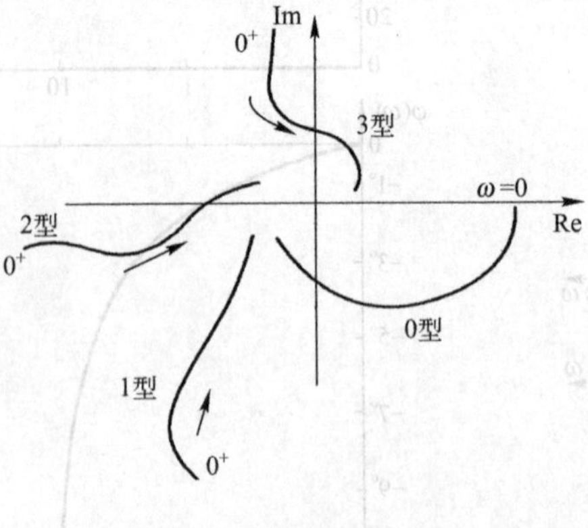

图 5-29　奈氏图的起点

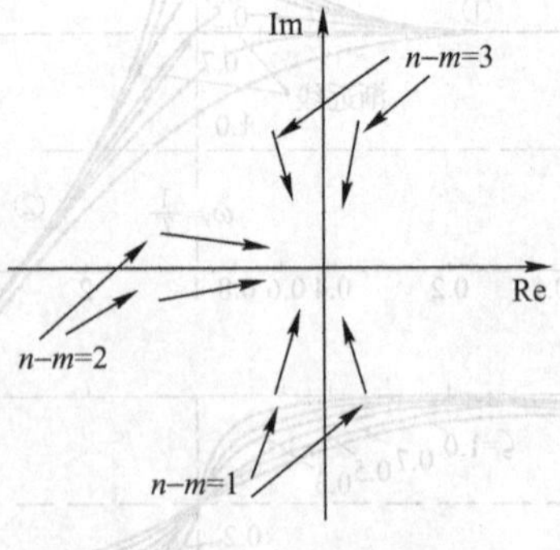

图 5-30　奈氏图的终点

3）奈氏图与实轴的交点。

令 $G(\mathrm{j}\omega)$虚部为零求得相应得频率，将此频率代入 $G(\mathrm{j}\omega)$实部求得奈氏图与实轴的交点。

如果在传递函数的分子中没有时间常数，则当 ω 由 0 增大到 ∞ 过程中，相位角连续减小，特性平滑地变化。如果在分子中有时间常数，则根据这些时间常数的数值大小不同，相位角可能不是以同一方向连续地变化，这时，奈氏图可能出现凹部。

（2）Bode 图求取

1）将 $G(s)$ 整理为时间常数型并进行典型环节分解，则开环系统频率特性表示为

$$G(\mathrm{j}\omega)=\frac{K}{(\mathrm{j}\omega)^{v}}\cdot\frac{\prod_{i=1}^{m_1}(1+\mathrm{j}\tau_i\omega)\prod_{k=1}^{m_2}\left(1-\frac{\omega^2}{\omega_{nk}^{2}}+\mathrm{j}2\zeta\frac{\omega}{\omega_{nk}}\right)}{\prod_{j=1}^{n_1}(1+\mathrm{j}T_j\omega)\prod_{l=1}^{n_2}\left(1-\frac{\omega^2}{\omega_{nl}^{2}}+\mathrm{j}2\zeta\frac{\omega}{\omega_{nl}}\right)}$$

2）确定交接频率并标在角频率 ω 轴上。

3）在 $\omega=1$ 处，量出幅值 $20\lg K$，其中，K 为系统开环放大系数。通过 A 点作一条 -20dB/dec 的直线，其中 v 为系统的无差阶数，直到第一个交接频率 $\omega_1=1/T_1$。如果 $\omega_1<1$，则低频渐进线的延长线经过 A 点。

4）以后每遇到一个交接频率，就改变一次渐进线斜率。

每当遇到惯性环节的交接频率时，渐进线斜率增加 -20dB/dec；

每当遇到微分环节的交接频率时，斜率增加 $+20$dB/dec；

每当遇到振荡环节的交接频率时，斜率增加 -40dB/dec；

每当遇到二阶微分环节的交接频率时，斜率增加 $+40$dB/dec。

当系统开环对数幅频特性 $L(\omega)$ 通过 0 分贝线，即 $L(\omega_c)=0$，或 $A(\omega_c)=1$ 时的频率 ω_c 称为截止频率。它是开环对数相频特性的一个很重要的参变量。

5.4.3 闭环频率响应分析

频域分析法是工程中经常采用的系统分析方法，它不同于时域分析中是应用性能指标直观地反映系统的动态响应，频域分析法是应用频率特性函数特征间接地反映系统的动态响应。

1．开环频率特性分析

（1）低频段

对数幅频特性曲线 $L(\omega)=20\lg|G(\mathrm{j}\omega)|$ 在第一个转折频率之前的频段称为低频段，主要由积分环节和开环放大倍数决定。其对数幅频特性为 $L(\omega)=20\lg K-20v\lg\omega$。

低频段的斜率越小，即积分环节 v 越多，开环放大倍数 K 越大，则系统稳态误差越小，精度越高。

（2）中频段

对数幅频特性曲线在截止频率 ω_c 附近的频率段称为中频段。主要由截止频率、中频段斜率、中频段宽度决定了闭环系统动态响应的稳定性和快速性。

通常中频段斜率最好为 -20dB/dec，而且中频带越宽越好，能够确保系统有足够的相角裕量。如果中频段斜率为 -40dB/dec 时，为了保证足够的相角裕量则中频带宽不宜过长。如果中频段斜率为 -60dB/dec 时，系统稳定性变差。

（3）高频段

对数幅频特性曲线中频段以后的频段称为高频段。高频段的幅值反映了系统对高频干扰

信号的抑制能力。幅值越低，系统抗干扰能力越强。

总之，如果要使系统满足稳态和动态要求，则需要开环对数幅频特性的低频段具有一定的斜率和高度。中频段斜率最好为-20dB/dec，且具有足够的宽度。高频段曲线较陡且斜率小，能够有效地抑制高频干扰。

2．闭环频率特性与时域响应

1）闭环频率特性如图 5-31 所示。

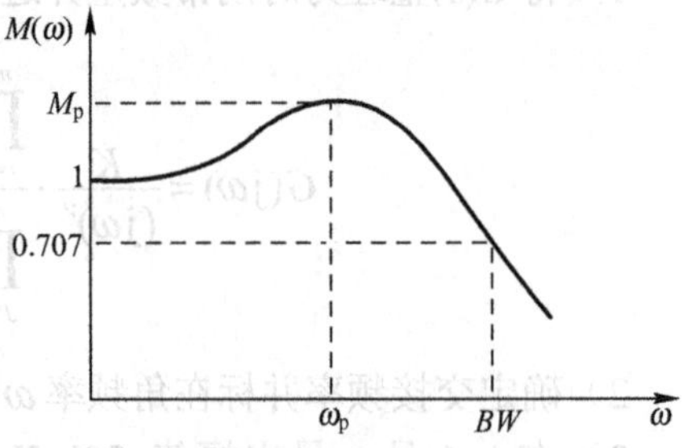

图 5-31　闭环频率特性

谐振峰值 M_p：M_p 是闭环系统幅频特性的最大值。通常，M_p 越大，系统单位过渡特性的超调量 $\sigma\%$ 也越大。

谐振频率 ω_p：ω_p 是闭环系统幅频特性出现谐振峰值时的频率。

频带宽 BW：闭环系统频率特性幅值，由其初始值 M（0）减小到 $0.707M$（0）时的频率（或由 0 的增益减低 3dB 时的频率），称为频带宽。频带宽越宽，上升时间越短，但对于高频干扰的过滤能力越差。

2）频域性能指标与时域性能指标。

对于常见的二阶系统其频域性能指标与时域性能指标之间的数学关系如下：

闭环频率特性为

$$\phi(\mathrm{j}\omega)=\frac{\omega_n^{\ 2}}{(\mathrm{j}\omega)^2+\mathrm{j}2\xi\omega_n\omega+\omega_n^{\ 2}}$$

闭环幅频特性为

$$M(\omega)=\frac{\omega_n^{\ 2}}{\sqrt{(\omega_n^{\ 2}-\omega^2)^2+(2\zeta\omega_n\omega)^2}}$$

闭环相频特性为

$$\varphi(\omega)=-\arctan\frac{2\zeta\omega_n\omega}{\omega_n^{\ 2}-\omega^2}$$

二阶系统超调量为

$$\sigma\%=\mathrm{e}^{-\pi\sqrt{\frac{M_p-\sqrt{M_p^{\ 2}-1}}{M_p+\sqrt{M_p^{\ 2}-1}}}}\times100\%$$

高阶系统超调量为

$$\sigma\%=0.16+0.4(M_p-1),\qquad 1\leqslant M_p\leqslant1.8$$

5.4.4　稳定性分析

控制系统的闭环稳定性是系统分析和设计需要解决的首要问题，奈氏判据和对数频率稳定判据是常用的频域稳定判据。其特点是根据开环系统频率特性曲线判定闭环系统的稳定性。

1．奈氏稳定判据

反馈控制系统闭环极点在 S 右半平面的个数 $Z=P-2N$，其中 P 为 S 右半平面中系统的开环极点数。N 为奈氏曲线（ω 由 0 变到∞）逆时针包围（−1，j0）点的圈数。

在奈氏稳定判据中的 S 右半平面不包括虚轴。如果奈氏曲线正好通过(−1,j0)点，则闭环系统存在虚轴上的极点，计算 N 时不视为一次包围。如果奈氏曲线既有逆时针包围又有顺时针包围(−1,j0)点时，逆时针包围圈数是指逆时针和顺时针包围圈数的代数和。

如果奈氏曲线包围(−1,j0)点的圈数为奇数时，奈氏曲线产生半次包围(−1,j0)点情况。计算圈数 $N=N_+-N_-$，其中 N_+称为正穿越，是指奈氏曲线逆时针穿越(−1,j0)点左侧负实轴的次数。N_-称为负穿越，是指奈氏曲线顺时针穿越(−1,j0)点左侧负实轴的次数。

2．对数稳定判据

对数稳定判据是基于开环对数频率特性曲线判断闭环系统稳定性的方法。与奈氏判据一样 $N=N_+-N_-$，其中，N_+称为正穿越次数，是指 $L(\omega)>0\text{dB}$ 的频段内，随 ω 的增加 $\varphi(\omega)$自下而上穿越−180°线的次数。离开或者终止于−180°线的正穿越称为半次正穿越。N_-称为负穿越次数，是指 $L(\omega)>0\text{dB}$ 的频段内，随 ω 的增加 $\varphi(\omega)$自上而下穿越−180°线的次数。离开或者终止于−180°线的正穿越称为半次负穿越。

3．稳定裕度

（1）相对稳定性

对于系统开环传递函数，如果右半平面的极点数 $P\geqslant0$，那么系统闭环稳定性取决于 $G(\mathrm{j}\omega)H(\mathrm{j}\omega)$曲线包围(−1,j0)点的圈数。如果开环传递函数的参数变化时，$G(\mathrm{j}\omega)H(\mathrm{j}\omega)$曲线包围(−1, j0)点的情况也改变。如果 $G(\mathrm{j}\omega)H(\mathrm{j}\omega)$穿过(−1, j0)点时，闭环系统临界稳定。因此，称(−1, j0)点为临界点，$G(\mathrm{j}\omega)H(\mathrm{j}\omega)$曲线相对于临界点的位置即是偏离临界点的程度，反映了系统的相对稳定性。

频域分析的相对稳定性即稳定裕度包括相角裕度和幅值裕度。

（2）相角裕度 γ

相角裕度反映系统的相对稳定性，也是描述系统稳定程度的指标。系统的稳定程度影响时域指标超调量 $\sigma\%$和调节时间 t_s。截止频率 ω_c 反映系统的快速性。ω_c 是 $A(\omega_c)=1$ 所对应的角频率，或者对数幅频特性曲线 $L(\omega)$穿越 0dB 线的频率。

相角裕度 $\gamma=180^0+\varphi(\omega_c)$。如果系统稳定，则对数相频特性 $\varphi(\omega)$再滞后 γ 角度，闭环系统变为临界稳定状态。对数相频特性 $\varphi(\omega)$再减小则系统变为不稳定。对于最小相位系统，当 $\gamma>0$ 时，闭环系统稳定。

（3）幅值裕度 K_g

幅值裕度反映了 $G(\mathrm{j}\omega)H(\mathrm{j}\omega)$曲线在负实轴上相对于(−1, j0)点的接近程度。当 $G(\mathrm{j}\omega)H(\mathrm{j}\omega)$曲线与负实轴相交于 G 点，对应的频率 ω_g 称为相位穿越频率，此时 $\varphi(\omega_g)=-180°$，则开环频率特性幅值$|G(\mathrm{j}\omega)H(\mathrm{j}\omega)|$的倒数称为幅值裕度。记为

$$K_g=\frac{1}{|G(j\omega)H(j\omega)|}$$

用分贝数表示为

$$K_g=-20\lg\left|G(j\omega_g)H(j\omega_g)\right|\text{dB}$$

当 $K_g>0$ 时，闭环系统稳定。$K_g=0$ 时，闭环系统处于临界状态，此时系统不稳定。为了使临界状态下的闭环稳定，$G(j\omega)H(j\omega)$曲线应该包围（-1, j0）点，$K_g=-20\lg|G(j\omega)H(j\omega)|<0$ 时，闭环系统稳定。因此，K_g 表示系统处于临界状态时系统增益允许的增大倍数。

相角裕度 γ 和幅值裕度 K_g 是分析和设计控制系统的频域指标，通常只用其中一个指标是不能说明系统相对稳定性的。

5.4.5 频域分析相关的 MATLAB 函数

频域分析法是应用频率特性研究线性系统的一种实用方法。一般用开环系统的波特图、奈氏图、尼氏图及相应的稳定判据来分析系统的稳态性能、动态性能和稳定性。

MATLAB 中提供了绘制及求取频率响应曲线的相关函数。

1．nyquist()

功能：绘制连续系统的奈氏曲线。

常用调用格式有如下几个。

nyquist (num,den)：绘制 LTI 系统的奈氏曲线。

nyquist (a,b,c,d)：绘制 LTI 系统的一组奈氏曲线，每条曲线对应于连续状态空间系统的输入/输出组合对，其频率范围由函数自动选取，而且在响应快速变化的位置自动选取更多的取样点。

nyquist (a,b,c,d,iu)：绘制系统第 *iu* 个输入到所有输出的极坐标图。

nyquist (a,b,c,d,iu,w)：利用指定的频率矢量 *w* 和第 *iu* 个输入变量绘制系统的极坐标图。

2．nichols()

功能：绘制连续系统的尼科尔斯曲线。

常用调用格式有如下几个。

nichols (num,den)：绘制以传递函数表示的系统的尼科尔斯曲线。

nichols (a,b,c,d)：绘制 LTI 系统的一组尼科尔斯曲线，每条曲线对应于连续状态空间系统的每个输入时的尼科尔斯曲线，其频率范围由函数自动选取，而且在响应快速变化的位置自动选取更多的取样点。

nichols (a,b,c,d,iu)：绘制系统第 *iu* 个输入到所有输出的尼科尔斯图。

nichols (a,b,c,d,iu,w)：利用指定的频率向量 *w* 和第 *iu* 个输入变量绘制系统的尼科尔斯图。

3．bode()

功能：绘制连续系统的波特图。

常用调用格式有如下几个。

bode (num,den)：绘制以传递函数表示的系统的 Bode 图。

bode (a,b,c,d)：绘制 LTI 系统的一组 Bode 图，每条曲线对应于连续状态空间系统的每个输入时的 Bode 图，其频率范围由函数自动选取，而且在响应快速变化的位置自动选取更多的取样点。

bode(a,b,c,d,iu)：绘制系统第 *iu* 个输入到所有输出的 Bode 图。

bode(a,b,c,d,iu,w)：利用指定的频率矢量 *w* 和第 *iu* 个输入变量绘制系统的 Bode 图。

4．margin()

功能：求幅值裕量和相角裕量。

常用调用格式有如下几个。

margin (num,den)：绘制以传递函数表示的系统的 Bode 图。

margin (mag,phase,w)：计算幅值裕量和相角裕量并绘制 Bode 图。其中 *mag*、*phase* 和 ω 是由 bode()函数得到的增益、相位裕度及频率值。

5．ngrid()

功能：绘制等 M 圆和等 N 圆。

常用调用格式有如下几个。

ngrid()：用 nichols()函数绘制的尼科尔斯曲线，绘制相应的等 M 圆和等 N 圆。

ngrid('new')：绘制网格前清除原图，再设置成 hold on，尼科尔斯曲线可与网格绘制在一起。

5.4.6 MATLAB 在绘制频率特性中的应用

【例 5-14】 已知一典型的二阶传递函数为

$$G(s)=\frac{\omega_n^{\ 2}}{s^2+2\zeta\omega_n s+\omega_n^{\ 2}}$$

试分别绘制 ω_n 固定 ζ 变化时的和 ζ 固定 ω_n 变化时的 Bode 图。

解：MATLAB 程序和运行结果如下所示。

```
%wn 固定，zeta 变化
w=[0,logspace(-2,2,200)];
wn=0.7;
zet=[0：0.25：1,1.8,2.5];
hold on
for i=1：length(zet)
    num=wn*wn;
    den=[1,2*zet(i)*wn,wn*wn];
    sys=tf(num,den);
    bode(sys,w);
end
```

Bode 图如图 5-32 所示。

```
%zeta 固定，wn 变化
    w=[0,logspace(-2,2,200)];
    zet=0.7;
    wn=[0：0.25：1,1.8,2.5];
    hold on
    for i=1：length(wn)
        num=wn(i)^2;
          den=[1,2*zet*wn(i),wn(i)^2];
          sys=tf(num,den);
          bode(sys,w);
end
```

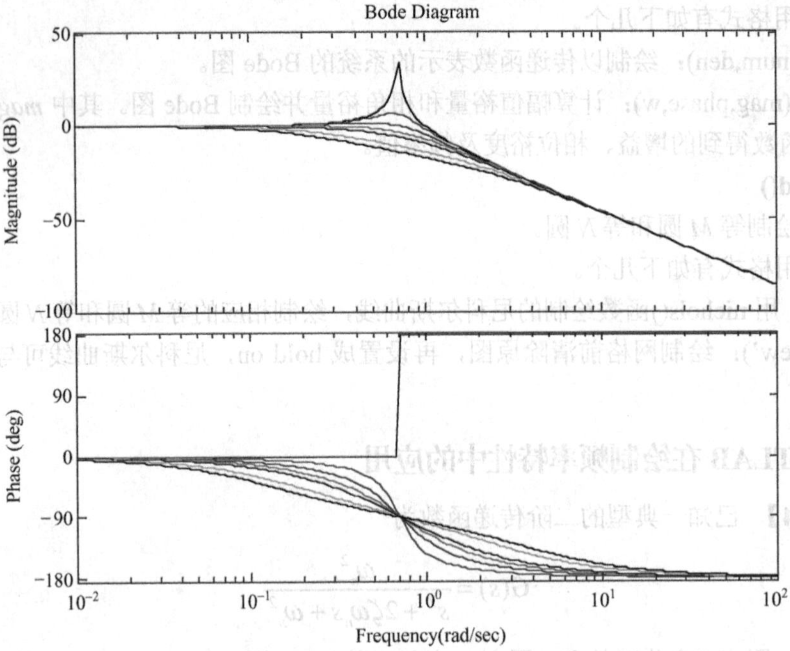

图 5-32　ω_n 固定，ζ 变化时系统 Bode 图

Bode 图如图 5-33 所示。

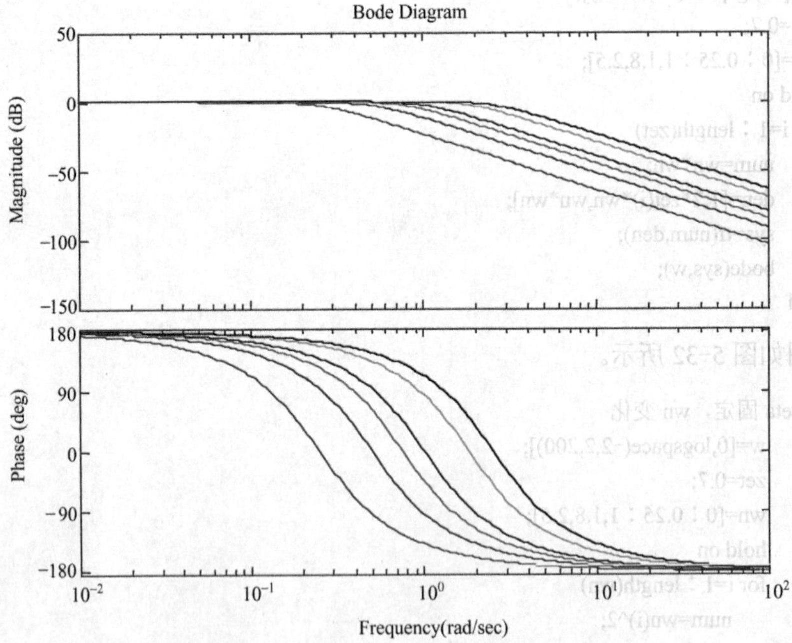

图 5-33　ζ 固定，ω_n 变化时系统 Bode 图

【例 5-15】 已知二阶系统的传递函数为

$$G(s)=\frac{8}{s^2+5s+9}$$

试用 MATLAB 计算此系统的谐振幅值和谐振频率。

解：MATLAB 程序如下所示。

主程序：

```
clc                          %清屏
clear   all                  %清空工作区所有变量
num=[8];
den=[1,5,9];
G=tf(num,den);               %建立传递函数
[Mr,Pr,Wr]=mr(G)
bode(G)
grid
```

其中 mr()函数的代码如下所示。

```
function[Mr,Pr,Wr]=mr(G)
[mag,pha,w]=bode(G)          %得到系统 Bode 图相应的幅值 mag、相角 pha 与角频率点 w 矢量
magn(1,：)=mag(1,：);
phase(1,：)=pha(1,：);
[Mr,i]=max(magn);
Mr=20*log10(Mr);             %求得谐振幅值
Pr=phase(1,i);
Wr=w(i,1)                    %求得谐振频率
```

运行结果如下：

```
Mr =
    -1.0268
Pr =
    -3.1834
Wr =
     0.1000
```

由结果可知，系统的谐振幅值 M_r=−1.0268dB，谐振频率 W_r=0.1000rad/s。

同时，由 MATLAB 绘出的图形可以直接得到谐振幅值和谐振频率。在上述程序运行后，在生成的响应图内部空白处单击鼠标右键，在弹出菜单上选择“Peak Response”菜单项，将在频率响应图上出现一个圆点，该点即系统的谐振频率处，如图 5-34 所示。

【例 5-16】 一高阶系统的开环传递函数为

$$G(s)=\frac{K(1700s+1)}{1000s(500s+100)(250s+1)(100s+1)}$$

试计算当开环增益 K=5，400，700，5000 时，系统稳定裕量的变化。

解：MATLAB 程序如下所示。

```
k=[5, 400, 700, 5000];                   %K 取不同值
for j=1：length(k)
```

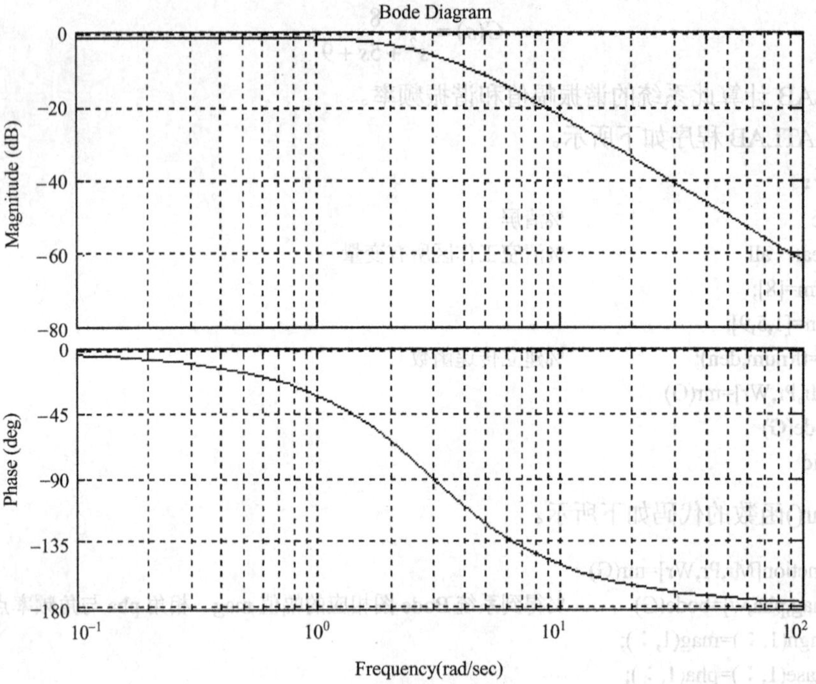

图 5-34　谐振幅值和谐振频率

```
    num=k(j)*[1700,1];                    %传递函数分子多项式系数行向量
    den=conv(conv([1000,0],[500,100]),conv([250,1],[100,1]));        %分母多项式系数行向量
    G=tf(num,den);
       y(j)=allmargin(G)
end
y(1)
y(2)
y(3)
y(4)
```

运行结果如下：

```
%y(1)
ans =
    GMFrequency：0.0521
    GainMargin：842.9302
    PMFrequency：5.0190e-005
    PhaseMargin：93.8560
    DMFrequency：5.0190e-005
    DelayMargin：3.2638e+004
          Stable：1
%y(2)
ans =
    GMFrequency：0.0521
      GainMargin：10.5366
    PMFrequency：0.0147
```

```
        PhaseMargin：42.8916
        DMFrequency：0.0147
        DelayMargin：50.8522
             Stable：1
%y(3)
ans =
        GMFrequency：0.0521
         GainMargin：6.0209
        PMFrequency：0.0204
        PhaseMargin：29.6676
        DMFrequency：0.0204
        DelayMargin：25.3388
             Stable：1
%y(4)
ans =
        GMFrequency：0.0521
         GainMargin：0.8429
        PMFrequency：0.0567
        PhaseMargin：-2.3791
        DMFrequency：0.0567
        DelayMargin：110.1046
             Stable：0
```

由运行结果可知，随着开环增益的增大，相角稳定裕度在减小，表明系统的稳定性在变差。当 K=5000 时，相较稳定裕度变为负值，此时系统不稳定了。

【例 5-17】 系统开环传递函数

$$G(s)=\frac{100}{(s^2+4s+1)(s+6)}$$

试绘制系统的奈氏图，并讨论其稳定性。

解：MATLAB 程序如下所示。

```
G=tf(100,conv([1 4 1],[1 6]));     %建立传递函数模型
nyquist(G);
```

运行结果如图 5-35 所示。

【例 5-18】 一个四阶系统传递函数

$$G(s)=\frac{s^4+25s^3-20s^2+150s+200}{s^4+20s^3+182s^2+524s+50}$$

试用 MATLAB 绘制其尼科尔斯曲线。

解：MATLAB 程序如下所示。

```
num=[1 25 -20 150 200];
den=[1 20 182 524 50];
nichols(num,den)             %绘制尼科尔斯曲线
ngrid                        %添加栅格
```

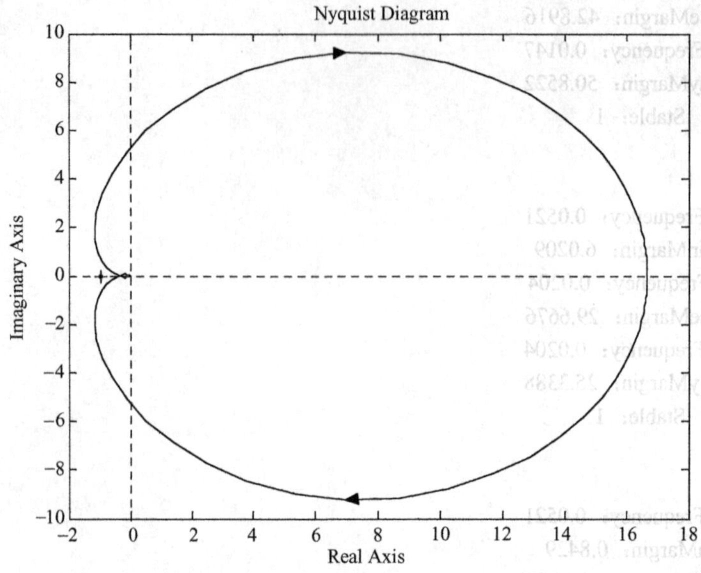

图 5-35　系统的奈氏图

系统的尼科尔斯曲线如图 5-36 所示。

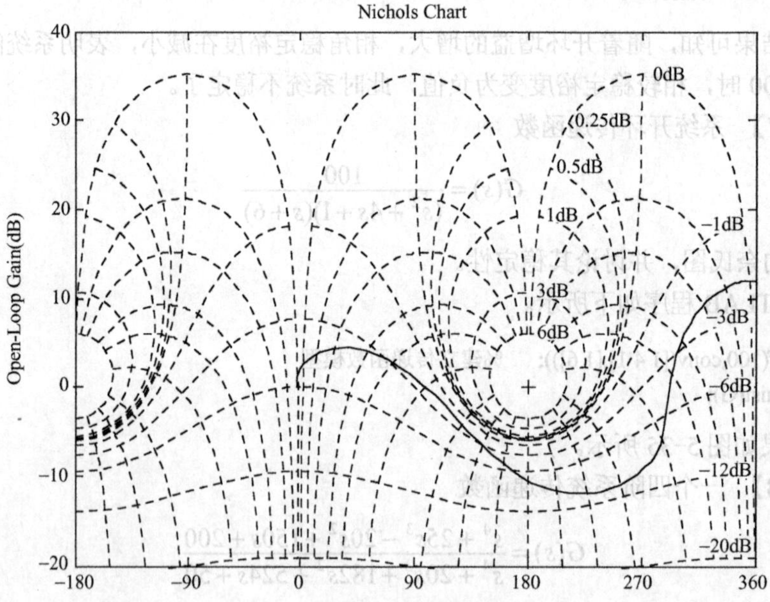

图 5-36　系统尼科尔斯曲线

【例 5-19】 系统模型为

$$G(s)=\frac{5}{s^3+3s^2+4s+4}$$

求其幅值裕度和相角裕度，及其闭环阶跃响应。

解：MATLAB 程序如下所示。

```
num=[5];
den=[1 3 4 4];
G=tf(num,den);                    %建立传递函数模型
G_close=feedback(G,1);            %按正反馈方式建立闭环系统
[Gm,Pm,Wcg,Wcp]=margin(G)         %求取系统的幅值裕度和相角裕度，Gm 为幅值裕度
% Pm 为相角裕度，Wcg 为幅值裕度的频率值
%Wcp 为相角裕度的频率值
step(G_close)                     %绘制阶跃响应曲线
```

运行结果如下：

```
Gm =
    1.6000
Pm =
   22.4491
Wcg =
    2.0000
Wcp =
    1.6952
```

运行后闭环阶跃响应曲线如图 5-37 所示。

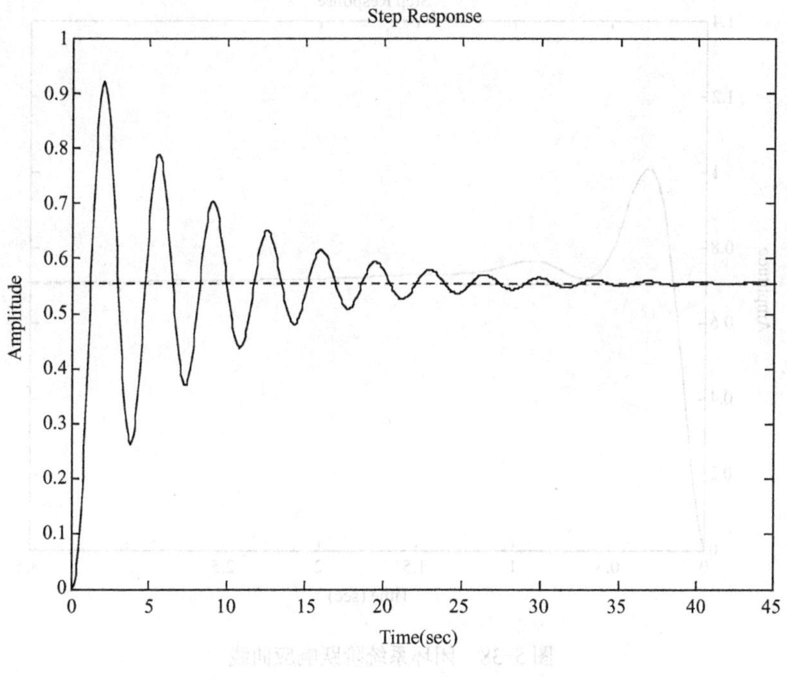

图 5-37　闭环阶跃响应曲线

【例 5-20】 系统的数学模型为

$$G(s)=\frac{100s+100}{(s^2+4s+7)(s+6)}$$

求其幅值裕度和相角裕度。

解：MATLAB 程序如下所示。

```
num=[100 100];
den=[conv([1 4 7],[1 6])];
G=tf(num,den);                 %建立传递函数模型
G_close=feedback(G,1);         %按正反馈建立闭环系统
[Gm,Pm,Wcg,Wcp]=margin(G)      %求幅值裕度 Gm 和相角裕度 Pm
step(G_close)                  %绘制闭环系统阶跃响应曲线
```

运行结果如下：

```
Gm =
    Inf
Pm =
    52.8110
Wcg =
    Inf
Wcp =
9.0930
```

闭环系统阶跃响应曲线如图 5-38 所示。

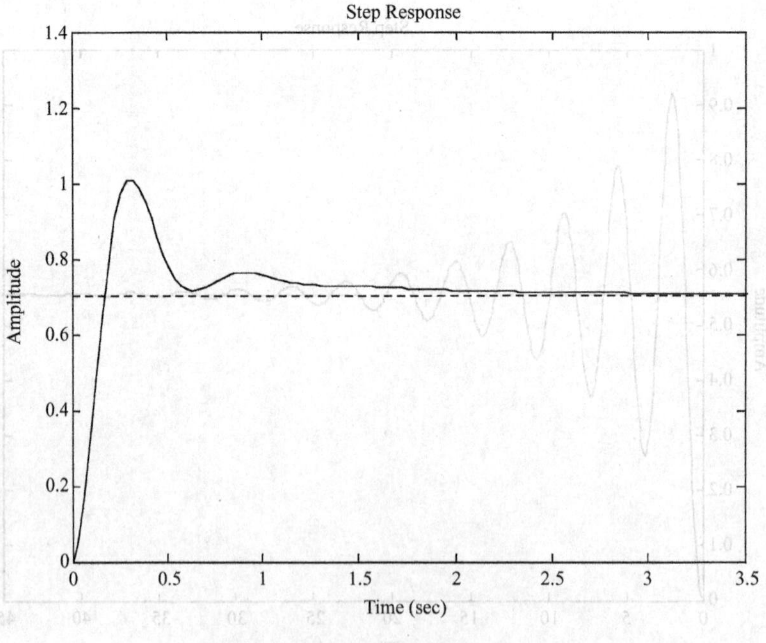

图 5-38　闭环系统阶跃响应曲线

【例 5-21】 已知某开环系统为

$$G(s)=\frac{18}{(s+6)(s-1)}$$

试绘制系统的奈氏曲线，判断闭环系统的稳定性，求出系统的阶跃响应。

解：MATLAB 程序如下所示。

```
k=18;
z=[];p=[1 -6];
[num,den]=zp2tf(z,p,k)              %利用零极点建立传递函数
figure(1);
nyquist(num,den)                    %绘制奈氏图
figure(2)
[numc,denc]=cloop(num,den);         %构建闭环系统
impulse(numc,denc)                  %绘制冲激响应曲线
```

运行程序后，奈氏曲线如图 5-39 所示。

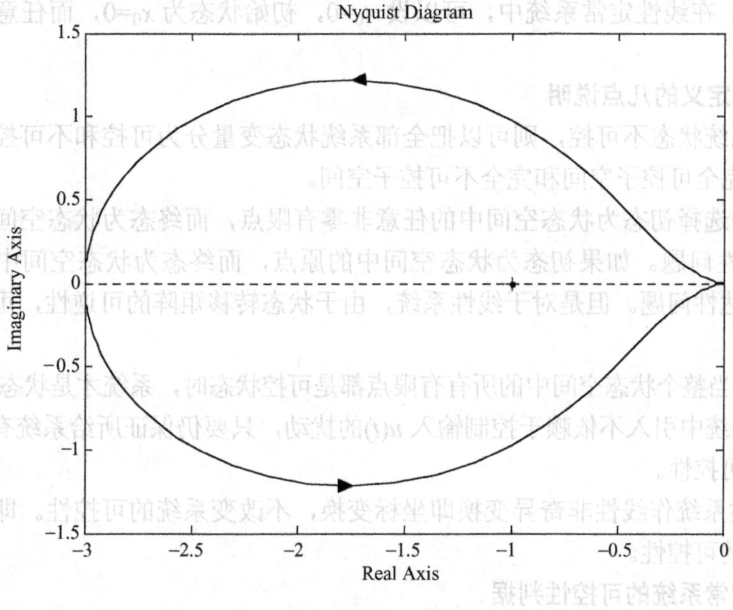

图 5-39　奈氏曲线

5.5　线性系统的状态可控性与状态可观性分析

在线性系统的定性分析中，系统的可控性、可观性分析是一个很重要的内容。它们是系统的两个基本属性，同时也是最优控制和最优估计的设计基础。可观性是指系统内部状态可以由系统输出量反映的能力。可控性分为两种，一是系统控制输入对系统内部状态的控制能力，二是控制输入对系统输出的控制能力。

可控性和可观性描述了输入对状态的控制能力和输出对状态的反映能力。我们知道系统的动态性能受闭环零、极点的支配，用闭环输入反馈难以任意配置零、极点，只能由状态反馈来实现，因此能任意控制状态和观测状态就成为了很重要的问题，这就是研究系统可控性和可观性的目的。

5.5.1 状态可控性

1．可控性定义

线性定常连续系统的状态方程为

$$\dot{x}(t)=\boldsymbol{A}x+\boldsymbol{B}u\ ,$$

如果存在一个无约束的控制 $u(t)$，能在有限的时间 t 内，把系统从任意状态 $x(t_0)$转移到任意其他的状态 $x(t)$，则称系统状态完全可控，简称系统可控。

对于简单的系统，可以根据可控性的定义或方块图（信号流图）来判断系统的可控性，但是对于较复杂的系统，用上述方法可能会出现错误，需要借助一些定理来判断。

假设二维状态空间中，状态平面上的 P 点能在输入 $u(t)$的作用下转移到任意指定的状态 P_1, P_2 …，则 P 点为可控的。如果整个状态空间的所有状态都是可控的，则该系统是状态完全可控的。在线性定常系统中，可以设 $t_0=0$，初始状态为 $x_0=0$，而任意终端状态为零状态。

2．可控性定义的几点说明

1）如果系统状态不可控，则可以把全部系统状态变量分为可控和不可控两部分，也即把它们分解成完全可控子空间和完全不可控子空间。

2）定义中选择初态为状态空间中的任意非零有限点，而终态为状态空间中的原点，这用于状态可控性问题。如果初态为状态空间中的原点，而终态为状态空间中任意非零有限点，则属于能达性问题。但是对于线性系统，由于状态转移矩阵的可逆性，可控性与能达性是等价的。

3）当且仅当整个状态空间中的所有有限点都是可控状态时，系统才是状态完全可控的。

4）若在系统中引入不依赖于控制输入 $u(t)$的扰动，只要仍保证所给系统有唯一解，则不会影响系统的可控性。

5）对线性系统作线性非奇异变换即坐标变换，不改变系统的可控性。即代数等价的系统也具有相同的可控性。

3．线性定常系统的可控性判据

当系统状态不完全可控或不完全可观时，如果通过线性非奇异变换，把系统状态方程中的系数矩阵 $\boldsymbol{A}$ 化为对角型或约当型这样简单的特定形式，那么就能够获得更加简单的可控性及可观性判据；并在系统状态不完全可控或不完全可观情况下，能够得到究竟哪些状态不可控或不可观。

（1）秩判据

线性定常系统的状态方程为 $\dot{x}(t)=\boldsymbol{A}x+\boldsymbol{B}u$ ，系统可控的充要条件是可控判别矩阵 $\boldsymbol{Q}_\mathrm{c}=[\boldsymbol{B}\quad \boldsymbol{AB}\quad \boldsymbol{A}^2\boldsymbol{B}\quad ...\boldsymbol{A}^{n-1}\boldsymbol{B}]$满秩， $\mathrm{rank}(\boldsymbol{Q}_\mathrm{c})=n$

（2）对角标准型判据

线性定常系统的状态方程为 $\dot{x}(t)=\boldsymbol{A}x+\boldsymbol{B}u$ 的系统矩阵 $\boldsymbol{A}$ 具有互异特征值，则系统经过线性非奇异变换后，可以变换为对角标准型

$$\dot{\overline{x}}=\begin{bmatrix}\lambda_1 & & 0\\ & \ddots & \\ 0 & & \lambda_n\end{bmatrix}\overline{x}+\overline{\boldsymbol{B}}u$$

则系统状态完全可控的充要条件是控制矩阵 $\boldsymbol{B}$ 中不包含元素全零行。

（3）约当标准型判据

如果线性定常连续系统的系统矩阵 $\boldsymbol{A}$ 的特征值有重根 $\lambda_1,\lambda_2,\ldots,\lambda_k$，且对应于每一个重特征值只有一个约当块，则系统状态完全可控的充要条件是系统经线性非奇异变换后的约当标准型

$$\dot{\overline{x}}=\begin{bmatrix} J_1 & 0 & \cdots & 0 \\ 0 & J_2 & \cdots & 0 \\ \vdots & \vdots & \vdots & \vdots \\ 0 & 0 & \cdots & J_k \end{bmatrix}\overline{x}+\overline{\boldsymbol{B}}u$$

中，每个约当小块 $J_i(i=1,2,\ldots,k)$最后一行所对应的 $\overline{\boldsymbol{B}}$ 中的各行元素不全为零。

4．输出可控性

我们在分析和设计系统时，有时候被控量不是状态向量而是系统的输出量。设系统的状态空间表达式为

$$\begin{cases}\dot{x}=\boldsymbol{A}x+\boldsymbol{B}u\\ y=\boldsymbol{C}x+\boldsymbol{D}u\end{cases}$$

如果存在一个分段连续的输入 $u(t)$能在有限时间区间内使输出由某一初始值转移到任意指定的最终输出，则称为系统是输出完全可控的。

5.5.2 状态可观性

系统的可观性研究的是状态和输出量之间的关系，即通过对输出量的有限时间的量测，能否识别出系统的状态。当确定了初始时刻的状态，并给出了控制作用之后，系统各瞬时的状态就唯一地确定了。因此，状态的可观性实质上可以归结为对初始状态的识别问题。

1．可观性定义

如果线性系统

$$\begin{cases}\dot{x}=\boldsymbol{A}x\\ y=\boldsymbol{C}x\end{cases}$$

对初始时刻 t_0 存在另一时刻 $t_1>t_0$，且根据在$[t_0,\ t_1]$的观测值 $y(t)$，能唯一地确定系统在 t_0 时刻的任意值 x_0，则称系统在$[t_0,\ t_1]$上是状态完全可观的，称为状态可观；否则，系统不可观（或不完全可观）。

2．可观性定义的几点说明

1）如果系统状态不可观，则可以把全部系统状态变量分为可观和不可观两部分，也即可以把它们分解成可观子空间和不可观子空间。

2）定义将所要识别的状态规定为初始状态。对线性连续时间系统，其可观性和可检测性是完全等价的。

3）在定义中，$[t_0,\ t_1]$为识别初态 x_0 的必要观测区间。这个区间的大小是和初始时刻 t_0 有关系的。但是对于线性定常系统来说和 t_0 的选择无关。

4）当且仅当状态空间中的所有有限点均为可观状态时，系统才是状态完全可观的。

5）如果知道了初态，就能根据系统的状态方程求得 $t>t_0$ 任何时刻系统的状态，从而实现根据测出测量值观测到系统状态变量的目的。

6）代数等价的系统，具有相同的可观性。

3．线性定常系统的可控性判据

（1）秩判据

线性定常连续系统状态完全可观的充要条件是，可观性判别矩阵

$$\boldsymbol{Q}_o=\begin{bmatrix}\boldsymbol{C}\\ \boldsymbol{CA}\\ \vdots\\ \boldsymbol{CA}^{n-1}\end{bmatrix}$$

满秩，即 $\mathrm{rank}(\boldsymbol{Q}_o)=n$

（2）对角标准型判据

线性定常系统的系统矩阵 $\boldsymbol{A}$ 具有互异特征值，则系统经过线性非奇异变换后，可以变换为对角标准型

$$\dot{\bar{\boldsymbol{x}}}=\begin{bmatrix}\lambda_1 & & & \\ & \lambda_2 & & \\ & & \ddots & \\ & & & \lambda_n\end{bmatrix}\bar{\boldsymbol{x}}$$

$$\boldsymbol{y}=\bar{\boldsymbol{C}}\bar{\boldsymbol{x}}$$

则系统状态完全可观的充要条件是输出矩阵 $\boldsymbol{C}$ 中不包含元素全零列。

（3）约当标准型判据

如果线性定常连续系统的系统矩阵 $\boldsymbol{A}$ 的特征值有重根 $\lambda_1,\lambda_2,\ldots,\lambda_k$，且对应于每一个重特征值只有一个约当块，则系统状态完全可观的充要条件是系统经线性非奇异变换后的约当标准型

$$\dot{\bar{\boldsymbol{x}}}=\begin{bmatrix}\boldsymbol{J}_1 & 0 & \ldots & 0\\ 0 & \boldsymbol{J}_2 & \ldots & 0\\ \vdots & \vdots & & \vdots\\ 0 & 0 & \ldots & \boldsymbol{J}_k\end{bmatrix}\bar{\boldsymbol{x}}$$

$$\boldsymbol{y}=\bar{\boldsymbol{C}}\bar{\boldsymbol{x}}$$

中，每个约当小块 $\boldsymbol{J}_i(i=1,2,\ldots,k)$ 第一列所对应的 $\bar{\boldsymbol{C}}$ 中的各列元素不全为零。

5.5.3 MATLAB 在状态可控性和可观性分析中的应用

1．函数 ctrb()

功能：求解可控性判别矩阵。

格式：M=ctrb(A,B)

说明：***A*,*B*** 为系数矩阵。***M*** 为可控性判别矩阵。

2．函数 obsv()

功能：求解可观性判别矩阵。

格式：N=ctrb(A,B)

说明：***A,B*** 为系数矩阵。***N*** 为可观性判别矩阵。

3．函数 ctrbf()

功能：将系统进行可控性结构分解。

格式：[Ac,Bc,Cc]=ctrbf(A,B,C)

说明：***A,B,C*** 为变换前的矩阵，***Ac,Bc,Cc*** 为分解后的矩阵。

4．函数 obsvf()

功能：将系统进行可观性结构分解。

格式：[Ao,Bo,Co]= obsvf(A,B,C)

说明：***A,B,C*** 为变换前的矩阵，***Ao,Bo,Co*** 为分解后的矩阵。

【例 5-22】 已知系统$\Sigma(\boldsymbol{A},\boldsymbol{B},\boldsymbol{C},\boldsymbol{D})$的相应系统矩阵为

$$\boldsymbol{A}=\begin{bmatrix}1 & 0 & -1\\ -1 & -2 & 0\\ 3 & 0 & 1\end{bmatrix},\ \boldsymbol{B}=\begin{bmatrix}1 & 0\\ 2 & 1\\ 0 & 2\end{bmatrix},\ \boldsymbol{C}=\begin{bmatrix}1 & 0 & 0\\ 0 & -1 & 0\end{bmatrix}$$

试判断系统是否可控？是否可观？

解：MATLAB 程序如下所示。

```
A=[1,0,-1;-1,-2,0;3,0,1];B=[1,0;2,1;0,2];C=[1,0,0;0,-1,0];      %系统的系数矩阵
M=ctrb(A,B)                                                      %计算可控判别矩阵
RM=rank(M)                                                       %计算可控判别矩阵的秩
N=obsv(A,C)                                                      %计算可控判别矩阵
RN=rank(N)                                                       %计算可控判别矩阵的秩
```

运行结果如下：

```
M =
     1     0     1    -2    -2    -4
     2     1    -5    -2     9     6
     0     2     3     2     6    -4
RM =
     3
N =
     1     0     0
     0    -1     0
     1     0    -1
     1     2     0
    -2     0    -2
    -1    -4    -1
RN =
     3
```

运行结果可知为满秩，所以本系统是可控而且可观的。

【例 5-23】 已知系统Σ (***A*, *B*, *C*, *D***)的相应系统矩阵为

$$\boldsymbol{A}=\begin{bmatrix}1 & 2 & 0\\3 & -1 & 1\\0 & 2 & 0\end{bmatrix}, \boldsymbol{B}=\begin{bmatrix}2\\1\\1\end{bmatrix}, \boldsymbol{C}=[0 \quad 0 \quad 1], \boldsymbol{D}=0$$

试判断它的可控性。

解：MATLAB 程序代如下所示。

```
A=[1,2,0;3,-1,1;0,2,0];B=[2;1;1];C=[0,0,1];D=0          %系统的系数矩阵
T=ctrb(A,B)                                              %计算可控判别矩阵
R=rank(T)                                                %计算可控判别矩阵的秩
```

运行结果如下：

```
T =
      2      4     16
      1      6      8
      1      2     12
R =
      3
```

由运算结果可知，系统完全可控。

【例 5-24】 已知系统Σ (***A*, *B*, *C*, *D***)的相应系统矩阵为

$$\boldsymbol{A}=\begin{bmatrix}1 & 2 & 0\\3 & -1 & 1\\0 & 2 & 0\end{bmatrix}, \boldsymbol{B}=\begin{bmatrix}2\\1\\1\end{bmatrix}, \boldsymbol{C}=[0 \quad 0 \quad 1], \boldsymbol{D}=0$$

试求该系统的可观 I 型。

解：MATLAB 程序如下所示。

```
A=[1,2,0;3,-1,1;0,2,0]; B=[2;1;1];C=[0,0,1];D=0          %系统的系数矩阵
T=obsv(A, C)                                             %计算可观判别矩阵
[Aol, Bo1, Col, Dol]=ss2ss(A, B, C, D, T)               %进行状态空间的线性变换
```

运行结果如下：

```
D =
      0
T =
      0      0      1
      0      2      0
      6     -2      2
Aol =
      0      1      0
      0      0      1
     -2      9      0
Bo1 =
      1
```

2

12

Col =

1　　0　　0

Dol =

0

运行结果可得该系统的可观 I 型为

$$\begin{cases}\dot{\boldsymbol{Z}}=\begin{bmatrix}0 & 1 & 0\\ 0 & 0 & 1\\ -2 & 9 & 0\end{bmatrix}\boldsymbol{Z}+\begin{bmatrix}1\\ 2\\ 12\end{bmatrix}\boldsymbol{U}\\ \boldsymbol{Y}=\begin{bmatrix}1 & 0 & 0\end{bmatrix}\boldsymbol{Z}\end{cases}$$

【例 5-25】 已知系统$\Sigma(\boldsymbol{A},\boldsymbol{B},\boldsymbol{C})$的相应系统矩阵为

$$\boldsymbol{A}=\begin{bmatrix}0 & 0 & -1\\ 1 & 0 & -2\\ 0 & 1 & -2\end{bmatrix},\ \boldsymbol{B}=\begin{bmatrix}1\\ 1\\ 0\end{bmatrix},\ \boldsymbol{C}=[0\quad 1\quad -2]$$

试利用 MATLAB 对系统进行可控性结构分解和可观性结构分解。

解：MATLAB 程序如下所示。

```
A=[0,0,-1;1,0,-2;0,1,-2];B=[1;1;0];C=[0,1,-2];     %系统的系数矩阵
[Ac,Bc,Cc]=ctrbf(A,B,C)                            %可控性结构分解
[Ao,Bo,Co]=obsvf(A,B,C)                            %可观性结构分解
```

运行结果如下：

```
Ac =
    -1.0000     0.0000    -0.0000
    -1.4142    -1.5000     0.8660
    -0.8165    -2.0207     0.5000
Bc =
          0
          0
    -1.4142
Cc =
     1.7321     1.2247    -0.7071
Ao =
    -0.2222    -1.0932    -2.5342
     0.2485    -0.5778    -1.0667
     0.0000     0.6000    -1.2000
Bo =
     1.3333
    -0.1491
    -0.4472
Co =
```

−0.0000　　0.0000　−2.2361

5.6 李雅普诺夫稳定性分析

稳定性是系统的重要特性，是保证控制系统正常工作的先决条件。因此，系统稳定性的研究一直是控制理论研究的一个重要课题。1892 年，俄国学者李雅普诺夫建立了基于状态空间描述的稳定性理论，即李雅普诺夫稳定性理论。该理论是确定系统稳定性的一般理论，不仅适用于单变量、线性、定常系统，还适用于多变量、非线性、时变系统。

李雅普诺夫将判断系统稳定性的问题归纳为两种方法，即李雅普诺夫第一法和李雅普诺夫第二法。李雅普诺夫第一法也称为李雅普诺夫间接法，是通过解系统的微分方程式，然后根据解的性质来判断系统的稳定性，经典控制理论中对稳定性的讨论正是建立在李雅普诺夫第一法思路基础上的。李雅普诺夫第二法也称为李雅普诺夫直接法，该方法基于引入具有广义能量属性的李雅普诺夫函数和分析李雅普诺夫函数导数的定号性，建立判断系统稳定性的相应结论。

5.6.1 李雅普诺夫第一法

李雅普诺夫第一法（间接法）是利用状态方程解的性质来判断系统稳定性的方法，适用于线性定常、线性时变及非线性系统可线性化的情况。

1．线性定常系统的特征值判据

定理 5-1（连续时间线性定常系统特征值判据）：对于连续时间线性定常系统 $\dot{x}=\boldsymbol{A}x$，$x(0)=x_0$，$t\geqslant 0$，有

1）系统的每一平衡状态是在李雅普诺夫意义下稳定的充分必要条件是 $\boldsymbol{A}$ 的所有特征值均具有非正（负或零）实部，且具有零实部的特征值为 $\boldsymbol{A}$ 的最小多项式的单根。

2）系统的唯一平衡状态 $\boldsymbol{x}_e=0$ 是渐近稳定的充分必要条件是 $\boldsymbol{A}$ 的所有特征值均具有负实部。

定理 5-2（离散时间线性定常系统特征值判据）：对于离散时间线性定常系统 $x(k+1)=Gx(k)$，$x(0)=x_0$，$k=0,1,2\ldots$，有

1）系统的每一平衡状态是在李雅普诺夫意义下稳定的充分必要条件是 G 的所有特征值的模均等于或小于 1，且模等于 1 的特征值为 G 的最小多项式的单根。

2）系统的唯一平衡状态 $x_e=0$ 是渐近稳定的充分必要条件是 G 的所有特征值的模均小于 1。

2．非线性系统的稳定性分析

假定非线性系统在平衡状态附近可展开成泰勒级数，可用线性化系统的特征值判据判断非线性系统平衡状态的稳定性。

设 n 维非线性系统状态方程为

$$\dot{\boldsymbol{x}}=\boldsymbol{f}(\boldsymbol{x},t),\ \boldsymbol{f}(\boldsymbol{x}_e,t)=0 \tag{5-1}$$

且 n 维向量函数 $\boldsymbol{f}(\boldsymbol{x},t)$ 对 $\boldsymbol{x}$ 有连续偏导。将 $\boldsymbol{f}(\boldsymbol{x},t)$ 在 $\boldsymbol{x}_e$ 处展成泰勒级数，得

$$\dot{\boldsymbol{x}}=\left.\frac{\partial f}{\partial \boldsymbol{x}^{\mathrm{T}}}\right|_{x=x_e}(\boldsymbol{x}-\boldsymbol{x}_e)+R[(\boldsymbol{x}-\boldsymbol{x}_e)] \tag{5-2}$$

其中，$\boldsymbol{R}[(\boldsymbol{x}-\boldsymbol{x}_e)]$为级数展开式中二阶以上各项之和，而

$$\frac{\partial f}{\partial \boldsymbol{x}^{\mathrm{T}}}=\begin{bmatrix} \dfrac{\partial f_1}{\partial x_1} & \dfrac{\partial f_1}{\partial x_2} & \cdots & \dfrac{\partial f_1}{\partial x_n} \\ \dfrac{\partial f_2}{\partial x_1} & \dfrac{\partial f_2}{\partial x_2} & \cdots & \dfrac{\partial f_2}{\partial x_n} \\ \vdots & \vdots & \vdots & \vdots \\ \dfrac{\partial f_n}{\partial x_1} & \dfrac{\partial f_n}{\partial x_2} & \cdots & \dfrac{\partial f_n}{\partial x_n} \end{bmatrix} \tag{5-3}$$

称为雅可比（Jacobi）矩阵。令

$$\bar{\boldsymbol{x}}=\boldsymbol{x}-\boldsymbol{x}_e,\quad \boldsymbol{A}=\left.\frac{\partial f}{\partial \boldsymbol{x}^{\mathrm{T}}}\right|_{x=x_e} \tag{5-4}$$

得线性化方程

$$\dot{\bar{\boldsymbol{x}}}=\boldsymbol{A}\bar{\boldsymbol{x}} \tag{5-5}$$

则得到以下结论。

定理 5-3

1）若 $\boldsymbol{A}$ 的所有特征值实部为负，则系统在平衡状态 $\boldsymbol{x}_e$ 处是渐近稳定的，且与 $\boldsymbol{R}[(\boldsymbol{x}-\boldsymbol{x}_e)]$ 无关。

2）若 $\boldsymbol{A}$ 的特征值中有一个具有正实部，则系统在平衡状态 $\boldsymbol{x}_e$ 处是不稳定的。

3）若 $\boldsymbol{A}$ 的特征值中有一个实部为零，则系统在平衡状态 $\boldsymbol{x}_e$ 处的稳定性与 $\boldsymbol{R}[(\boldsymbol{x}-\boldsymbol{x}_e)]$有关。

5.6.2 李雅普诺夫第二法

李雅普诺夫第二法的提出基于物理学中这样一个直观启示，即系统运动的进程总是伴随能量的变化，如果做到使系统能量变化的速率始终保持为负，也就是使运动进程中能量为单调减少，那么系统受扰运动最终必会返回到平衡状态。但是要找到实际系统的能量函数表达式并非易事，李雅普诺夫提出，可虚构一个能量函数，即李雅普诺夫函数，记为 $V(x,t)$，若不显含 t，则记为 $V(x)$。它是一个标量函数，考虑到能量总大于零，故为正定函数。能量的变化率（$V(x,t)$对时间 t 的导数）用 $\dot{V}(x,t)$ 或 $\dot{V}(\boldsymbol{x})$ 表示。李雅普诺夫第二法通过分析李雅普诺夫函数导数的定号性，直接判断系统的稳定性，用此方法解决了一些用其他稳定性判据难以解决的非线性系统的稳定性问题。实践表明，对于大多数系统，可先尝试用二次型函数 $\boldsymbol{x}^{\mathrm{T}}\boldsymbol{P}\boldsymbol{x}$ 作为李雅普诺夫函数。

1．李雅普诺夫第二法在线性定常系统中的应用

（1）连续时间线性定常系统渐近稳定的判别

考虑连续时间线性定常系统，自治状态方程为

$$\dot{\boldsymbol{x}}=\boldsymbol{A}\boldsymbol{x},\ x(0)=x_0,\ t\geqslant 0 \tag{5-6}$$

其中，$\boldsymbol{x}$ 为 n 维状态向量，$\boldsymbol{A}$ 为非奇异矩阵，状态空间原点 x_e=0 为系统唯一平衡状态。

定理 5-4（连续时间线性定常系统李雅普诺夫判据）：对于连续时间线性定常系统，原点平衡状态 x_e=0 为渐近稳定的充分必要条件是对于任意给定的一个 n*n 正定实对称矩阵

Q，李雅普诺夫方程

$$A^{\mathrm{T}}P+PA=-Q \tag{5-7}$$

有唯一 n*n 正定实对称解阵 P。

针对李雅普诺夫判据给出几点说明：

1）定理 5-4 所阐述的条件与系统矩阵 A 的所有特征值均具有负实部的条件等价，因此，定理 5-4 所给出的条件是充分必要条件。

2）在利用李雅普诺夫判据判别线性定常系统大范围渐近稳定时，矩阵 Q 在保证正定前提下可任意选取，且最终的判别结果与矩阵 Q 的不同选取无关。在具体应用中，为了简化计算，常将矩阵 Q 取为正定对角阵或单位矩阵。如果正定实对称矩阵 Q 取为单位矩阵，则这时实对称矩阵 P 应按式

$$A^{\mathrm{T}}P+PA=-I \tag{5-8}$$

求解，其中 I 为 n 维单位矩阵。

3）若系统任意的状态轨迹在非零状态不存在 $\dot{V}(x)$ 恒等于零时，Q 阵也可取为正半定的，而由李雅普诺夫方程解得的 P 阵仍应正定。

4）李雅普诺夫判据在应用中的主要困难在于李雅普诺夫方程的求解。因此，在现代控制理论中，李雅普诺夫判据主要应用于理论分析和理论推导。随着 MATLAB 等软件的日益普及，求解李雅普诺夫方程的任务完全可由计算机来完成。

（2）离散时间线性定常系统渐近稳定的判别

考虑离散时间线性定常系统，自治状态方程为

$$x(k+1)=Gx(k),\ x(0)=x_0,\ k=0,\ 1,\ 2,\cdots \tag{5-9}$$

其中，x 为 n 维状态向量，G 为非奇异矩阵，状态空间原点 $x_e=0$ 为系统唯一平衡状态。

定理 5-5（离散时间线性定常系统李雅普诺夫判据）：对于离散时间线性定常系统，原点平衡状态 $x_e=0$ 为渐近稳定的充分必要条件是对于任意给定的一个 $n*n$ 正定实对称矩阵 Q，离散型李雅普诺夫方程

$$G^{\mathrm{T}}PG-P=-Q \tag{5-10}$$

有唯一 n*n 正定实对称解阵 P。

2．李雅普诺夫第二法在线性时变系统中的应用

（1）连续时间线性时变系统渐近稳定的判别

考虑连续时间线性时变系统，自治状态方程为

$$\dot{x}=A(t)x,\quad x(t_0)=x_0,\ t\geqslant t_0 \tag{5-11}$$

其中，x 为 n 维状态向量，$A(t)$满足解存在唯一性条件，$x_e=0$ 为系统的一个平衡状态。

定理 5-6（连续时间线性时变系统李雅普诺夫判据）：对于连续时间线性时变系统，设 $x_e=0$ 为系统唯一平衡状态，$n*n$ 矩阵 $A(t)$的元均为分段连续的一致有界实函数，则原点平衡状态 $x_e=0$ 为一致渐近稳定的充分必要条件是对于任意给定的一个实对称、一致有界和一致正定的 n*n 矩阵 $Q(t)$，即存在两个实数$\beta_1>\beta_2>0$，使有

$$0<\beta_1 \boldsymbol{I} \leqslant \boldsymbol{Q}(t) \leqslant \beta_2 \boldsymbol{I}, \quad t \geqslant t_0 \tag{5-12}$$

李雅普诺夫方程

$$-\dot{\boldsymbol{P}}(t)=\boldsymbol{P}(t)\boldsymbol{A}(t)+\boldsymbol{A}^{\mathrm{T}}(t)\boldsymbol{P}(t)+\boldsymbol{Q}(t), \quad t \geqslant t_0 \tag{5-13}$$

有唯一的实对称、一致有界和一致正定的 $n*n$ 解阵 $\boldsymbol{P}(t)$，即存在两个实数 $\sigma_2>\sigma_1>0$，使有

$$0<\alpha_1 \boldsymbol{I} \leqslant \boldsymbol{P}(t) \leqslant \alpha_2 \boldsymbol{I}, \quad t \geqslant t_0 \tag{5-14}$$

（2）离散时间线性时变系统渐近稳定的判别

定理 5-7（离散时间线性时变系统李雅普诺夫判据）：对于离散时间线性时变系统 $x(k+1)=G(k)x(k)$，$k=0,1,2\ldots$ 原点平衡状态 $x_e=0$ 为一致渐近稳定的充分必要条件是对于任意给定的一个实对称、一致有界和一致正定的 $n*n$ 矩阵 $\boldsymbol{Q}(k)$，即存在两个实数 $\beta_2>\beta_1>0$，使有

$$\beta_1 \boldsymbol{I} \leqslant \boldsymbol{Q}(k) \leqslant \beta_2 \boldsymbol{I}, \quad k=0,1,2,\cdots \tag{5-15}$$

离散型李雅普诺夫方程

$$\boldsymbol{G}^{\mathrm{T}}(k)\boldsymbol{P}(k+1)\boldsymbol{G}(k)-\boldsymbol{P}(k)=-\boldsymbol{Q}(k) \tag{5-16}$$

有唯一的实对称、一致有界和一致正定的 $n*n$ 解阵 $\boldsymbol{P}(k)$，即存在两个实数 $\sigma_2>\sigma_1>0$，使有

$$\alpha_1 \boldsymbol{I} \leqslant \boldsymbol{P}(k) \leqslant \alpha_2 \boldsymbol{I}, \quad k=0,1,2,\cdots \tag{5-17}$$

3. 李雅普诺夫稳定性方法在非线性系统中的应用

克拉索夫斯基方法由苏联学者克拉索夫斯基（*Krasovskii*）在 20 世纪 60 年代提出。该方法的特点是，不是相对于状态 $\boldsymbol{x}$ 而是相对于状态导数 $\dot{\boldsymbol{x}}$ 构造李雅普诺夫函数。

考虑连续时间非线性定常系统

$$\dot{\boldsymbol{x}}=f(\boldsymbol{x}), \quad t \geqslant 0 \tag{5-18}$$

其中，$\boldsymbol{x}$ 为 n 维状态向量，对所有 $t\geqslant 0$ 有 $f(0)=0$，即状态空间原点为系统的平衡状态。设 $f(x)$ 对 $x_i(i=1,2,\ldots,n)$ 可求微分，则存在雅可比（*Jacobi*）矩阵

$$F(\boldsymbol{x})=\frac{\partial f(\boldsymbol{x})}{\partial \boldsymbol{x}^T}=\begin{bmatrix} \frac{\partial f_1}{\partial x_1} & \frac{\partial f_1}{\partial x_2} & \cdots & \frac{\partial f_1}{\partial x_n} \\ \frac{\partial f_2}{\partial x_1} & \frac{\partial f_2}{\partial x_2} & \cdots & \frac{\partial f_2}{\partial x_n} \\ \vdots & \vdots & \vdots & \vdots \\ \frac{\partial f_n}{\partial x_1} & \frac{\partial f_n}{\partial x_2} & \cdots & \frac{\partial f_n}{\partial x_n} \end{bmatrix} \tag{5-19}$$

对于上述非线性系统，有如下判别渐近稳定性的克拉索夫斯基定理。

定理 5-8（克拉索夫斯基定理）：对于连续时间非线性定常系统，定义

$$\hat{F}(\boldsymbol{x})=F^{\mathrm{T}}(\boldsymbol{x})+F(\boldsymbol{x}) \tag{5-20}$$

若 $\hat{F}(\boldsymbol{x})$ 是负定的，则系统平衡状态 $x_e=0$ 为渐近稳定，且李雅普诺夫函数为 $V(x)=f^{\mathrm{T}}(x)f(x)$。进而，若原点平衡状态 $\boldsymbol{x}_e=0$ 为唯一平衡状态，且当 $\|x\|\to\infty$ 时，有 $V(x)=f^{\mathrm{T}}(x)f(x)\to\infty$，则

系统平衡状态 $x_e=0$ 为大范围渐近稳定。

需要说明的是，克拉索夫斯基定理只是给出了充分条件，如果 $\hat{F}(\boldsymbol{x})=F^{\mathrm{T}}(\boldsymbol{x})+F(\boldsymbol{x})$ 不是负定的，则不能得出关于给定非线性系统平衡状态稳定性的任何结论。

5.6.3 利用 MATLAB 进行系统稳定性分析

对于线性定常系统，最简单的稳定性判据就是判别系统矩阵的特征值，进而得出系统稳定性的结论。

1．函数 poly()和 roots()

功能：求取系统特征方程和特征方程根。

格式：

P = poly(A)

r = roots(P)

说明：$\boldsymbol{A}$ 为系统矩阵，P 为系统特征方程中的系数，r 为特征方程的根。

2．函数 eig()

功能：求取系统的特征值。

格式：eig(A)

说明：$\boldsymbol{A}$ 为系统矩阵。实际上，由 P=poly(A);r=roots(P)两条命令得到的系统特征方程的根就是系统的特征值，和由 eig(A)求得的是一样的。

3．函数[G,H]=c2d(A,B,t)

功能：将线性系统 $\dot{\boldsymbol{x}}=\boldsymbol{A}\boldsymbol{x}+\boldsymbol{B}\boldsymbol{u}$ 离散化，t 是采样时间。

4．函数 lyap()

功能：求解李雅普诺夫方程 $\boldsymbol{A}^{\mathrm{T}}\boldsymbol{P}+\boldsymbol{P}\boldsymbol{A}=-\boldsymbol{Q}$。

格式：P = lyap(A′,Q)

说明：求解李雅普诺夫方程时，$\boldsymbol{A}$ 和 $\boldsymbol{Q}$ 为相同维数的方阵，若 $\boldsymbol{Q}$ 为对称矩阵，则返回值 $\boldsymbol{P}$ 也为对阵矩阵。

5．函数 dlyap()

功能：求解离散型李雅普诺夫方程 $\boldsymbol{G}^{\mathrm{T}}\boldsymbol{P}\boldsymbol{G}-\boldsymbol{P}=-\boldsymbol{Q}$。

格式：P = dlyap(G′,Q)

说明：求解李雅普诺夫方程时，$\boldsymbol{G}$ 和 $\boldsymbol{Q}$ 为相同维数的方阵，若 $\boldsymbol{Q}$ 为对称矩阵，则返回值 $\boldsymbol{P}$ 也为对阵矩阵。

【例 5-26】 已知连续时间线性定常系统状态方程为

$$\dot{\boldsymbol{x}}=\begin{bmatrix}-8 & -16 & -6\\ 1 & 0 & 0\\ 0 & 1 & 0\end{bmatrix}\boldsymbol{x}$$

试分析系统稳定性。

解：

方法一

MATLAB 程序如下所示。

```
A=[-8,-16,-6;1,0,0;0,1,0];
P=poly(A);
r=roots(P)
```

运行结果为

```
r =
    -5.0861
    -2.4280
    -0.4859
```

可见，特征方程的全部特征根均具有负实部，故系统是渐近稳定的。

方法二

MATLAB 程序如下所示。

```
A=[-8,-16,-6;1,0,0;0,1,0];
eig(A)
```

运行结果为

```
ans =
        -5.0861
        -2.4280
        -0.4859
```

与方法一得到的运行结果一致，矩阵 $\boldsymbol{A}$ 的所有特征值均具有负实部，故系统是渐近稳定的。

【例 5-27】 已知系统状态方程为

$$\dot{\boldsymbol{x}}=\begin{bmatrix}0 & 1\\-1 & -1\end{bmatrix}\boldsymbol{x}$$

将此系统离散化，设采样时间 t=0.05。试分析该系统离散化后系统的稳定性。

解：

MATLAB 程序如下所示。

```
A=[0,1;-1,-1];
B=[0;0];
[G,H]=c2d(A,B,0.05);
lam=eig(G);
abs(lam);                          %求特征值的模
lammax=max(abs(lam))
```

运行结果为

```
lammax =
    0.9753
```

可见，离散系统最大特征值的模为 0.9753<1，故系统是渐近稳定的。

【例 5-28】 已知连续时间线性定常系统状态方程为

$$\dot{\boldsymbol{x}}=\begin{bmatrix}0 & 1\\ -1 & -1\end{bmatrix}\boldsymbol{x}$$

显然原点是平衡状态，试分析系统稳定性。

解：

MATLAB 程序如下所示。

```
A=[0,1;-1,-1];
Q=[1,0;0,1];
P=lyap(A',Q)
P1=det(P(1,1))                %求 P 的一阶主子行列式
P2=det(P)                     %求 P 的二阶主子行列式
```

运行结果为

```
P =
        1.5000    0.5000
        0.5000    1.0000
P1 =
    1.5000
P2 =
    1.2500
```

可见，实对称阵 $\boldsymbol{P}$ 是正定的。因此，系统在原点处的平衡状态是渐近稳定的。

【例 5-29】 已知离散时间线性定常系统状态方程为

$$\boldsymbol{x}(k+1)=\begin{bmatrix}0.5 & 0\\ 0 & 0.1\end{bmatrix}\boldsymbol{x}(k)$$

试分析系统稳定性。

解：

MATLAB 程序如下所示。

```
G=[0.5,0;0,0.1];
Q=[1,0;0,1];
P=dlyap(G',Q)
P1=det(P(1,1))
P2=det(P)
```

运行结果为

```
P =
    1.3333         0
         0    1.0101
P1 =
    1.3333
P2 =
    1.3468
```

可见，实对称阵 $\boldsymbol{P}$ 是正定的。因此，系统是渐近稳定的。

5.7 本章小结

本章主要介绍了控制系统时域分析法、根轨迹法、频域分析法的基本概念及相关理论知识，介绍了与控制系统时域分析法、根轨迹法、频域分析法相关的 MATLAB 函数的应用方法，详细讲解应用 MATLAB/Simulink 对控制系统进行相应的性能分析。

习题

5.1 已知典型二阶系统的传递函数 $G(s)=\dfrac{\omega_n^{\ 2}}{s^2+2\xi\omega_n s+\omega_n^{\ 2}}$，其中 $\omega_n=0.6$，分别绘制 $\zeta=0.2,\ 0.6,\ 1,\ 1.6,\ 2$ 时的 Bode 图。

5.2 已知系统的开环传递函数为 $G(s)=\dfrac{10}{s(2s+1)(10s+1)}$，应用 MATLAB 绘制其幅频特性曲线和奈氏曲线。

5.3 已知某控制系统开环传递函数为 $G(s)=\dfrac{40}{(s+5)(s-3)}$，应用 MATLAB 绘制系统的奈氏图，并判断系统的稳定性。

5.4 已知系统的开环传递函数为 $G(s)=\dfrac{100K}{s(s+5)(s+10)}$，应用 MATLAB 分别绘制 $K=1,\ 8,\ 20$ 时系统的奈氏图，判断系统的稳定性。

5.5 已知单位反馈控制系统的开环传递函数为 $G(s)=\dfrac{K}{s(s+2)(2s+4)}$，分析增益 K 对相角裕度的影响。

5.6 已知某高阶系统的传递函数为 $G(s)=\dfrac{5(0.0167s+1)}{s(0.03s+1)(0.0025s+1)(0.001s+1)}$，绘制系统的 Bode 图并计算系统的相角裕度和幅值裕度。

5.7 已知连续时间线性定常系统状态方程为

$$\dot{\boldsymbol{x}}=\begin{bmatrix}-2 & -2.5 & -0.5\\ 1 & 0 & 0\\ 0 & 1 & 0\end{bmatrix}\boldsymbol{x}$$

试利用 MATLAB 分析系统稳定性。

5.8 已知离散时间线性定常系统状态方程为

$$\boldsymbol{x}(k+1)=\begin{bmatrix}1 & 4 & 0\\ -3 & -2 & -3\\ 2 & 0 & 0\end{bmatrix}\boldsymbol{x}(k)$$

试利用 MATLAB 分析系统在平衡状态 $\boldsymbol{x}_e=0$ 的稳定性。

第6章 控制器设计

本章先介绍了 PID 控制器的结构、原理及其参数整定方法，然后通过典型示例详细讲解了三种控制系统校正方法，分别是根轨迹校正法、频率响应校正法和状态/输出反馈法，这三种方法分别适用于不同的控制系统，本章最后给出了相关的习题供读者练习，以巩固读者对本章内容的理解和掌握。

6.1 PID 控制器设计

PID 控制器（Proportion Integration Differentiation，比例积分微分控制器）作为最早实用化的控制器已有 70 多年的历史，是目前工业控制中应用最广泛的控制器。PID 控制器由于其结构简单实用，且使用中无需精确的系统模型等优点，因此，95%以上的现代工业过程控制中仍然采用 PID 结构。

6.1.1 PID 控制器概述

PID 控制器由比例单元 P、积分单元 I 和微分单元 D 三部分组成，其结构原理框图如图 6-1 所示。简单来说，PID 控制器就是对输入信号 $r(t)$和输出信号 $c(t)$的差值 $e(t)$（即误差信号）进行比例、积分和微分处理，再将其加权和作为控制信号 $u(t)$来控制受控对象，从而完成控制过程的。

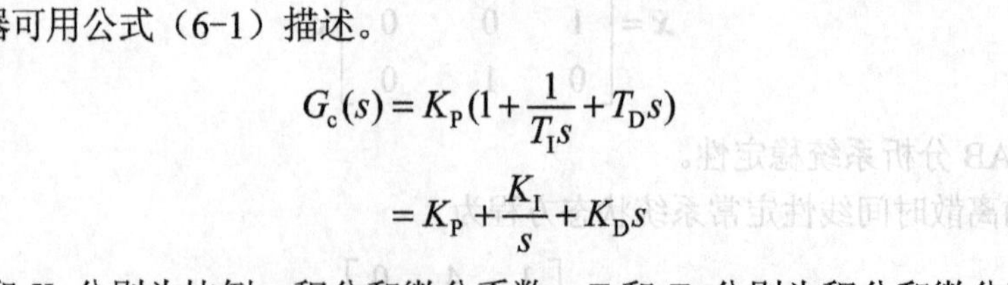

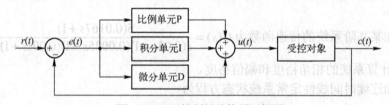

图 6-1 PID 控制器结构原理框图

PID 控制器可用公式（6-1）描述。

$$
\begin{aligned}
G_c(s) &= K_P(1+\frac{1}{T_I s}+T_D s) \\
&= K_P+\frac{K_I}{s}+K_D s
\end{aligned}
\tag{6-1}
$$

式中，K_P、K_I 和 K_D 分别为比例、积分和微分系数；T_I 和 T_D 分别为积分和微分时间。

一个 PID 控制器的设计重点在于设定 K_P、K_I 和 K_D 三个参数的值。实际使用时，不一定三个单元都具备，也可以只选取其中的一个或两个单元组成控制器。

6.1.2 比例控制器

比例控制是最简单的控制方法之一。比例控制器的输出与输入误差信号成比例关系，其传递函数如公式（6-2）所示。

$$G_c(s) = K_P \tag{6-2}$$

式中，K_P 为比例系数（增益），其值可正可负。比例控制只改变系统增益，不影响相位。仅采用比例控制时系统输出存在稳态误差。增大 K_P 可以提高系统开环增益，减小系统稳态误差，但是会降低系统稳定性，甚至可能造成闭环系统的不稳定。

【例 6-1】 某控制系统如图 6-2 所示，其中 $G_o(s) = \dfrac{1}{(3s+1)(2s+1)(s+1)}$，在控制单元施加比例控制，并且采用不同的比例系数 K_P=0.1，0.5，1，2，5，10，观察各比例系数下系统的单位阶跃响应及控制效果。

图 6-2 例 6-1 系统结构图

解：在 MATLAB 中完成如下程序。

```
Kp=[0.1,0.5,1,2,5,10];
Go=tf(1, conv(conv([1,1],[2,1]),[3,1]) );                %系统开环传递函数
for i=1:6
    G=feedback(Go.*Kp(i),1);                              %不同比例系数下的系统闭环传递函数
    step(G); hold on;                                     %求系统的单位阶跃响应
end
gtext('Kp=0.1');gtext('Kp=0.5'); gtext('Kp=1');          %放置 Kp 值的文字注释
gtext('Kp=2'); gtext('Kp=5');gtext('Kp=10');
```

运行程序得到不同比例系数下的系统单位阶跃响应曲线，如图 6-3 所示。

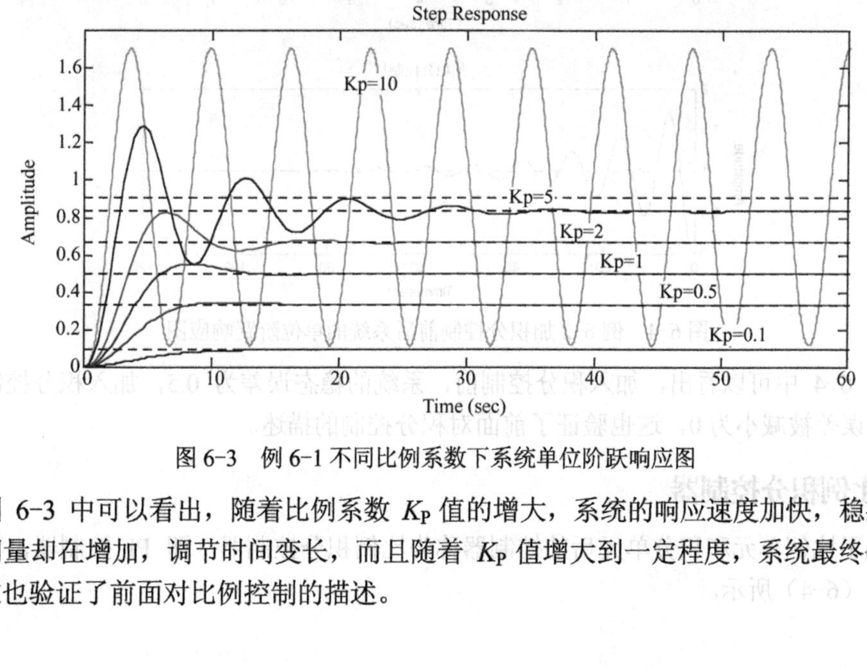

图 6-3 例 6-1 不同比例系数下系统单位阶跃响应图

从图 6-3 中可以看出，随着比例系数 K_P 值的增大，系统的响应速度加快，稳态误差减小，超调量却在增加，调节时间变长，而且随着 K_P 值增大到一定程度，系统最终会变得不稳定。这也验证了前面对比例控制的描述。

6.1.3 积分控制器

积分控制器的传递函数如公式（6-3）所示。

$$G_c(s)=\frac{K_I}{s} \tag{6-3}$$

式中，K_I 为积分系数。积分控制器的主要作用是消除系统的稳态误差。但是，积分单元的引入会带来相位滞后，为系统的稳定性带来不良影响，设置积分控制器可能造成系统不稳定。因此，积分控制单元一般不单独作为控制器使用，而是结合比例单元 P 和微分单元 D 组成 PI 或 PID 控制器使用。

【例 6-2】 某控制系统如图 6-2 所示，其中 $G_o(s)=\frac{1}{(s+1)(2s+1)}$，在控制单元施加积分控制 1/*s*，观察施加积分控制前后系统稳态误差的变化。

解： 在 MATLAB 中完成如下程序。

```
Go=tf(1, conv([1,1],[2,1]) );                %系统开环传递函数
Gc=tf(1,[1,0]);                              %积分控制函数
subplot(2,1,1);step(feedback(Go,1));         %原系统闭环传递函数的单位阶跃响应曲线
title('加积分控制前');
subplot(2,1,2);step( feedback(Go*Gc,1));     %加积分控制后系统单位阶跃响应曲线
title('加积分控制后');
```

运行程序得到加积分控制前后系统的单位阶跃响应曲线，如图 6-4 所示。

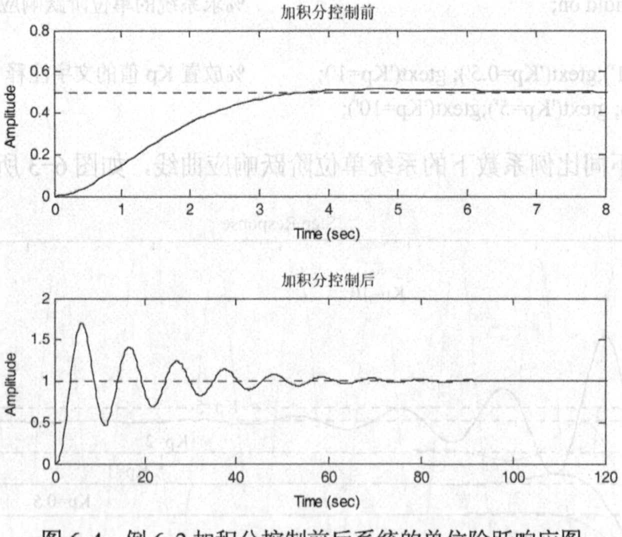

图 6-4　例 6-2 加积分控制前后系统的单位阶跃响应图

从图 6-4 中可以看出，加入积分控制前，系统的稳态误差为 0.5，加入积分控制后，系统的稳态误差被减小为 0，这也验证了前面对积分控制的描述。

6.1.4 比例积分控制器

加入了比例单元和积分单元后的控制器称为比例积分控制器，即 PI 控制器，其传递函数如公式（6-4）所示。

$$G_c(s) = K_P(1+\frac{1}{T_I s}) = K_P + \frac{K_I}{s} \quad (6-4)$$

式中，K_P 和 K_I 分别为比例系数和积分系数；T_I 为积分时间。PI 控制器兼具比例控制器和积分控制器的优点，因此，工程中常用来改善系统稳态性能，减小或消除稳态误差。

【例 6-3】 某控制系统如图 6-2 所示，其中 $G_o(s)=\frac{1}{(4s+1)(s+1)}$，在控制单元施加比例积分控制，比例系数 K_P 为 2，积分时间的值分别取 T_I=10，5，2，1，0.5，观察各积分时间下系统的单位阶跃响应及控制效果。

解：在 MATLAB 中完成如下程序。

```
Kp=2;
Ti=[10,5,2,1,0.5];
Go=tf(1, conv([4,1],[1,1]) );          %系统开环传递函数
for i=1:5
    Gc=tf([Kp*Ti(i),1],[Ti(i),0]);     %PI 控制器函数
    G=Go*Gc;                           %PI 校正后系统开环传递函数
    step(feedback(G,1));               %PI 校正后系统单位阶跃响应
    hold on;
end
gtext('Ti=10');gtext('Ti=5');          %添加注释
gtext('Ti=2');gtext('Ti=1');gtext('Ti=0.5');
```

运行程序，得到如图 6-5 所示的单位阶跃响应图。从图 6-5 中可以看出，加入 PI 控制后，系统的稳态误差被减小为 0，T_I=2 时的控制效果最佳。但是，随着 T_I 值的减小，系统的超调量加大，如果继续减小 T_I 值，最后势必会使系统出现震荡。

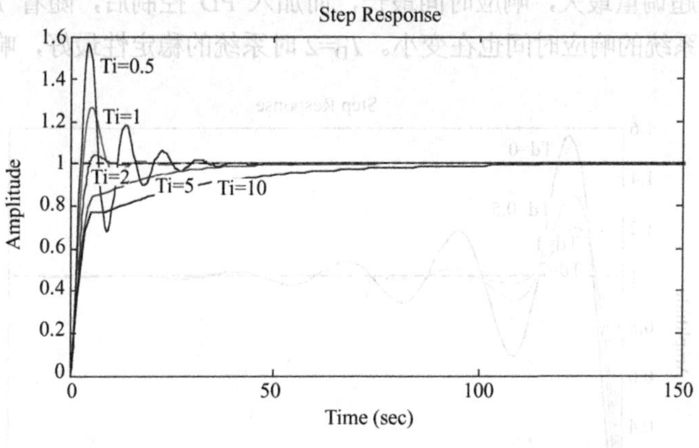

图 6-5 例 6-3 加 PI 控制后在不同 T_I 值下系统的单位阶跃响应图

6.1.5 比例微分控制器

加入了比例单元和微分单元后的控制器称为比例微分控制器，即 PD 控制器，其传递函

数如公式（6-5）所示。

$$G_c(s)=K_P(1+T_Ds)\\=K_P+K_Ds \quad (6-5)$$

式中，K_P和K_D分别为比例系数和微分系数；T_D为微分时间。微分单元可以对系统误差的变化进行超前的预测，从而避免被控系统的超调量过大，同时减小系统的响应时间。微分单元可以反映误差的变化率，只有误差随时间变化时，微分控制才会起作用，而处理无变化或者变化缓慢的对象时不起作用。因此，微分单元D不能与被控系统单独串联使用，而是结合比例单元P和积分单元I组成PD或PID控制器使用。

【例 6-4】 某控制系统如图 6-2 所示，其中$G_o(s)=\dfrac{1}{s(4s+1)}$，在控制单元施加比例微分控制，比例系数$K_P$为2，微分时间的值分别取$T_D$=0，0.1，0.5，1，2，观察各微分时间下系统的单位阶跃响应及控制效果。

解： 在MATLAB中完成如下程序。

```
Kp=2;
Td=[0,0.5,1,2];
Go=tf(1, conv([4,1],[1,0]));                    %原系统开环传递函数
for i=1：4
    G=tf([Kp*Td(i),Kp],conv([4,1],[1,0]));     %PD 校正后系统开环传递函数
    step(feedback(G,1));                          %PD 校正后系统单位阶跃响应
    hold on;
end
gtext('Td=0');gtext('Td=0.5');                   %添加注释
gtext('Td=1');gtext('Td=2');
```

运行程序，得到如图 6-6 所示的单位阶跃响应图。从图 6-6 中可以看出，没有微分控制时（T_D=0）系统的超调量最大，响应时间最长，而加入 PD 控制后，随着T_D值的增加，系统的超调量在减小，系统的响应时间也在变小。T_D=2 时系统的稳定性最好，响应时间最快。

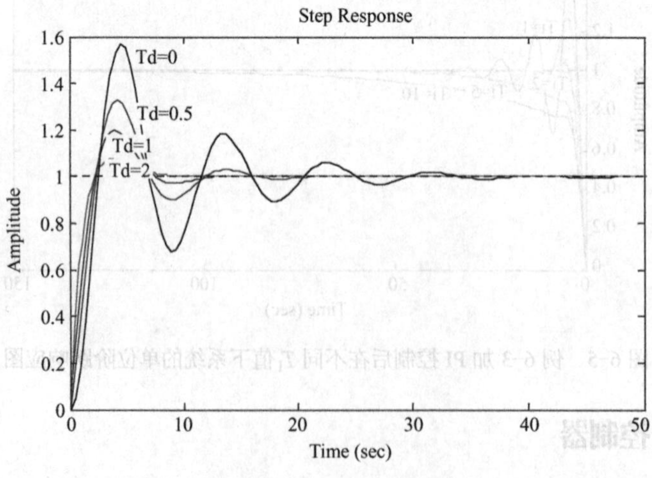

图 6-6　例 6-4 加 PD 控制后在不同T_D值下系统的单位阶跃响应图

6.1.6　比例积分微分控制器

同时兼具比例单元、积分单元和微分单元的控制器称为比例积分微分控制器，即 PID 控制器，其传递函数如公式（6-6）所示。

$$
\begin{aligned}
G_c(s) &= K_P\left(1+\frac{1}{T_I s}+T_D s\right) \\
&= K_P+\frac{K_I}{s}+K_D s
\end{aligned}
\tag{6-6}
$$

式中，K_P、K_I 和 K_D 分别为比例、积分和微分系数；T_I 和 T_D 分别为积分和微分时间。PID 控制器兼有 PI 控制器和 PD 控制器的优点，既可以减小系统稳态误差，加快响应速度，又可以减小超调量。实际工程中，PID 控制器被广泛应用。

【例 6-5】 某控制系统如图 6-2 所示，其中 $G_o(s)=\dfrac{1}{s^2+8s+24}$，在控制单元施加 PID 控制器，比例系数的值取 K_P=200，积分系数的值取 K_I=350，微分系数的值取 K_D=8，观察施加 PID 控制器前后系统的单位阶跃响应及控制效果。

解： 在 MATLAB 中完成如下程序。

```
num=1;den=[1,8,24];
Go=tf(num,den);                    %原开环函数
Kp=200;Ki=350;Kd=8;                %PID 参数
Gc=tf([Kd,Kp,Ki],[1,0]);           %PID 控制器函数
G_PID=Gc*Go;                       %加入 PID 控制后的开环函数
figure(1);step(feedback(Go,1));title('施加 PID 控制器前');
figure(2);step(feedback(G_PID,1));title('施加 PID 控制器后');
```

运行程序，得到如图 6-7 所示的单位阶跃响应图。从图 6-7 中可以看出，没有施加 PID 控制器时系统存在很大的稳态误差，而加入 PID 控制器后，系统的稳态误差减小为 0，系统的超调量和响应时间都比较小。

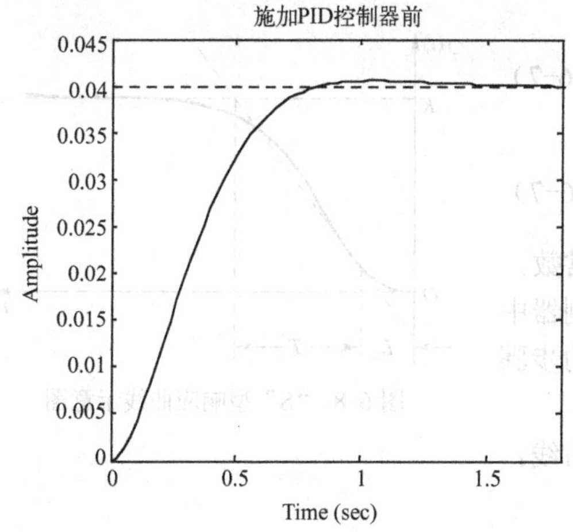

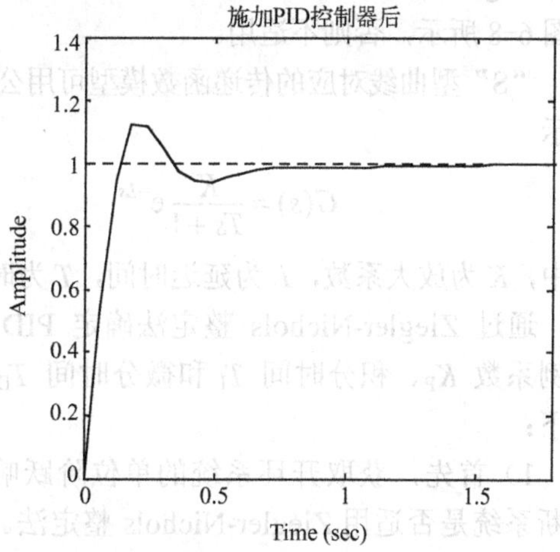

图 6-7　例 6-5 加入 PID 控制前后系统的单位阶跃响应图

综合以上内容，对 PID 控制器每个单元的作用和特点进行了总结。

比例单元 P：相当于引入一个增益来放大误差信号的幅值，从而加快控制系统的响应速度。增益值越大，系统的响应速度越快，但是系统的超调量也随之增加，系统到达稳定状态的调节时间加长，甚至可能导致系统的不稳定。

积分单元 I：可以消除系统稳态误差，同时引入了相位滞后。但是积分单元的引入相当于在系统中加入了极点，会对瞬时响应造成不良影响，甚至导致系统不稳定。

微分单元 D：起到了对误差变化进行预见性控制的作用。能够预测误差信号的变化趋势，在误差到达零之前，提前使抑制误差的控制作用为零，从而避免被控量严重超调，加快系统响应，减少调节时间。微分单元对惯性较大或滞后的系统控制效果较好，但是，由于其“超前”的控制特点，对纯滞后系统不能完成控制，而且容易引入高频信号噪声。

通过以上分析可知，比例单元 P、积分单元 I 和微分单元 D 都各有其特点和作用，单独使用时无法保证控制品质，所以一般不单独使用，而组合使用时比例单元是必不可缺的。

6.2 PID 控制器参数整定

PID 控制器的参数整定是指确定 PID 控制器的比例系数 K_P、积分时间 T_I 和微分时间 T_D，是 PID 控制器设计的核心内容。PID 控制器参数整定方法主要分为理论计算法和工程整定法。理论计算法是根据系统数学模型，通过理论计算确定控制器参数。工程整定法是按照工程经验公式确定控制器参数，主要有 Ziegler-Nichols 整定法、临界振荡法、衰减曲线法和凑试法。工程整定法与理论计算法相比优点是无需知道系统的数学模型，可以直接对系统进行现场整定，方法简单，容易掌握。需要注意的是，无论采取上述哪种方法整定 PID 控制器参数，都需要在系统实际运行中进行最后的调整和完善。

下面介绍几种工程整定法。

6.2.1 Ziegler-Nichols 整定法

Ziegler-Nichols 整定法只对被控对象的单位阶跃响应曲线为“S”型曲线的系统才可用，如图 6-8 所示，否则不适用。

“S”型曲线对应的传递函数模型可用公式（6-7）表示。

$$G(s)=\frac{K}{Ts+1}\mathrm{e}^{-Ls} \qquad (6\text{-}7)$$

式中，K 为放大系数，L 为延迟时间，T 为时间常数。

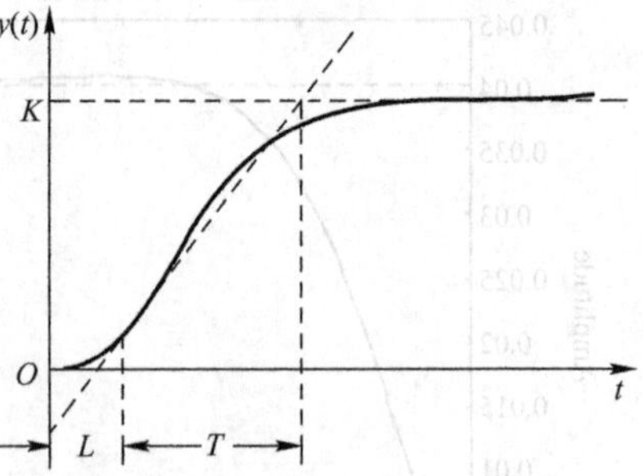

图 6-8 “S”型响应曲线示意图

通过 Ziegler-Nichols 整定法确定 PID 控制器中比例系数 K_P、积分时间 T_I 和微分时间 T_D 值的步骤如下：

1）首先，获取开环系统的单位阶跃响应曲线，判断系统是否适用 Ziegler-Nichols 整定法。

2）按照图 6-8 所示的“S”型响应曲线参数求法，确定 K、L 和 T 的值。

3）根据表 6-1 确定所需的 P、PI 或 PID 控制器中各个参数的值。

表 6-1　Ziegler-Nichols 整定法控制器参数的经验公式

控制器类型	比例系数 K_P	积分时间 T_I	微分时间 T_D
P	$T/(K \cdot L)$	-	-
PI	$0.9\ T/(K \cdot L)$	$3L$	-
PID	$1.2\ T/(K \cdot L)$	$2L$	$0.5L$

【例 6-6】 已知一个系统的开环传递函数为 $G(s)=\dfrac{8}{40s+1}e^{-10s}$，试采用 Ziegler-Nichols 整定法计算系统 P、PI 和 PID 控制器的参数，并绘制整定后系统的单位阶跃响应曲线。

解：首先，利用 Simulink 建立如图 6-9 所示的系统模型。

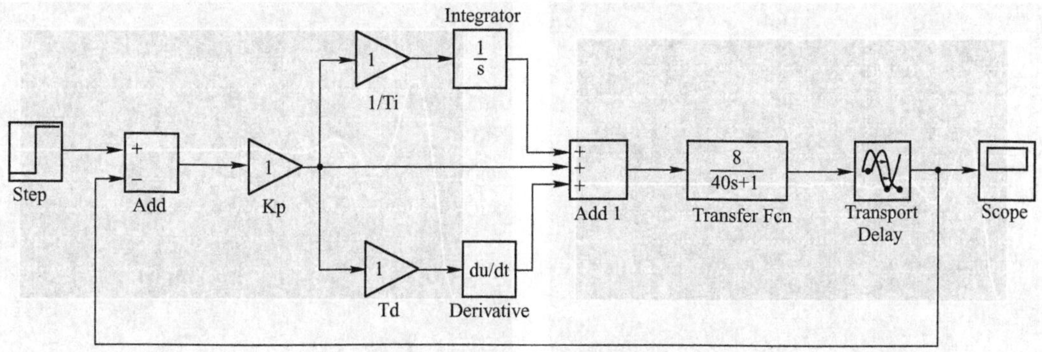

图 6-9　例 6-6 系统的 Simulink 模型

然后，绘制开环系统的单位阶跃响应曲线。需要断开系统中的反馈连线、积分器“Integrator”和微分器“Derivative”的输出连线，并将“K_P”置为 1，选定合适的仿真时间，运行仿真，运行结束后双击示波器“Scope”，就可以查看仿真得到的单位阶跃响应曲线图，如图 6-10 所示。

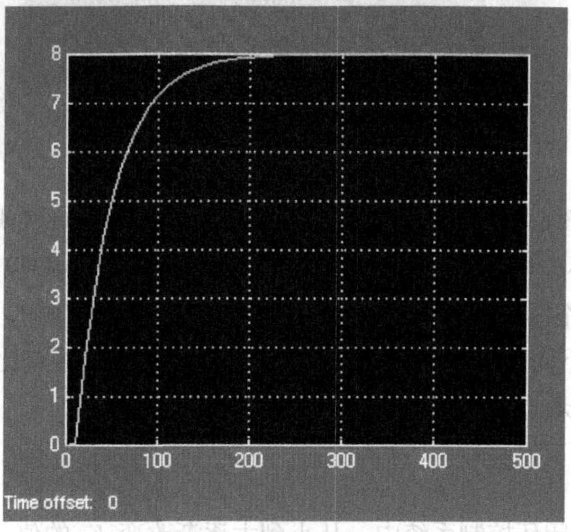

图 6-10　开环系统单位阶跃响应曲线

再按照图 6-8 所示的"S"型响应曲线参数求法，得到参数 K、L 和 T 的值：

$$K=8,\ L=10,\ T=40$$

如果从示波器输出曲线图不容易直接确定这 3 个参数的值，那么可以将输出数据导入到 MATLAB 工作空间中，然后通过编程求取这 3 个参数的值。

再根据表 6-1 可以分别计算得到系统 P 控制、PI 控制和 PID 控制时的参数：

P 控制器：K_P=0.5；

PI 控制器：K_P=0.45，T_I=30；

PID 控制器：K_P=0.6，T_I=20，T_D=5。

最后，修改 Simulink 系统模型的参数及连线使其分别满足 P 控制、PI 控制和 PID 控制，并运行仿真，查看示波器"Scope"中的单位阶跃响应曲线，如图 6-11 所示。

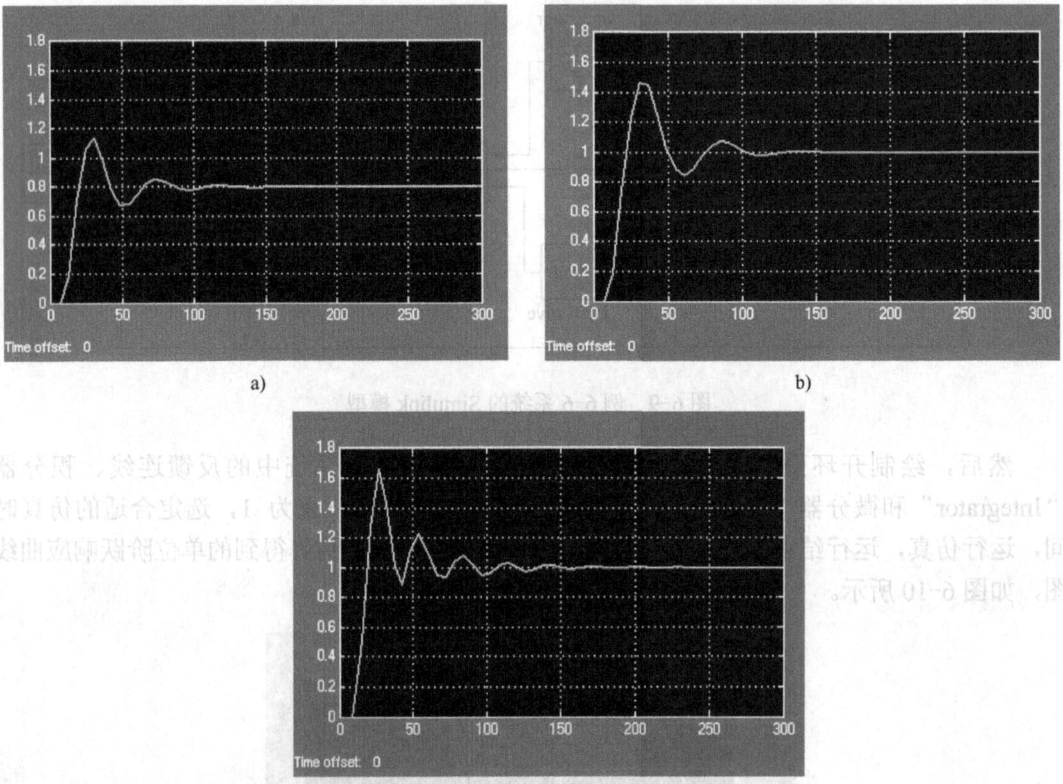

a)　　b)　　c)

图 6-11　系统 P、PI 和 PID 控制时的单位阶跃响应曲线

a) 系统 P 控制时的单位阶跃响应曲线　b) 系统 PI 控制时的单位阶跃响应曲线　c) 系统 PID 控制时的单位阶跃响应曲线

通过图 6-11 中三个图的对比可以看出，P 控制和 PI 控制的响应速度基本相同，但是两者的比例系数 K_P 的值不同，因此系统稳定的输出值不同。PID 控制比 P 控制和 PI 控制的响应速度快，但是超调量是三者中最大的。

6.2.2 临界振荡法

在只有比例单元的闭环控制系统中，从小到大逐渐改变 K_P 的值，直到 K_P 等于 K_W 时系统开始产生如图 6-12 所示的等幅振荡。此时的比例值 K_W 为临界比例系数 K_C，振荡周期为

临界振荡周期 T_C，利用这两个值就可以依据经验公式计算 P、PI 和 PID 控制器的各个参数，如表 6-2 所示。这种方法称为临界振荡法，也称为临界比例度法或稳定边界法。采用临界振荡法时，系统产生等幅振荡的条件是系统的阶数是 3 阶或 3 阶以上。

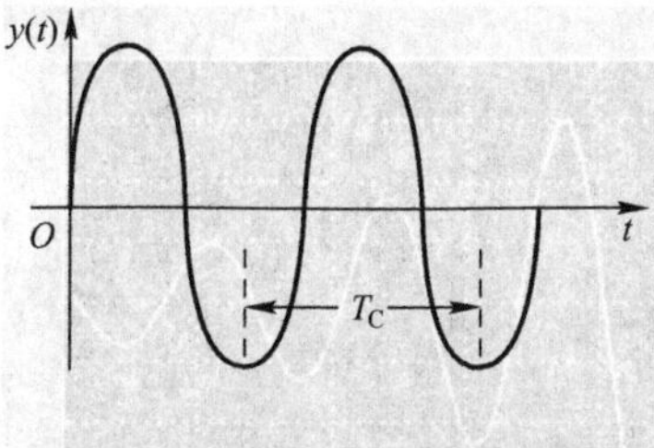

图 6-12　等幅振荡曲线示意图

表 6-2　临界振荡法控制器参数的经验公式

控制器类型	比例系数 K_P	积分时间 T_I	微分时间 T_D
P	$0.5K_C$	-	-
PI	$0.45K_C$	$0.833T_C$	-
PID	$0.6K_C$	$0.5T_C$	$0.125T_C$

临界振荡法的参数整定步骤如下：

1）从小到大调节 K_P 的值进行试验，直到获取系统的等幅振荡曲线。

2）记录输出等幅振荡曲线时的临界比例系数值 K_C 和临界振荡周期值 T_C。

3）根据表 6-2 中的经验公式，计算所需的 P、PI 或 PID 控制器中各个参数的值。

【例 6-7】 已知某系统的开环传递函数为 $G(s)=\dfrac{1}{(s+3)(s+2)(s+1)}$，试采用临界振荡法计算系统 P、PI 和 PID 控制器的参数，并绘制整定后系统的单位阶跃响应曲线。

解：首先，利用 Simulink 建立如图 6-13 所示的系统模型。

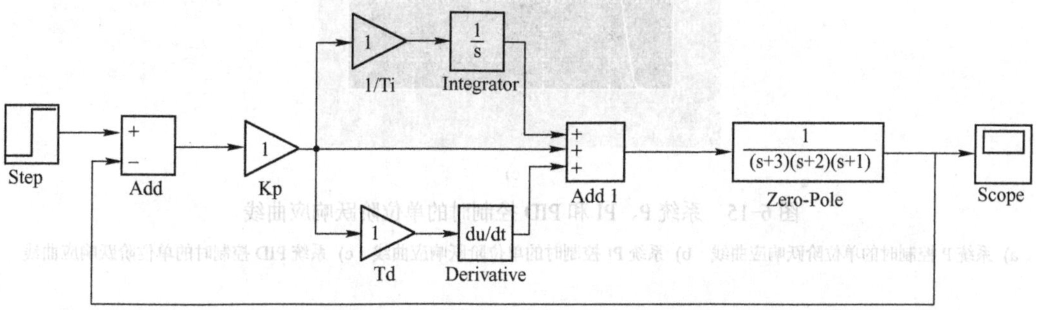

图 6-13　例 6-7 的系统 Simulink 模型

然后，获取系统的等幅振荡曲线。需要断开系统中积分器“Integrator”和微分器“Derivative”的输出连线，从小到大改变“K_P”的值进行试验，每次仿真运行结束后双击示波器“Scope”查看输出，直到示波器输出等幅振荡曲线，如图 6-14 所示。此时，K_C 的值为 60，T_C 的值为 2。

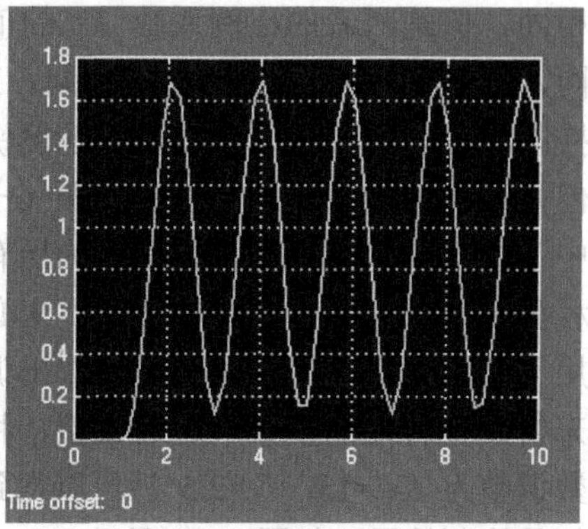

图 6-14　例 6-7 系统的等幅振荡曲线

再根据表 6-2 分别计算得到系统 P 控制、PI 控制和 PID 控制时的参数。

P 控制器：K_P=30；

PI 控制器：K_P =27，T_I=1.667；

PID 控制器：$K_P=36$，$T_I=1$，$T_D=0.25$。

最后，修改 Simulink 系统模型的参数及连线使其分别满足 P 控制、PI 控制和 PID 控制，并运行仿真，查看示波器“Scope”中的单位阶跃响应曲线，如图 6-15 所示。

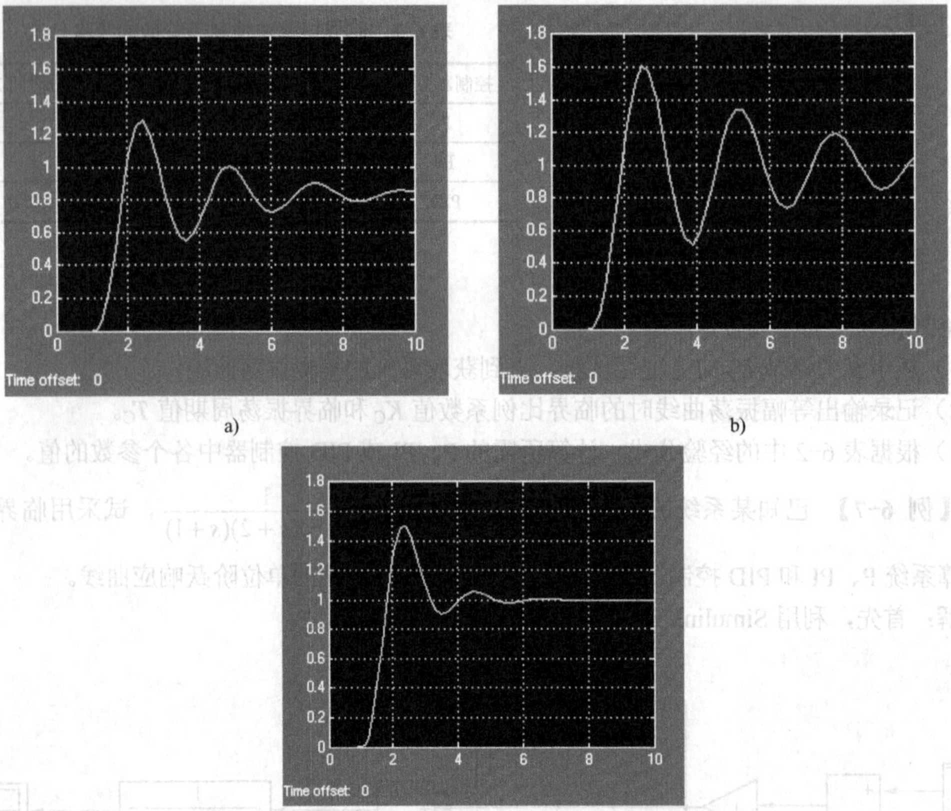

a)　b)　c)

图 6-15　系统 P、PI 和 PID 控制时的单位阶跃响应曲线

a) 系统 P 控制时的单位阶跃响应曲线　b) 系统 PI 控制时的单位阶跃响应曲线　c) 系统 PID 控制时的单位阶跃响应曲线

通过图 6-15 中三个图的对比可以看出，P 控制和 PI 控制的响应速度基本相同，但是两者的比例系数 K_P 的值不同，因此系统稳定的输出值不同。PID 控制比 P 控制和 PI 控制的响应速度快，但是超调量稍大。还可以看出图 6-15b 中 PI 控制的效果较差，这是因为所有工程整定法依据的都是经验公式，未必适用于任何情况下，这样就需要作出调整来得到更合适的参数。通过试验，将参数调整为 $K_P=15$，$T_I=2.5$ 后可以得到更好的控制效果，如图 6-16 所示。

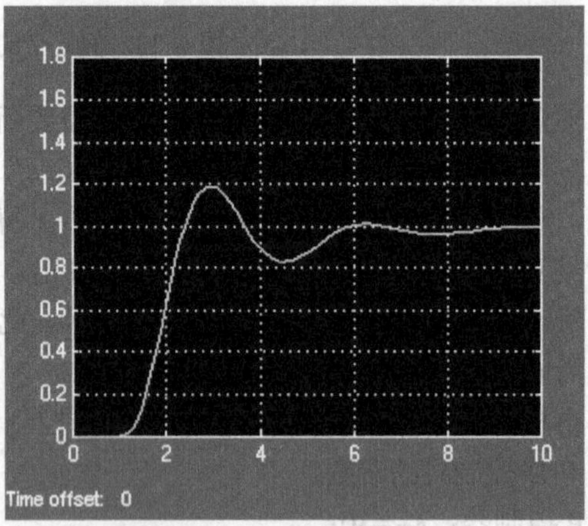

图 6-16　调整参数后系统 PI 控制时的单位阶跃响应曲线

6.2.3 衰减曲线法

衰减曲线法是根据衰减频率特性来进行控制器参数整定的，常采用 4∶1 衰减曲线法。4∶1 衰减曲线法的参数整定步骤如下：

1）使控制器只有比例单元作用，从小到大调节 K_P 的值进行试验，直到系统的单位阶跃响应曲线出现 4∶1 衰减，如图 6-17 所示。

2）记录系统 4∶1 衰减曲线中两个相邻波峰的时间间隔 T_S，它被称为 4∶1 衰减振荡周期，此时的比例系数为衰减比例系数 K_S。

3）根据表 6-3 中的经验公式和 T_S 的值，计算所需的 P、PI 或 PID 控制器中各个参数的值。

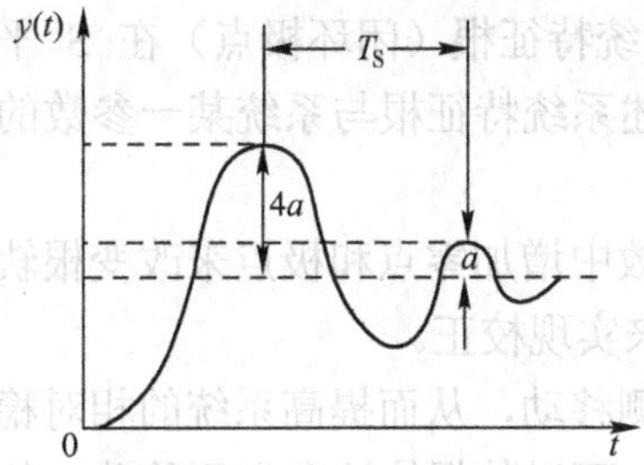

图 6-17 4∶1 衰减曲线示意图

表 6-3 4∶1 衰减曲线法控制器参数的经验公式

控制器类型	比例系数 K_P	积分时间 T_I	微分时间 T_D
P	K_S	-	-
PI	$0.833K_S$	$0.5T_S$	-
PID	$1.25K_S$	$0.3T_S$	$0.1T_S$

运用衰减曲线法时有以下注意事项：

1）反应较快的控制系统，要认定 4∶1 衰减曲线和读出 T_S 比较困难，此时，可用记录指针来回摆动两次就达到稳定来认定 4∶1 衰减曲线。

2）在生产过程中，负荷变化会影响系统特性。当负荷变化过大时，必须重新整定控制器参数值。

3）若认为 4∶1 衰减曲线法太慢可采用 10∶1 衰减曲线法。10∶1 衰减曲线法的参数整定步骤与 4∶1 衰减曲线法一致，只是曲线衰减比例不同，计算时所采用的经验公式也有所不同，使用时可查阅相关文献。

此处不再给出运用衰减曲线法进行 PID 控制器参数整定的示例，读者可通过在 Simulink 中完成本章课后习题 3 来学习运用衰减曲线法。

6.2.4 凑试法

在实际应用中，进行 PID 参数整定时，更多的是根据比例、积分和微分单元的作用和特点采用凑试法来确定参数值。参考各个参数对系统控制过程的影响趋势，对参数调整实行先比例、再积分、最后微分的整定顺序。过程大体如下：

1）先整定比例单元，将比例系数 K_P 由小变大，同时观察系统的响应曲线，直到得到响应较快、超调量较小的响应曲线。如果此时系统静态误差已经小到可接受范围，且响应曲线良好，则不需要继续增加积分和微分单元；否则，加入积分单元并继续整定。

2）先将调好的比例系数 K_P 略微缩小为 0.8 倍左右，将积分时间 T_I 设置为一个较大的值，再逐渐减小积分时间 T_I，同时适当的调整比例系数 K_P 的值，直到系统静态误差得以消除且系统动态性能良好。如果反复调整积分时间 T_I 和比例系数 K_P 的值仍然得不到满意的动态过程则加入微分单元并继续整定。

3）先将微分时间 T_D 置为 0，再逐渐增加微分时间 T_D，同时适当地调整积分时间 T_I 和比例系数 K_P 的值，直到得到满意的控制效果。

此外，常用的一些控制系统，如温度控制系统、流量控制系统和压力控制系统等，在长期的生产实践中已经总结出一些经验参数，可以根据这些经验参数再结合具体系统调整相应的参数进行凑试，从而加快参数整定的过程。

6.3 控制系统校正的根轨迹法

根轨迹是开环系统某一参数从 0 变化到∞时，闭环系统特征根（闭环极点）在 S 平面（复平面）上移动的轨迹。根轨迹法是一种通过图解法描述系统特征根与系统某一参数的全部数值关系的方法。多数情况下，该参数指的是增益。

用根轨迹法进行校正实质上是通过在系统开环传递函数中增加零点和极点来改变根轨迹形状，从而使根轨迹在 S 平面上通过期望的主导闭环极点来实现校正。

在系统开环传递函数中增加零点，可以使根轨迹向左侧移动，从而提高系统的相对稳定性，减小系统响应时间。在系统开环传递函数中增加极点，可以使根轨迹向右侧移动，从而降低系统的相对稳定性，增大系统响应时间。上节内容在系统中加入积分单元和微分单元这一过程就相当于在系统中增加极点和零点来对被控系统进行校正。

如果系统的性能指标是以超调量、上升时间、响应（调整）时间、阻尼和稳态误差等进行表示时，那么可以考虑采用根轨迹法校正。

6.3.1 基于根轨迹法的超前校正

在设计控制系统时，如果原系统的动态特性不能满足设计指标要求，那么可以考虑采用串联超前校正装置来改善原系统的动态特性。超前校正装置的传递函数可以用公式（6-8）表示为零极点的形式：

$$G_c(s)=\frac{s+z_c}{s+p_c},\text{其中}\,|z_c|<|p_c| \tag{6-8}$$

基于根轨迹法的超前校正步骤如下：

1）根据系统性能指标要求，确定期望的闭环主导极点的位置。

2）绘制校正前系统的根轨迹图，判断期望的闭环主导极点是否位于根轨迹图上。如果根轨迹图通过期望的闭环主导极点，则只需调整开环增益就可以产生期望的闭环极点。如果根轨迹图不通过期望的闭环主导极点，且位于期望主导极点的右侧，则应该加入超前校正装置。

3）确定超前校正装置的零点 z_c 和极点 p_c 的位置。先确定零点 z_c，再确定极点 p_c。零点 z_c 可以直接放置在期望闭环主导极点的下方，或者放置在前两个实极点的左侧。再根据校正后系统期望闭环主导极点应产生的相角的值和根轨迹的相角条件，确定极点 p_c 的位置。

4）计算在期望的闭环主导极点处校正后系统的开环增益 K_c。

5）计算加入超前校正装置后系统的开环传递函数 $G_c(s)$。

6）检验校正后系统是否满足预期的设计指标。如果不能完全满足预期设计指标，则按照以上步骤适当调整校正装置零点和极点的位置，并重复以上步骤。

【例 6-8】 已知某单位反馈系统的开环传递函数为 $G_o(s)=\dfrac{1}{s(s+5)(s+20)}$，设计超前校正装置，使系统的单位阶跃响应满足以下性能指标：

1）超调量 $\sigma_p \leqslant 25\%$。

2）调整时间 $t_s \leqslant 1s$（2%误差范围）。

解：1）根据给定的系统性能指标，求出期望主导闭环极点的位置。

先根据 $\sigma_p = e^{-\zeta\pi\sqrt{1+\zeta^2}} \leqslant 25\%$ 求出 ζ 的取值范围。

```
zeta=0:0.001:0.99;
sigma=exp(-zeta*pi./sqrt(1-zeta.^2))*100;
plot(zeta,sigma);
xlabel('\zeta');xlabel('\sigma');
z=spline(sigma,zeta,25);                 %计算 zeta 的取值范围
```

运行以上程序，得到 $\zeta \geqslant 0.40$，取 $\zeta=0.4$。

再根据 $t_s \approx \dfrac{4}{\zeta\omega_n} \leqslant 1s$ 和 $\theta=\arccos\zeta$，求得 $\zeta\omega_n=4$ 和 $\theta=66°$。

确定系统期望的闭环主导极点为 $p_1=-4+9j$，$p_2=-4-9j$。

2）绘制原系统的根轨迹，如图 6-18 所示，可见系统期望的闭环主导极点并不在原系统的根轨迹上。

```
num=1;den=conv([1,5,0],[1,20]);
Go=tf(num,den);                 %原系统的开环传递函数 Go
rlocus(Go);                     %绘制 Go 的根轨迹
```

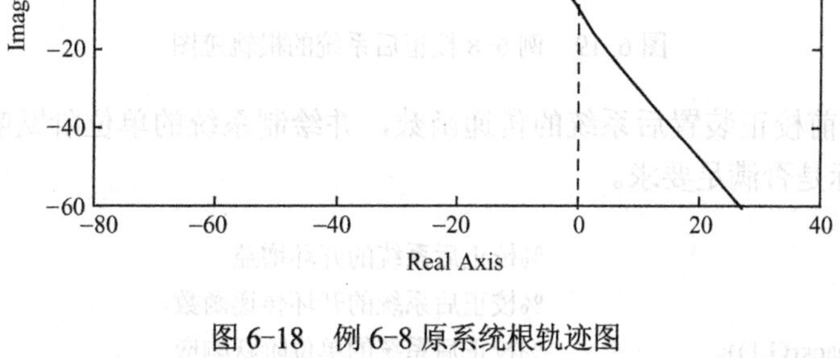

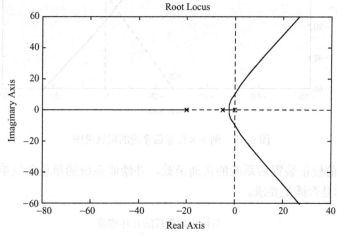

图 6-18　例 6-8 原系统根轨迹图

3）确定超前校正装置的零点 z_c 和极点 p_c 的位置。

确定零点 z_c 的位置：直接在期望的闭环极点位置下方增加一个相位超前网络的实零点，

取 $z_c=-4$。

确定极点 p_c 的位置：根据校正后系统期望闭环主导极点应产生的相角 Φ 的值和根轨迹的相角条件，确定极点 p_c 的位置。

```
x=-4：-0.01：-30;
ang=90-angle(-4+j*9-0)*180/pi-angle(-4+j*9+5)*180/pi-angle(-4+j*9+20)*180/pi-angle(-4+j*9-x)*180/pi;
                                        %在期望闭环主导极点处的相角
pc=spline(ang,x,-180);                  %计算极点 pc 的位置
```

运行以上程序可得 p_c 的值为−13.64，取极点 $p_c=-13.64$。

4）计算校正后系统的开环增益 K_c。

```
numc=[1,4];denc=[1,13.64];
Gc=tf(numc,denc);                       %超前校正装置的传递函数
G=Go*Gc;
rlocus(G);                              %校正后系统的根轨迹
sgrid(0.4,[]);                          %叠加阻尼线
```

运行以上程序，得到图 6-19 中校正后系统的根轨迹图，可以看出期望闭环主导极点处的增益值为 K_c=2400。

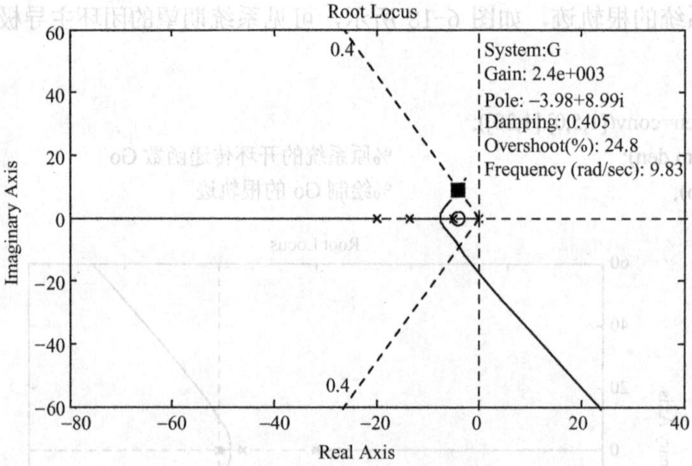

图 6-19　例 6-8 校正后系统的根轨迹图

5）求加入超前校正装置后系统的传递函数，并绘制系统的单位阶跃响应，以验证校正后系统的性能指标是否满足要求。

```
Kc=2400;                        %校正后系统的开环增益
G=Kc*G;                         %校正后系统的开环传递函数
step(feedback(G,1));            %校正后系统的单位阶跃响应
```

运行以上程序，得到图 6-20 所示单位阶跃响应图，从中可以看出，校正后系统的超调量为 18%，调整时间小于 1s，满足指标要求。

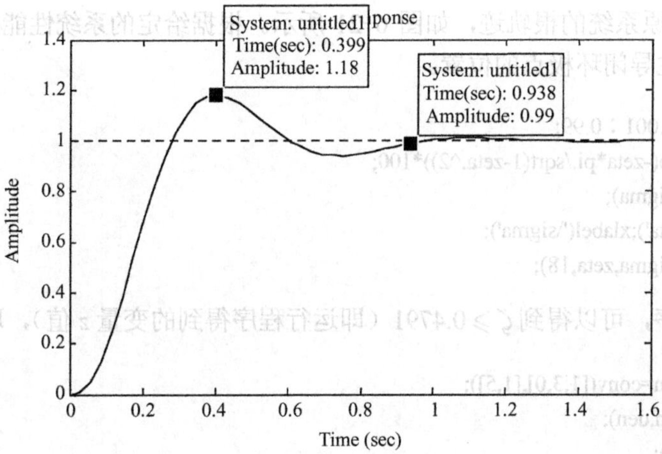

图 6-20　例 6-8 校正后系统的单位阶跃响应图

6.3.2　基于根轨迹法的滞后校正

在设计控制系统时，如果原系统的动态特性能够满足设计指标要求，但是稳态误差不满足要求，则可以采用串联滞后校正。基于根轨迹法的串联滞后校正可以增大闭环主导极点处的开环增益，从而减小系统的稳态误差却又不影响原系统的动态特性。滞后校正增加的零极点是一对靠近虚轴的偶极子，滞后校正装置的传递函数可以表示为如公式（6-9）所示的零极点形式：

$$G_c(s)=\frac{s+z_c}{s+p_c},\text{其中}|z_c|>|p_c| \tag{6-9}$$

基于根轨迹法的滞后校正步骤如下：

1）根据系统性能指标要求，确定期望的闭环主导极点的位置。

2）计算在期望的闭环主导极点上的开环增益 K_c。

3）计算校正前系统的误差系数，将指标中的误差系数和校正前系统的误差系数进行比较，得到需要由滞后校正装置提供的误差系数补偿值。

4）确定滞后校正装置的偶极子（零点 z_c 和极点 p_c）的位置。按照偶极子的零点和极点应该充分接近并靠近原点的原则，确定能够提供补偿又基本不改变期望闭环主导极点处的根轨迹的偶极子的位置。

5）计算加入滞后校正装置后系统的开环传递函数 $G_c(s)$。

6）检验校正后的系统是否满足预期的设计指标。如果不能完全满足预期设计指标，则按照以上步骤适当调整校正装置零点和极点的位置。

【例 6-9】 已知某单位反馈系统的开环传递函数为 $G_o(s)=\dfrac{1}{s(s+3)(s+5)}$，设计滞后校正装置，使系统在单位阶跃响应下满足以下性能指标：

1）超调量 $\sigma_p \leqslant 18\%$。

2）调整时间 $t_s \leqslant 10\text{s}$（5%误差范围）。

3）速度误差系数为 10。

解： 1）绘制原系统的根轨迹，如图 6-21 所示。根据给定的系统性能指标，在原系统根轨迹上确定期望主导闭环极点的位置。

```
zeta=0：0.001：0.99;
sigma=exp(-zeta*pi./sqrt(1-zeta.^2))*100;
plot(zeta,sigma);
xlabel('\zeta');xlabel('\sigma');
z=spline(sigma,zeta,18);
```

运行以上程序，可以得到$\zeta \geqslant 0.4791$（即运行程序得到的变量 z 值），取$\zeta=0.479$。

```
num=2;den=conv([1,3,0],[1,5]);
Go=tf(num,den);
rlocus(Go);
sgrid(0.479,[]);
```

运行以上程序，可以得到叠加阻尼线$\zeta=0.479$ 的根轨迹，通过阻尼线和根轨迹的交点，确定期望的闭环主导极点为 $p_1=-0.92+1.67\text{j}$，$p_2=-0.92-1.67\text{j}$。

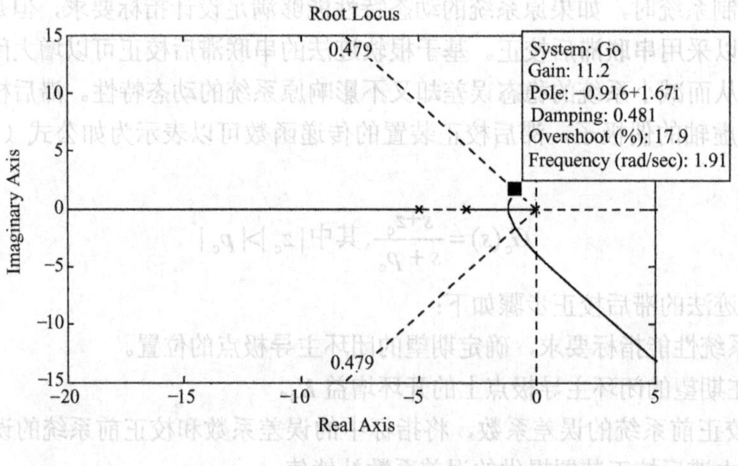

图 6-21　例 6-9 原系统的根轨迹

2）确定滞后校正装置的偶极子（零点 z_c 和极点 p_c）的位置。在图 6-21 所示的根轨迹上还可以读出期望的闭环主导极点处的开环增益 $K_c=11.2$，则校正前系统的稳态误差系数为 $K_v=11.2/3\times5=0.75$。据此，可以得到偶极子零点 z_c 和极点 p_c 的比值为 10/0.75=13.33。

预留一定的裕量，取尽量接近并靠近原点的偶极子为 $z_c=0.01$，$p_c=0.01/14=0.0007$。

3）求加入滞后校正装置后系统的传递函数，并绘制系统的单位阶跃响应，以验证校正后系统的性能指标是否满足要求。

```
Kc=11.2;
numc=[1,0.01];denc=[1,0.0007];
Gc=tf(numc,denc);
G=Kc*Go*Gc;
rlocus(G);
```

```
sgrid(0.4,[]);
step(feedback(G,1));
```

运行以上程序，得到图 6-22，从中可以看出，校正后系统的超调量为 17%，调整时间小于 10s，满足指标要求。

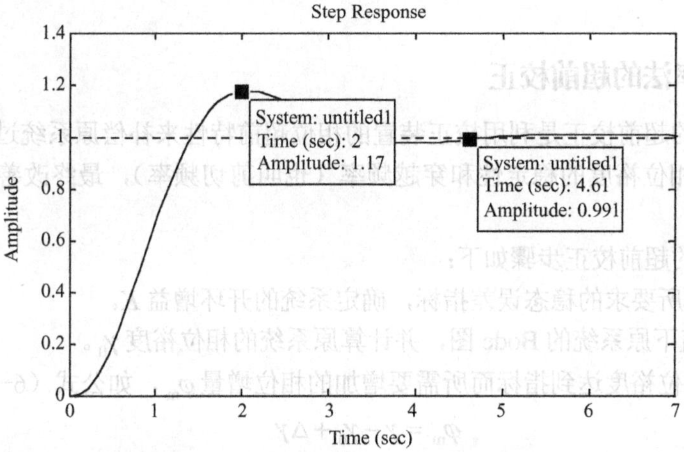

图 6-22　例 6-9 校正后系统的单位阶跃响应

6.3.3　基于根轨迹法的超前滞后校正

在设计控制系统时，如果原系统的动态特性和稳态误差系数均不能满足设计指标要求，那么可以考虑采用串联超前滞后校正装置来改善原系统的性能。先通过串联超前校正来改善系统的动态特性，然后再通过串联滞后校正来减小系统的稳态误差。超前滞后校正装置的传递函数可以表示为如公式（6-10）所示的零极点形式。

$$\begin{aligned}G_c(s) &= \frac{s+z_{c1}}{s+p_{c1}}\frac{s+z_{c2}}{s+p_{c2}}, \text{其中} |z_{c1}|<|p_{c1}|, |z_{c2}|>|p_{c2}| \\ &= G_{c1}(s)G_{c2}(s)\end{aligned} \tag{6-10}$$

基于根轨迹法的超前滞后校正步骤如下：

1）按照串联超前校正的设计方法设计原系统 $G_o(s)$的串联超前校正装置，并求出超前校正的传递函数 $G_{C1}(s)$。

2）将 $G_{C1}(s)$与原系统开环传递函数 $G_o(s)$合成为新的系统传递函数 $G'_o(s)$。

3）按照串联滞后校正的设计方法设计系统 $G'_o(s)$ 的串联滞后校正装置，并求出滞后校正的传递函数 $G_{C2}(s)$。

4）求出串联超前滞后校正装置的传递函数 $G_c(s)=K_cG_{c1}(s)G_{c2}(s)$。

5）检验校正后的系统是否满足预期的设计指标。如果动态特性不能满足预期设计指标，则返回步骤 1）重新设计；如果稳态误差不能满足预期设计指标，则返回步骤 3）重新设计。

由于超前滞后校正装置的设计方法就是超前校正和滞后校正装置设计方法的组合，此处不再列举实例进行演示，读者可以通过完成课后习题 6 进行学习。

6.4　控制系统校正的频率响应法

基于频率法的校正的基本思想：首先研究怎样改造原有系统的频率特性，才能使系统的性能满足指标要求；然后根据改造原有系统的频率特性的要求，确定在原有系统中需要附加的校正装置。

6.4.1　基于频率法的超前校正

基于频率法的超前校正是利用校正装置的相位超前特性来补偿原系统过大的相位滞后，从而提高系统的相位裕度的稳定性和穿越频率（也叫剪切频率），最终改善控制系统的动态特性。

基于频率法的超前校正步骤如下：

1）根据系统所要求的稳态误差指标，确定系统的开环增益 K。

2）绘制 K 值下原系统的 Bode 图，并计算原系统的相位裕度 γ_0。

3）计算使相位裕度达到指标而所需要增加的相位增量 φ_{m}，如公式（6-11）所示。

$$\varphi_{\mathrm{m}}=\gamma-\gamma_0+\Delta\gamma \tag{6-11}$$

其中，γ 为指标要求的相位裕度，$\Delta\gamma$ 为附加的相位裕度裕量，一般取 5°~15°。$\Delta\gamma$ 的引入是因为加入超前校正装置后会带来穿越频率的增大，从而减小相位裕度，这样就需要对相位增量进行补偿。

4）计算超前校正装置的参数 α，如公式（6-12）所示。

$$\alpha=\frac{1-\sin\varphi_{\mathrm{m}}}{1+\sin\varphi_{\mathrm{m}}} \tag{6-12}$$

5）确定校正后系统的幅值穿越频率 ω_{c}。在原系统的 Bode 图上，确定幅值为 $-20\lg\sqrt{\alpha}$ 时对应的频率值 ω_{m}，将 ω_{m} 作为校正后系统的幅值穿越频率 ω_{c}。

6）计算校正装置的参数 τ，如公式（6-13）所示。

$$\tau=\frac{1}{\omega_{\mathrm{c}}\sqrt{\alpha}} \tag{6-13}$$

7）计算超前校正装置的传递函数 $G_{\mathrm{c}}(s)$，计算方法如公式（6-14）所示。

$$G_{\mathrm{c}}(s)=\frac{\tau s+1}{\alpha\tau s+1} \tag{6-14}$$

8）对校正后系统的增益进行补偿。因为超前校正装置会带来系统幅值衰减，所以需要对系统增益进行补偿，补偿增益为 $K_{\mathrm{c}}=1/\alpha$。

9）计算校正后系统的开环传递函数 $G(s)=K_{\mathrm{c}}G_{\mathrm{c}}(s)G_0(s)$，其中，$G_0(s)$为原系统开环增益函数。

10）检验校正后系统是否满足预期的设计指标。如果不能完全满足预期设计指标，则对以上步骤中的参数进行适当修正，并重复步骤 3）以下步骤。

下面通过一个实例演示基于频率法的超前校正在 MATLAB 中的设计步骤与实现过程。

【例 6-10】 已知某单位负反馈系统的开环传递函数为 $G_{\mathrm{o}}(s)=\dfrac{4}{s(s+2)}$，试设计超前校正装置，使校正后的系统满足以下指标要求：稳态速度误差系数 $K_{\mathrm{v}}\geqslant 20\mathrm{s}^{-1}$，相位裕度 $\gamma\geqslant 50°$。

并绘制校正前后系统的 Bode 图和单位阶跃响应曲线。

解：编写如下 MATLAB 程序进行校正。

```
num=20;                              %根据系统稳态误差要求求取开环增益 K=20
den=conv([0.5,1],[1,0]);
Go=tf(num,den);                      %原系统开环传递函数
[gm0,pm0]=margin(Go);                %原系统相位裕度 pm0
pm_ex=50;                            %系统期望的相位裕度 50
pm_delta=5;                          %附加的相位裕度裕量取 5
pm=pm_ex -pm0+pm_delta;              %计算需增加的相位增量
pm=pm*pi/180;                        %单位转换
alpha=(1+sin(pm))/(1-sin(pm));       %计算校正装置参数 a
a=10*log10(alpha);                   %计算校正器在最大超前相位处的增益
[mag,pha,w]=bode(Go);
mag=20*log10(mag);                   %单位转换
wc=spline(mag,w,-a);                 %计算校正后的穿越频率
t=1/(wc*sqrt(alpha));                %计算校正装置参数 t
Kc=1/(alpha);                        %计算补偿增益 Kc
Gc=tf([alpha*t,1],[t,1]);            %校正装置的传递函数
G=Kc*Gc*Go;                          %校正后系统开环传递函数
Go_close=feedback(Go,1);             %校正前系统闭环传递函数
G_close=feedback(G,1);               %校正后系统闭环传递函数
figure(1);                           %绘制校正前后系统波特图
margin(Go);hold on;margin(G);
gtext('校正前');gtext('校正后');gtext('校正前');gtext('校正后');
figure(2);                           %绘制校正前后系统单位阶跃响应曲线
step(Go_close);hold on;step(G_close);
gtext('校正前');gtext('校正后');
[gm1,pm1]=margin(G);                 %检验校正后系统的相位裕度是否满足要求
```

运行程序，得到如图 6-23 和图 6-24 所示的校正前后系统 Bode 图和单位阶跃响应曲线，

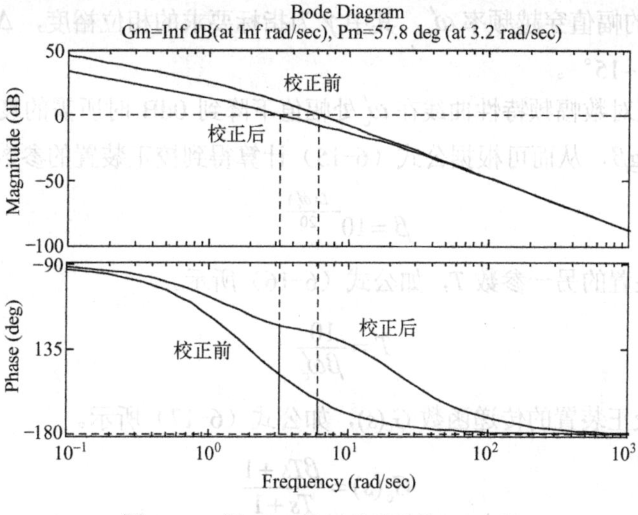

图 6-23　例 6-11 校正前后系统 Bode 图

可以看到，校正后系统的单位阶跃响应曲线明显好于校正前。查看 MATLAB 工作空间中 pm_0 和 pm_1 的值，可知校正前系统 pm_0=18.0，相位裕度没有达到 50° 的要求；校正后系统 pm_1=57.8，相位裕度达到了设计要求。

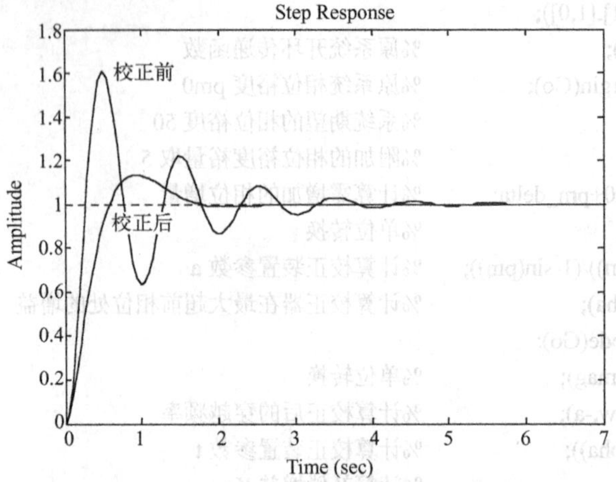

图 6-24　例 6-11 校正前后系统单位阶跃响应曲线图

6.4.2　基于频率法的滞后校正

基于频率法的滞后校正是用降低穿越频率的方法来换取更大的相位裕度。滞后校正会使系统的穿越频率降低，频带宽度减小，响应速度变慢。因此，当系统响应速度要求不高而噪声抑制水平要求较高情况下，可以考虑采用基于频率法的滞后校正。

基于频率法的滞后校正步骤如下：

1）根据系统所要求的稳态误差指标，确定系统的开环增益 K。

2）并绘制 K 值下原系统的 Bode 图，确定原系统的幅值穿越频率 ω_c 和相位裕度 γ_0。

3）确定校正后系统的幅值穿越频率 ω_c'。求取相位满足 $\varphi_m(\omega_m) = -180 + \gamma + \Delta\gamma$ 时的频率作为校正后系统的幅值穿越频率 ω_c'，其中 γ 为指标要求的相位裕度，$\Delta\gamma$ 为附加的相位裕度裕量，一般取 5°~15°。

4）计算原系统对数幅频特性曲线在 ω_c' 处幅值下降到 0dB 时所需的衰减量 $L(\omega_c')$，令这一衰减量等于$-20\log\beta$，从而可根据公式（6-15）计算得到校正装置的参数β的值：

$$\beta = 10^{-\frac{L(\omega_c')}{20}} \tag{6-15}$$

5）计算校正装置的另一参数 T，如公式（6-16）所示。

$$T = \frac{10}{\beta\omega_c'} \tag{6-16}$$

6）计算滞后校正装置的传递函数 $G_c(s)$，如公式（6-17）所示。

$$G_c(s) = \frac{\beta Ts + 1}{Ts + 1} \tag{6-17}$$

7）计算校正后系统的开环传递函数 $G(s)=K_c G_c(s) G_o(s)$，其中，$G_o(s)$为原系统开环增益函数。

8）检验校正后系统是否满足预期的设计指标。如果不能完全满足预期设计指标，则对以上步骤中的参数进行适当修正，并重复步骤 3)以下步骤。

下面通过一个实例演示基于频率法的滞后校正的设计步骤与实现过程。

【例 6-11】 已知单位负反馈系统的开环传递函数为 $G_o(s)=\dfrac{1}{s(s+5)(s+10)}$，试设计滞后校正装置，使校正后的系统满足以下指标要求：稳态速度误差系数 $K_v=30s^{-1}$，相位裕度 $\gamma \geqslant 42°$。并绘制校正前后系统的 Bode 图和单位阶跃响应曲线。

解：编写如下 MATLAB 程序进行校正。

```
num=30;                              %根据系统稳态误差要求求取的开环增益 K=30
den=conv([0.2,1,0],[0.1,1]);
Go=tf(num,den);                      %原系统开环传递函数
pm_ex=42;                            %系统期望的相位裕度为 42
pm_delta=6;                          %附加的相位裕度裕量取 6
pm=-180+pm_ex+pm_delta;              %计算期望幅值穿越频率处的相位
[mag,pha,w]=bode(Go);
wc=spline(pha,w,pm);                 %计算校正后的穿越频率
mag_ex=spline(w,mag,wc);             %计算期望幅值穿越频率处的原系统幅值
magdB=20*log10(mag_ex);              %单位转换
beta=10^(-magdB/20);                 %计算β的值
T=10/(wc*beta);                      %计算 T 的值
Gc=tf([beta*T,1],[T,1]);             %校正装置的传递函数
G=Gc*Go;                             %校正后系统开环传递函数
Go_close=feedback(Go,1);
G_close=feedback(G,1);
figure(1);
margin(Go);hold on;margin(G);        %绘制校正前后系统波特图
gtext('校正前');gtext('校正后');gtext('校正前');gtext('校正后');
figure(2);
subplot(1,2,1);step(Go_close);       %绘制校正前系统单位阶跃响应曲线
subplot(1,2,2);step(G_close);        %绘制校正后系统单位阶跃响应曲线
[gm0,pm0]=margin(Go);                %校正前系统的相位裕度
[gm1,pm1]=margin(G);                 %检验校正后系统的相位裕度是否满足要求
```

运行程序，得到如图 6-25 和图 6-26 所示的校正前后系统 Bode 图和校正前后系统单位阶跃响应曲线，可以看到，校正后系统的单位阶跃响应曲线明显好于校正前。然后查看 MATLAB 工作空间中 pm_0 和 pm_1 的值，可知校正前系统 pm_0=17.2，相位裕度没有达到 42° 的要求；校正后系统 pm_1=42.7，相位裕度达到了设计要求。

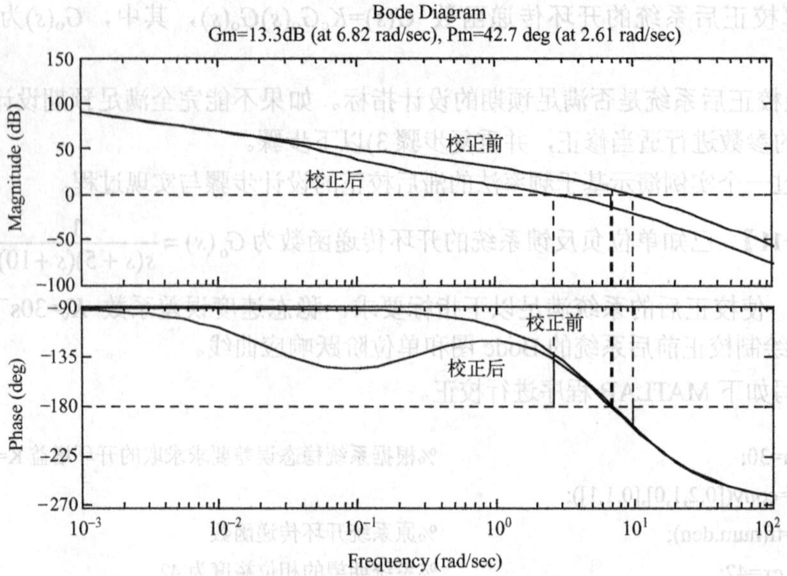

图 6-25　例 6-12 校正前后系统 Bode 图

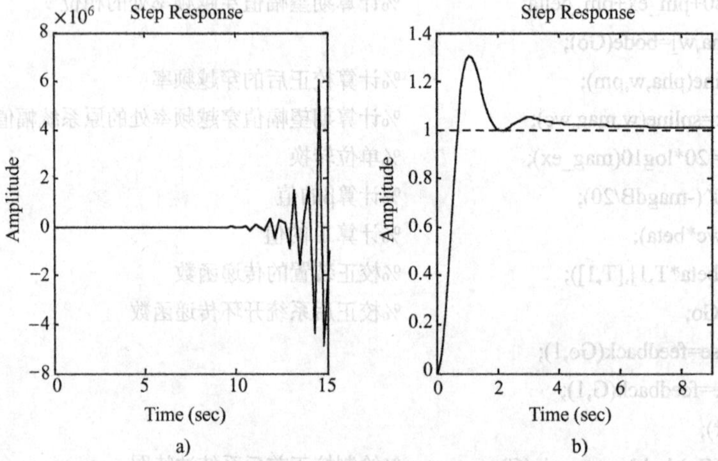

图 6-26　例 6-12 校正前后系统单位阶跃响应曲线图

a) 校正前　b) 校正后

6.5　状态反馈与极点配置

反馈是控制理论中的一个基本原理，因为反馈能改变系统的静态和动态性能，从而达到系统设计的要求。经典控制理论主要采用输出反馈，而现代控制理论中则更多的是采用状态反馈，因为状态反馈可以提供更多的系统内部动态信息和可供参考调节的自由度，从而使系统具有更优良的动态性能。

6.5.1　状态反馈

状态反馈是指将系统内部的状态变量乘以一个反馈向量，再反馈回系统输入端，与系统的外部输入信号综合后作为系统真正的输入信号来控制系统。

对于图 6-27 实线部分所示的线性定常系统，可以用公式（6-18）表示。

$$\begin{cases}\dot{X}=AX+BU\\Y=CX+DU\end{cases}\tag{6-18}$$

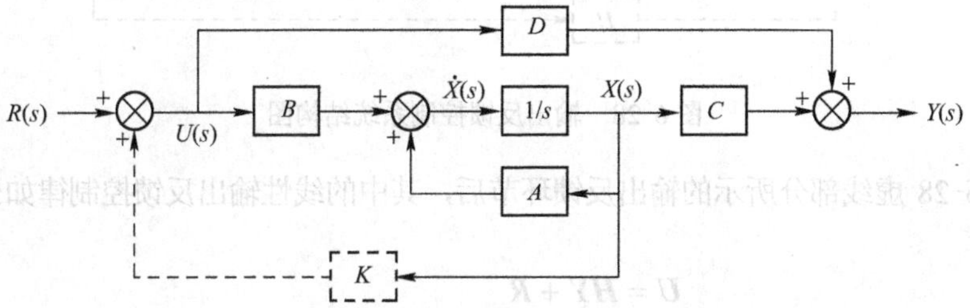

图 6-27　状态反馈控制系统结构图

加入图 6-27 虚线部分所示的状态反馈环节后，其中的线性状态反馈控制律如公式（6-19）所示。

$$U=KX+R\tag{6-19}$$

式中，K 为状态反馈矩阵；R 为外部输入。

该状态反馈系统的动态方程变为公式（6-20）。

$$\begin{cases}\dot{X}=A_KX+BR\\Y=C_KX+DR\end{cases}\tag{6-20}$$

式中，$A_K=A+BK$，$C_K=C+DK$。当 $D=0$ 时，状态反馈系统的闭环传递函数为公式（6-21）。

$$G_k(s)=\frac{BC}{Is-(A+BK)}\tag{6-21}$$

式中，I 是维数随 $A+BK$ 变化的单位矩阵。从式（6-21）中可见，$A+BK$ 是状态反馈后系统的系统矩阵，而状态反馈前系统的系统矩阵是 A。可见，状态反馈不改变系统的维数，但改变系统矩阵，而且状态反馈后的系统矩阵不但与系统原本的参数有关，还与状态反馈矩阵 K 有关。那么就可以通过改变状态反馈矩阵 K 来改变系统的特征值，从而改变系统的极点。

需要指出的是，状态完全可控的系统经过状态反馈后仍然是完全可控的。而对于状态完全可控的系统，改变状态反馈矩阵 K 可以实现闭环系统极点的任意配置，从而改善系统的动态特性。

6.5.2　输出反馈

输出反馈指将系统的输出变量乘以一个反馈矢量，再反馈回系统输入端，与系统的外部输入信号综合后作为系统真正的输入信号来控制系统。输出反馈可以看做是一种特殊形式的状态反馈，显然也可以改变系统的特征值，从而改变系统的极点。

对于图 6-28 实线部分所示的线性定常系统可以用公式（6-22）表示为

$$\begin{cases}\dot{X}=AX+BU\\Y=CX+DU\end{cases}\tag{6-22}$$

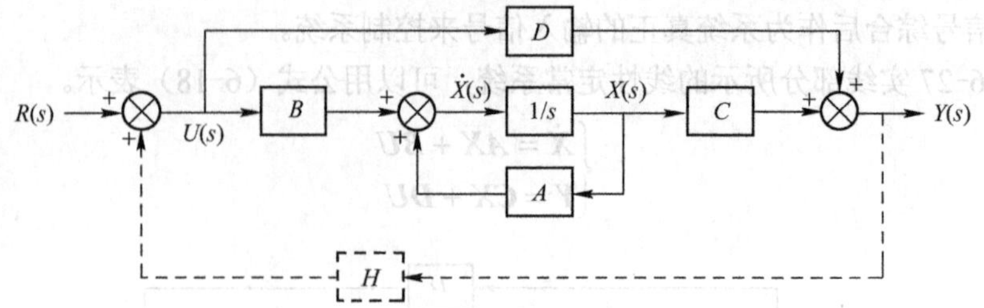

图 6-28　输出反馈控制系统结构图

加入图 6-28 虚线部分所示的输出反馈环节后，其中的线性输出反馈控制律如公式（6-23）所示。

$$\begin{aligned} \boldsymbol{U} &= \boldsymbol{HY} + \boldsymbol{R} \\ &= \boldsymbol{H}(\boldsymbol{CX} + \boldsymbol{DU}) + \boldsymbol{R} \end{aligned} \tag{6-23}$$

式中，$\boldsymbol{H}$ 为输出反馈矩阵，$\boldsymbol{R}$ 为外部输入。

该状态反馈系统的动态方程变为公式（6-24）。

$$\begin{cases} \dot{\boldsymbol{X}} = \boldsymbol{A}_H \boldsymbol{X} + \boldsymbol{B}_H \boldsymbol{R} \\ \boldsymbol{Y} = \boldsymbol{C}_H \boldsymbol{X} + \boldsymbol{D}_H \boldsymbol{R} \end{cases} \tag{6-24}$$

式中，$\boldsymbol{A}_H = \boldsymbol{A} + \boldsymbol{BCH}(\boldsymbol{I} - \boldsymbol{DH})^{-1}$，$\boldsymbol{B}_H = \boldsymbol{B}(\boldsymbol{I} - \boldsymbol{DH})^{-1}$，$\boldsymbol{C}_H = \boldsymbol{C} + \boldsymbol{CDH}(\boldsymbol{I} - \boldsymbol{DH})^{-1}$，$\boldsymbol{D}_H = \boldsymbol{D}(\boldsymbol{I} - \boldsymbol{DH})^{-1}$。当 $\boldsymbol{D}$=0 时，状态反馈系统的闭环传递函数如公式（6-25）所示。

$$G_H(s) = \frac{\boldsymbol{BC}}{\boldsymbol{I}s - (\boldsymbol{A} + \boldsymbol{BCH})} \tag{6-25}$$

式中，$\boldsymbol{I}$ 是维数随 $\boldsymbol{A}$+$\boldsymbol{BCH}$ 变化的单位矩阵。从式（6-25）中可见，$\boldsymbol{A}$+$\boldsymbol{BCH}$ 是状态反馈后系统的系统矩阵，而状态反馈前系统的系统矩阵是 $\boldsymbol{A}$。可见，输出反馈同状态反馈一样，不改变系统的维数，改变系统矩阵，而且输出反馈后的系统矩阵不但与系统原本的参数有关，还与输出反馈矩阵 $\boldsymbol{H}$ 有关。那么就可以通过改变输出反馈矩阵 $\boldsymbol{H}$ 来改变系统的极点，从而改变系统的动态特性。

一般情况下，输出 $\boldsymbol{Y}$ 中仅包含状态的部分信息而非全部信息，因此输出反馈矩阵的大小要小于相应的状态反馈矩阵，而且输出反馈矩阵可供选择的自由度比状态反馈矩阵要小，所以输出反馈矩阵的控制效果不如状态反馈矩阵。但是输出反馈矩阵具有简单、易于实现的优点。

6.5.3　极点配置

根据线性系统的响应分析理论可知，控制系统的性能主要取决于系统的极点在复平面的分部情况。当系统的极点均分布在复平面的左半平面时，系统的响应将最终趋向于零，表明系统是渐进稳定的。而且系统的极点还会影响系统的响应速度。因此，在进行系统设计时，将极点设计在复平面上一个合适的位置是一项重要的内容。

所谓极点配置就是通过选择反馈矩阵，将闭环系统的极点配置在复平面中所期望的位置，从而使系统达到一定的性能指标。显然，前面所讲的状态反馈和输出反馈都能对系统实现极点配置。但是要通过选择状态反馈矩阵来使闭环系统的极点处于任意所期望的位置，则必须保证系统的状态是完全可控的。

单输入单输出系统的极点配置方法和多输入多输出系统的极点配置方法不同，并且多输入多输出系统的极点配置方法比单输入单输出系统的极点配置方法要复杂。在此仅讨论单输入单输出系统的极点配置问题，并给出利用 MATLAB/Simulink 进行极点配置的方法。

1．单输入单输出系统的极点配置

对于单输入单输出 n 阶系统，通过系统期望的闭环极点$\{p_1, p_2, \ldots, p_n\}$来确定一个状态反馈矩阵 $\boldsymbol{K}$，而加入这个状态反馈矩阵 $\boldsymbol{K}$ 后可以使受控系统的极点就是系统所期望的极点$\{p_1, p_2, \ldots, p_n\}$，这就是单输入单输出系统的极点配置。这些受控系统期望的闭环极点由系统的性能指标和设计要求来决定。求得的状态反馈矩阵 $\boldsymbol{K}$ 是一个 n 维的行向量。

单输入单输出系统的极点配置方法需要遵循以下步骤：

1）确定被控系统是完全可控的。

2）确定被控系统的开环特征多项式 $\det(s\boldsymbol{I}\text{-}\boldsymbol{A})$，如公式（6–26）所示。

$$\det(s\boldsymbol{I}-\boldsymbol{A})=s^n+a_{n-1}s^{n-1}+\ldots+a_1s+a_0 \tag{6–26}$$

3）根据被控系统期望的闭环极点，确定被控系统特征多项式，如公式（6–27）所示。

$$\det[s\boldsymbol{I}-(\boldsymbol{A}+\boldsymbol{BK})]=s^n+a'_{n-1}s^{n-1}+\ldots+a'_1s+a'_0 \tag{6–27}$$

4）按照公式（6–28）计算：

$$\bar{\boldsymbol{K}}=\boldsymbol{KP}=[a'_0-a_0\ \ a'_1-a_1\ \ \ldots\ \ a'_{n-1}-a_{n-1}] \tag{6–28}$$

5）计算变换矩阵 $\boldsymbol{P}$ 及其逆矩阵 $\boldsymbol{P}^{-1}$，如公式（6–29）所示。

$$\boldsymbol{P}=[A^{n-1}b\ \ \ldots\ \ Ab\ \ b]\begin{bmatrix}1 & 0 & \cdots & 0\\ a_{n-1} & \ddots & & \vdots\\ \vdots & & \ddots & 0\\ a_1 & \cdots & a_{n-1} & 1\end{bmatrix} \tag{6–29}$$

6）计算所求的状态反馈矩阵 $\boldsymbol{K}=\bar{\boldsymbol{K}}\boldsymbol{P}^{-1}$。

2．MATLAB 在极点配置中的应用

MATLAB 中进行极点配置时，可以利用控制系统工具箱中 place()或 acker()函数求取全状态反馈闭环系统的反馈矩阵，使系统极点配置在预期的位置上。

place( )函数的基本调用格式为

K=place(A,B,p)

式中，输入参量 $\boldsymbol{A}$ 为系统状态矩阵；$\boldsymbol{B}$ 为系统输入矩阵；$\boldsymbol{p}$ 为系统期望的闭环极点列向量；返回参量 $\boldsymbol{K}$ 为状态反馈行向量。

acker( )函数的基本调用格式为

K= acker (A,B,p)

式中，输入参量 $\boldsymbol{A}$ 为系统状态矩阵；$\boldsymbol{B}$ 为系统输入矩阵；$\boldsymbol{p}$ 为系统期望的闭环极点列向量；返回参量 $\boldsymbol{K}$ 为状态反馈行向量。

需要注意的是，place()函数适用于多输入系统，但是不适用于期望极点中含有多重极点（位于同一位置的多个极点）的配置问题；而 acker()函数只适用于单输入系统，但是期望极点中可以含有多重极点。

【例 6-12】 已知某可控系统的状态方程为$\begin{cases}\dot{\boldsymbol{X}}=\boldsymbol{AX}+\boldsymbol{BU}\\ \boldsymbol{Y}=\boldsymbol{CX}\end{cases}$，其中，$\boldsymbol{A}=\begin{bmatrix}0 & 0 & 0\\ 1 & -6 & 0\\ 0 & 1 & -12\end{bmatrix}$，

$\boldsymbol{B}=\begin{bmatrix}1 & 0 & 0\end{bmatrix}^{\mathrm{T}}$，$\boldsymbol{C}=\begin{bmatrix}0 & 0 & 1\end{bmatrix}$，设系统期望的闭环极点为 $\boldsymbol{p}=[-5\sqrt{2}+\mathrm{j}5\sqrt{2} \quad -5\sqrt{2}-\mathrm{j}5\sqrt{2} \quad -100]$，现用全状态反馈控制系统，求状态反馈矩阵 $\boldsymbol{K}$，并绘制加入状态反馈矩阵 $\boldsymbol{K}$ 后系统的单位阶跃响应曲线。

解： 在 MATLAB 中完成如下程序。

```
A=[0,0,0;1,-6,0;0,1,-12];
B=[1;0;0];C=[0,0,1];D=0;
p=[-5.*sqrt(2)+j.*5*sqrt(2),-5.*sqrt(2)-j.*5*sqrt(2),-100];
K=acker(A,B,p);                  %求取期望极点下的状态反馈矩阵 K
sys_new=ss(A-B*K,B,C,D);         %加入状态反馈矩阵 K 后的新系统模型
t=0:0.05:5;
step(sys_new,t);                 %绘制新系统的单位阶跃响应曲线
grid on;
```

运行程序，得到的输出曲线如图 6-29 所示，$\boldsymbol{K}$ 的结果为

$\boldsymbol{K}$=96.14，-288.34，6538

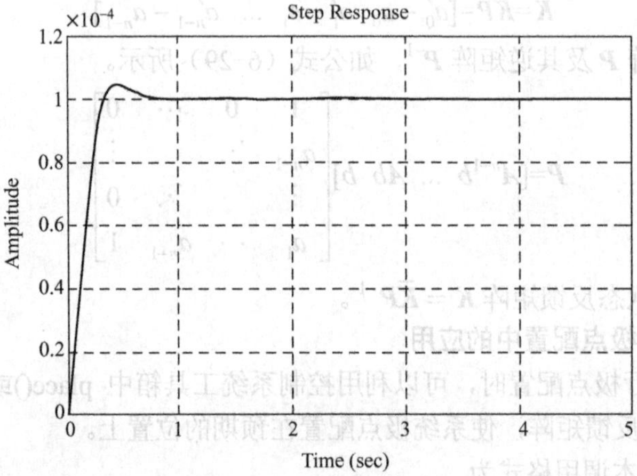

图 6-29　例 6-12 中极点配置后系统的单位阶跃响应曲线

6.6 状态观测器

如果线性定常系统的状态完全可控，则可以通过状态反馈实现极点的任意配置，从而使系统性能稳定且满足一定指标要求。但是在实际中，系统的一些或所有状态变量是测量不到的。因此，为了实现状态反馈，就要利用已知量和能够估计系统状态值的模型，对未知的状态变量进行估计或测量。而这种能够根据已知量（输入量和输出量）对系统状态值进行估计的模型（或设备、装置），就称为状态观测器。

1. 状态观测器的结构

简而言之，状态观测器就是按照原系统的结构重构一个系统，重构后的系统可以利用已知的输入向量 $\boldsymbol{u}$ 和输出向量 $\boldsymbol{y}$ 来得到原系统状态向量 $\boldsymbol{x}$ 的估计状态向量 $\bar{\boldsymbol{x}}$。$\boldsymbol{x}$ 和 $\bar{\boldsymbol{x}}$ 之间满足

公式（6-30）的等价性指标：

$$\lim_{t\to\infty}\tilde{x}(t)=\lim_{t\to\infty}\left|x(t)-\overline{x}(t)\right|=0 \tag{6-30}$$

式中，$\tilde{\boldsymbol{x}}$ 为原系统状态向量 $\boldsymbol{x}$ 与估计状态向量 $\overline{\boldsymbol{x}}$ 之间的状态估计误差。为了对估计误差进行修正，仅仅采用同原系统一样的结构是不够的，还需要引入反馈。由于原系统状态向量 $\boldsymbol{x}$ 不是已知量，那么可以用输出向量的偏差 $\boldsymbol{y}(t)-\overline{\boldsymbol{y}}(t)$ 来代替状态估计误差作为修正量引入闭环反馈。

根据状态观测器估计状态向量的数量不同，可以分为全维状态观测器和降维状态观测器。

2．全维状态观测器

当状态观测器估计状态向量的维数等于被控对象状态向量的维数时，称为全维状态观测器。对于公式（6-31）表示的 n 维单输入单输出的线性定常系统：

$$\begin{cases}\dot{\boldsymbol{x}}=\boldsymbol{A}\boldsymbol{x}+\boldsymbol{B}\boldsymbol{u}\\ \boldsymbol{y}=\boldsymbol{C}\boldsymbol{x}\end{cases} \tag{6-31}$$

假设系统完全可观，且有 n 个不可测的状态向量 $\boldsymbol{x}$，则其全维状态观测器的结构如图 6-30 所示，其中虚线框内的部分是虚线框外原系统的状态观测器。可见，虚线框内的部分是完全按照虚线框外的原系统的结构构建的，不同之处是加入了如前所述的状态估计误差闭环反馈，观测器的反馈矩阵为 $\boldsymbol{H}$。

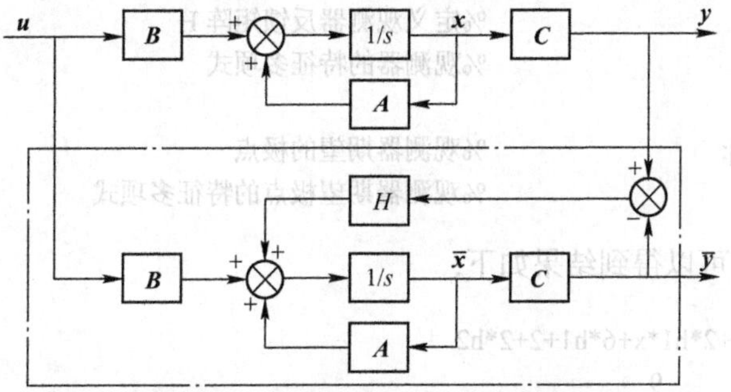

图 6-30　全维状态观测器的结构框图

根据图 6-30，可以写出如公式（6-32）所示的全维状态观测器的动态方程。

$$\begin{aligned}\dot{\overline{\boldsymbol{x}}}&=\boldsymbol{A}\overline{\boldsymbol{x}}+\boldsymbol{B}\boldsymbol{u}+\boldsymbol{H}(\boldsymbol{y}-\boldsymbol{C}\overline{\boldsymbol{x}})\\&=(\boldsymbol{A}-\boldsymbol{H}\boldsymbol{C})\overline{\boldsymbol{x}}+\boldsymbol{B}\boldsymbol{u}+\boldsymbol{H}\boldsymbol{y}\end{aligned} \tag{6-32}$$

系统存在观测器的条件为系统是完全可观的，而判断系统是否可观可以通过判断系统可观性矩阵 $\boldsymbol{Q}$ 的秩来实现。如果 rank($\boldsymbol{Q}$)=n，则系统可观，系统存在观测器；否则系统不可观，系统不存在观测器。可观性矩阵 $\boldsymbol{Q}$ 的求取方法如公式（6-33）所示。

$$\boldsymbol{Q}=\begin{bmatrix}\boldsymbol{C} & \boldsymbol{C}\boldsymbol{A} & \dots & \boldsymbol{C}\boldsymbol{A}^{n-1}\end{bmatrix}^{\mathrm{T}} \tag{6-33}$$

全维状态观测器的设计步骤如下：

1）求取原系统的可观性矩阵 $\boldsymbol{Q}$ 及其秩，确定系统完全可观。

2）计算所求观测器的特征多项式，即 $\left|s\boldsymbol{I}-(\boldsymbol{A}-\boldsymbol{H}\boldsymbol{C})\right|$。

3）根据所要设计的全维状态观测器的一组期望极点 $\lambda_1,\cdots,\lambda_n$，得到所求观测器的特征多项式 $(s-\lambda_1)\cdots(s-\lambda_n)$，并令 $\left|s\boldsymbol{I}-(\boldsymbol{A}-\boldsymbol{H}\boldsymbol{C})\right|=(s-\lambda_1)\cdots(s-\lambda_n)$，求得观测器的反馈矩阵 $\boldsymbol{H}$。

4）根据公式 $\dot{\bar{x}}=(A-HC)\bar{x}+Bu+Hy$ 求得所求的全维状态观测器。

【例 6-13】 已知如下线性定常系统：

$$\begin{cases}\dot{x}=\begin{bmatrix}0 & 1\\ -2 & -3\end{bmatrix}x+\begin{bmatrix}0\\ 1\end{bmatrix}u\\ y=\begin{bmatrix}2 & 0\end{bmatrix}x\end{cases}$$

设计该系统的全维状态观测器，使观测器的极点为 $\lambda_1=\lambda_2=-3$。

解：在 MATLAB 中完成如下程序。

```
A=[0,1;-2,-3];B=[0;1];C=[2,0];
Q=[C;C*A];                        %计算可观性矩阵 Q
rank(Q)                           %计算可观性矩阵 Q 的秩
```

运行以上程序，可以得到结果如下：

```
ans =2                            %系统可观性矩阵 Q 的秩为 2
```

输出结果说明系统完全可观，可以对系统设计观测器。

```
syms h1;syms h2;
H=[h1;h2];                        %定义观测器反馈矩阵 H
J=A-H*C;                          %观测器的特征多项式
poly(J)
det=[-3,0;0,-3];                  %观测器期望的极点
poly(det)                         %观测器期望极点的特征多项式
```

运行以上程序，可以得到结果如下：

```
ans =x^2+3*x+2*h1*x+6*h1+2+2*h2
ans =1      6      9
```

令 $\begin{cases}6=3+2h_1\\ 9=6h_1+2h_2+2\end{cases}$，可以求得 $\begin{cases}h_1=1.5\\ h_2=-1\end{cases}$

由此可得观测器的反馈矩阵为 $H=\begin{bmatrix}1.5\\ 1\end{bmatrix}$，则系统全维观测器的方程为

$$\dot{\bar{x}}=(A-HC)\bar{x}+Bu+Hy=\begin{bmatrix}-3 & 1\\ 0 & -3\end{bmatrix}\bar{x}+\begin{bmatrix}0\\ 1\end{bmatrix}u+\begin{bmatrix}1.5\\ -1\end{bmatrix}y$$

式中，$\bar{x}$ 是原系统状态向量 x 的估计状态向量，u 是系统输入向量，y 是系统输出向量。

3．降维状态观测器

当状态观测器估计状态向量的维数小于被控对象状态向量的维数时，称为降维状态观测器。降维状态观测器的维数低，故与全维状态观测器相比较简单。

对于如公式（6-34）所示的 n 维单输入单输出的线性定常系统：

$$\begin{cases}\dot{x}=Ax+Bu\\ y=Cx\end{cases} \tag{6-34}$$

假设系统完全可观，下面选取一个$(n-q)*n$阶的常数矩阵$\boldsymbol{R}$，满足矩阵$\boldsymbol{P}$非奇异，即：

$$\boldsymbol{P}=\begin{bmatrix}\boldsymbol{C}\\\boldsymbol{R}\end{bmatrix}$$

然后，以$\boldsymbol{P}$为变换矩阵对原系统进行变换可得：

$$\bar{\boldsymbol{A}}=\boldsymbol{PAP}^{-1}=\begin{bmatrix}\bar{\boldsymbol{A}}_{11} & \bar{\boldsymbol{A}}_{12}\\\bar{\boldsymbol{A}}_{21} & \bar{\boldsymbol{A}}_{22}\end{bmatrix},\ \bar{\boldsymbol{B}}=\boldsymbol{PB}=\begin{bmatrix}\bar{\boldsymbol{B}}_1\\\bar{\boldsymbol{B}}_2\end{bmatrix},\ \bar{\boldsymbol{C}}=\boldsymbol{CP}=\begin{bmatrix}\boldsymbol{I}_{m*m} & 0\end{bmatrix}$$

变换后系统的状态向量$\bar{\boldsymbol{x}}$如公式（6-35）所示。

$$\bar{\boldsymbol{x}}=\boldsymbol{P}x=\begin{bmatrix}\bar{\boldsymbol{x}}_1\\\bar{\boldsymbol{x}}_2\end{bmatrix}\tag{6-35}$$

将公式（6-35）中变换后的矩阵代入原系统公式（6-34），可以得到变换后的系统如公式（6-36）所示。

$$\begin{cases}\dot{\bar{\boldsymbol{x}}}_1=\bar{\boldsymbol{A}}_{11}\bar{\boldsymbol{x}}_1+\bar{\boldsymbol{A}}_{12}\bar{\boldsymbol{x}}_2+\bar{\boldsymbol{B}}_1\boldsymbol{u}\\\dot{\bar{\boldsymbol{x}}}_2=\bar{\boldsymbol{A}}_{21}\bar{\boldsymbol{x}}_1+\bar{\boldsymbol{A}}_{22}\bar{\boldsymbol{x}}_2+\bar{\boldsymbol{B}}_2\boldsymbol{u}\\\boldsymbol{y}=\bar{\boldsymbol{C}}\bar{\boldsymbol{x}}=\bar{\boldsymbol{x}}_1\end{cases}\tag{6-36}$$

可见，状态向量$\bar{\boldsymbol{x}}_1$是可以直接从输出向量 $\boldsymbol{y}$ 得到的可测的量，那么只需要设计系统中状态向量$\bar{\boldsymbol{x}}_2$的状态观测器即可。通过整理可以得到如公式（6-37）所示的$\bar{\boldsymbol{x}}_2$子系统的状态方程。

$$\begin{cases}\dot{\bar{\boldsymbol{x}}}_2=\bar{\boldsymbol{A}}_{22}\bar{\boldsymbol{x}}_2+\bar{\boldsymbol{A}}_{21}\bar{\boldsymbol{x}}_1+\bar{\boldsymbol{B}}_2\boldsymbol{u}\\\dot{\bar{\boldsymbol{x}}}_1-\bar{\boldsymbol{A}}_{11}\bar{\boldsymbol{x}}_1-\bar{\boldsymbol{B}}_1\boldsymbol{u}=\bar{\boldsymbol{A}}_{12}\bar{\boldsymbol{x}}_2\end{cases}\tag{6-37}$$

令公式（6-37）中的$\dot{\bar{\boldsymbol{x}}}_1-\bar{\boldsymbol{A}}_{11}\bar{\boldsymbol{x}}_1-\bar{\boldsymbol{B}}_1\boldsymbol{u}=\boldsymbol{w}$，再代入$\boldsymbol{y}=\bar{\boldsymbol{x}}_1$，则$\boldsymbol{w}$可以视为$\bar{\boldsymbol{x}}_2$子系统的输出，$\bar{\boldsymbol{x}}_2$子系统的状态方程可以继续整理为公式（6-38）。

$$\begin{cases}\dot{\bar{\boldsymbol{x}}}_2=\bar{\boldsymbol{A}}_{22}\bar{\boldsymbol{x}}_2+\bar{\boldsymbol{A}}_{21}\boldsymbol{y}+\bar{\boldsymbol{B}}_2\boldsymbol{u}\\\boldsymbol{w}=\bar{\boldsymbol{A}}_{12}\bar{\boldsymbol{x}}_2\end{cases}\tag{6-38}$$

观察整理后的方程（6-38）可知，求原系统的降维观测器可以转化为求$\bar{\boldsymbol{x}}_2$子系统的全维观测器。根据前面所讲的全维状态观测器的动态方程公式，可以得到如公式（6-39）所示的$\bar{\boldsymbol{x}}_2$子系统的全维观测器的动态方程。

$$\begin{cases}\dot{\tilde{\bar{\boldsymbol{x}}}}_2=\bar{\boldsymbol{A}}_{22}\tilde{\bar{\boldsymbol{x}}}_2+\bar{\boldsymbol{A}}_{21}\boldsymbol{y}+\bar{\boldsymbol{B}}_2\boldsymbol{u}+\boldsymbol{H}(\boldsymbol{w}-\tilde{\boldsymbol{w}})\\\tilde{\boldsymbol{w}}=\bar{\boldsymbol{A}}_{12}\tilde{\bar{\boldsymbol{x}}}_2\end{cases}\tag{6-39}$$

向公式（6-39）中代入$\boldsymbol{w}$，则有：

$$\begin{aligned}\dot{\tilde{\bar{\boldsymbol{x}}}}_2&=\bar{\boldsymbol{A}}_{22}\tilde{\bar{\boldsymbol{x}}}_2+\bar{\boldsymbol{A}}_{21}\boldsymbol{y}+\bar{\boldsymbol{B}}_2\boldsymbol{u}+\boldsymbol{H}(\boldsymbol{w}-\tilde{\boldsymbol{w}})\\&=\bar{\boldsymbol{A}}_{22}\tilde{\bar{\boldsymbol{x}}}_2+\bar{\boldsymbol{A}}_{21}\boldsymbol{y}+\bar{\boldsymbol{B}}_2\boldsymbol{u}+\boldsymbol{H}((\dot{\boldsymbol{y}}-\bar{\boldsymbol{A}}_{11}\boldsymbol{y}-\bar{\boldsymbol{B}}_1\boldsymbol{u})-\bar{\boldsymbol{A}}_{12}\tilde{\bar{\boldsymbol{x}}}_2)\\&=(\bar{\boldsymbol{A}}_{22}-\boldsymbol{H}\bar{\boldsymbol{A}}_{12})\tilde{\bar{\boldsymbol{x}}}_2+\bar{\boldsymbol{A}}_{21}\boldsymbol{y}+\bar{\boldsymbol{B}}_2\boldsymbol{u}+\boldsymbol{H}(\dot{\boldsymbol{y}}-\bar{\boldsymbol{A}}_{11}\boldsymbol{y}-\bar{\boldsymbol{B}}_1\boldsymbol{u})\end{aligned}\tag{6-40}$$

为了消除公式（6-40）中的导数项$\dot{\boldsymbol{y}}$，引入变换$\boldsymbol{z}=\tilde{\bar{\boldsymbol{x}}}_2-\boldsymbol{H}\boldsymbol{y}$，则$\dot{\boldsymbol{z}}=\dot{\tilde{\bar{\boldsymbol{x}}}}_2-\boldsymbol{H}\dot{\boldsymbol{y}}$，于是

得到公式（6-41）。

$$\begin{aligned}\dot{z} &= \dot{\tilde{\bar{x}}}_2 - H\dot{y} \\ &= (\bar{A}_{22} - H\bar{A}_{12})\tilde{\bar{x}}_2 + \bar{A}_{21}y + \bar{B}_2 u + H(\dot{y} - \bar{A}_{11}y - \bar{B}_1 u) - H\dot{y} \\ &= (\bar{A}_{22} - H\bar{A}_{12})(z + Hy) + \bar{A}_{21}y + \bar{B}_2 u - H(\bar{A}_{11}y + \bar{B}_1 u) \\ &= (\bar{A}_{22} - H\bar{A}_{12})z + [(\bar{A}_{22} - H\bar{A}_{12})H + (\bar{A}_{21} - H\bar{A}_{11})]y + (\bar{B}_2 - H\bar{B}_1)u\end{aligned} \tag{6-41}$$

公式（6-41）即为原系统降维观测器的动态方程。

考虑到两次变换 $\tilde{\bar{x}}_2 = z + Hy$ 和 $x = P^{-1}\begin{bmatrix}\bar{x}_1 \\ \bar{x}_2\end{bmatrix}$，最终原系统的重构状态如公式（6-42）所示。

$$\hat{x} = P^{-1}\hat{\bar{x}} = P^{-1}\begin{bmatrix}y \\ z + Hy\end{bmatrix} = \begin{bmatrix}Q_1 & Q_2\end{bmatrix}\begin{bmatrix}y \\ z + Hy\end{bmatrix} = Q_2 z + (Q_1 + Q_2 H)y \tag{6-42}$$

降维状态观测器的设计步骤如下：

1）求取原系统的可观性矩阵 Q 及其秩，确定系统完全可观。

2）求矩阵 C 的秩 q，确定降维观测器的维数 $n-q$。

3）选取 $(n-q)*n$ 阶常数矩阵 R，使其满足 $n*n$ 阶矩阵 $P = \begin{bmatrix}C \\ R\end{bmatrix}$ 非奇异。

4）计算 $P^{-1} = \begin{bmatrix}Q_1 & Q_2\end{bmatrix}$，式中 Q_1 为 $n*q$ 阶矩阵，Q_2 为 $n*(n-q)$ 阶矩阵。

5）计算 $\bar{A} = P\bar{A}P^{-1} = \begin{bmatrix}\bar{A}_{11} & \bar{A}_{12} \\ \bar{A}_{21} & \bar{A}_{22}\end{bmatrix}$，$\bar{B} = PB = \begin{bmatrix}B_1 \\ B_2\end{bmatrix}$，$\bar{C} = CP = \begin{bmatrix}I_{m*m} & 0\end{bmatrix}$ 式中 $\bar{A}_{11}$、$\bar{A}_{12}$、$\bar{A}_{21}$ 和 $\bar{A}_{22}$ 分别为 $q*q$、$q*(n-q)$、$(n-q)*q$ 和 $(n-q)*(n-q)$ 阶矩阵，$\bar{B}_1$ 和 $\bar{B}_1$ 分别为 $q*r$ 和 $(n-q)*r$ 阶矩阵。

6）选取 H 使矩阵 $\bar{A}_{22} - H\bar{A}_{12}$ 渐进稳定或具有 $n-q$ 个期望的极点。

7）按照公式（6-43）求得系统的降维观测器动态方程：

$$\begin{cases}\dot{z} = (\bar{A}_{22} - H\bar{A}_{12})z + [(\bar{A}_{22} - H\bar{A}_{12})H + (\bar{A}_{21} - H\bar{A}_{11})]y + (\bar{B}_2 - H\bar{B}_1)u \\ \hat{x} = Q_2 z + (Q_1 + Q_2 H)y\end{cases} \tag{6-43}$$

【例 6-14】 已知如下线性定常系统：

$$\begin{cases}\dot{x} = \begin{bmatrix}4 & 4 & 4 \\ -11 & -12 & -12 \\ 13 & 14 & 13\end{bmatrix}x + \begin{bmatrix}1 \\ -1 \\ 0\end{bmatrix}u \\ y = \begin{bmatrix}1 & 1 & 1\end{bmatrix}x\end{cases}$$

设计该系统的降维状态观测器，使观测器的极点为-4 和-3。

解： 首先判断系统的可观性。

```
A=[4,4,4;-11,-12,-12;13,14,13];B=[1;-1;0];C=[1,1,1];
Q=[C;C*A;C*A*A];                    %计算可观性矩阵 Q
rank(Q)                             %计算可观性矩阵 Q 的秩
rank(C)                             %计算矩阵 C 的秩
```

运行以上程序，可以得到结果如下：

```
ans =3                                    %系统可观性矩阵 Q 的秩为 3
ans =1                                    %矩阵 C 的秩为 1
```

输出结果说明系统完全可观，可以对系统设计观测器，而且其降维观测器的最小维数为 rank(***Q***)−rank(***C***)=3−1=2。

然后，选取矩阵 ***R***，满足矩阵 ***P*** 非奇异，并求 ***P***−1。

```
R=[0 1 0;0 0 1];                          %选取常数矩阵 R
P=[C;R];invP=inv(P);                      %求 P 及 P 的逆矩阵
Q1=invP(1：3,1);Q2=invP(1：3,2：3);
```

计算 $\bar{A}$ 、$\bar{B}$ 和 $\bar{C}$ 。

```
AA=P*A*invP;
A11=AA(1,1);A12=AA(1,2:3);A21=AA(2：3,1);A22=AA(2：3,2：3);
BB=P*B;
B1=BB(1);B2=BB(2：3);
CC=C*invP;
```

令矩阵 $\bar{A}_{22}-H\bar{A}_{12}$ 的特征值为−4 和−3，求得观测器反馈矩阵 ***H***。

```
syms h1;syms h2;
H=[h1;h2];                                %定义观测器反馈矩阵 H
J=A22-H*A12;                              %观测器的特征多项式
poly(J)
det=[−4,0;0,−3];                          %观测器期望的极点
poly(det)                                 %观测器期望极点的特征多项式
```

运行以上程序，可以得到结果如下：

```
ans =x^2-x*h2+x-h2+1-h1
ans =1        7        12
```

令 $\begin{cases}7=1-h_2\\12=1-h_1-h_2\end{cases}$，求得 $\begin{cases}h_1=-5\\h_2=-6\end{cases}$

由此可得观测器的反馈矩阵为 $\boldsymbol{H}=\begin{bmatrix}-5\\-6\end{bmatrix}$，则按照步骤 7)中的公式可求得系统降维观测器的动态方程为

$$\begin{cases}\dot{\boldsymbol{z}}=\begin{bmatrix}-1 & -6\\1 & -6\end{bmatrix}\boldsymbol{z}+\begin{bmatrix}60\\80\end{bmatrix}\boldsymbol{y}+\begin{bmatrix}-1\\0\end{bmatrix}\boldsymbol{u}\\\hat{\boldsymbol{x}}=\begin{bmatrix}-1 & -1\\1 & 0\\0 & 1\end{bmatrix}\boldsymbol{z}+\begin{bmatrix}12\\-5\\-6\end{bmatrix}\boldsymbol{y}\end{cases}$$

6.7 本章小结

本章首先对 PID 控制器的设计及参数整定进行了详细讲解，然后对三种控制系统校正方法进行详细阐述和说明，其间配有典型例题来帮助读者理解和消化本章所讲解内容。

习题

6.1 已知如图 6-2 所示的控制系统，其系统开环传递函数为 $G_o(s)=\dfrac{2}{40s^2+5s+1}e^{-10s}$，试采用 Ziegler-Nichols 整定法计算其 PID 控制器的参数，并绘制整定后系统的单位阶跃响应曲线。

6.2 已知如图 6-2 所示的控制系统，其系统开环传递函数为 $G_o(s)=\dfrac{1}{(s+7)(s+5)s}$，试采用临界振荡法计算其 PID 控制器的参数，并绘制整定后系统的单位阶跃响应曲线。

6.3 已知如图 6-2 所示的控制系统，其系统开环传递函数为 $G_o(s)=\dfrac{4}{(s+3)(s+2)(s+1)}$，试采用 4∶1 衰减曲线法计算系统 PID 控制器的参数，并绘制整定后系统的单位阶跃响应曲线。

6.4 已知某单位负反馈系统的开环传递函数为 $G_o(s)=\dfrac{K}{s^2(s+10)}$，试采用根轨迹法设计串联超前校正环节，使 K=8 时校正后的系统满足以下指标要求：（1）超调量 $\sigma_p \leqslant 15\%$；（2）调整时间 $t_s \leqslant 5s$（2%误差范围）。并绘制校正前后系统的根轨迹图和单位阶跃响应曲线。

6.5 已知某单位负反馈系统的开环传递函数为 $G_o(s)=\dfrac{50}{s(s+10)}$，试采用根轨迹法设计串联滞后校正环节，使校正后的系统满足以下指标要求：1）在闭环主导极点下，阻尼比 $\zeta=0.5$，自然振荡角频率 $\omega_n=10rad/s$；2）在系统输入信号为 $r(t)=t$ 时，其稳态误差 $e_{ss}(t)=0.02$。并绘制校正前后系统的根轨迹图和单位阶跃响应曲线。

6.6 已知某单位负反馈系统的开环传递函数为 $G_o(s)=\dfrac{12}{s(2.5s+1)}$，试采用根轨迹法设计串联超前滞后校正环节，使校正后的系统满足以下指标要求：1）稳态速度误差系数 $K_v \leqslant 5s^{-1}$；2）位裕度 $\gamma \geqslant 48°$；3）闭环主导极点下，阻尼比 $\zeta=0.2$，自然振荡角频率 $\omega_n=5rad/s$。并绘制校正前后系统的根轨迹图和单位阶跃响应曲线。

6.7 已知某单位负反馈系统的开环传递函数为 $G_o(s)=\dfrac{K}{s(s+10)}$，试采用频率法设计串联超前校正装置，使校正后的系统满足以下指标要求：1）稳态速度误差系数 $K_v=2000s^{-1}$；2）位裕度 $\gamma \geqslant 46°$；3）穿越频率 $\omega_c \geqslant 50rad/s$。并绘制校正前后系统的 Bode 图和单位阶跃响应曲线。

6.8 已知某单位负反馈系统的开环传递函数为 $G_o(s)=\dfrac{10}{s(s+1)(s+2)}$，试采用频率法设计串联滞后校正装置，使校正后的系统满足以下指标要求：1）稳态速度误差系数 $K_v \geqslant 10s^{-1}$；2）相位裕度 $\gamma \geqslant 40°$。并绘制校正前后系统的 Bode 图和单位阶跃响应曲线。

6.9 已知某单位负反馈系统的开环传递函数为 $G_o(s)=\dfrac{K}{s(s+1)(4s+1)}$，试采用频率法设计一个校正装置，使校正后的系统满足以下指标要求：1）稳态速度误差系数 K_v=10s^{-1}；2）位裕度 $\gamma \geqslant 30°$。并绘制校正前后系统的 Bode 图和单位阶跃响应曲线。（提示：先设计滞后校正装置，再设计超前校正装置，然后合成为最终的校正装置，此即滞后-超前校正）

6.10 已知某单位负反馈系统的开环传递函数为 $G_o(s)=\dfrac{300}{s(0.1s+1)(0.003s+1)}$，试设计一个综合校正装置，使校正后的系统满足以下指标要求：1）超调量 $\sigma_p \leqslant 28\%$；2）调整时间 $t_s \leqslant 0.8$s（5%误差范围）；3）在系统输入信号为 $r(t)=Vt$ 时，其稳态误差 $e_{ss}(t) \leqslant 0.033$rad，其中 V=10 rad/s。

6.11 已知如下线性定常系统：

$$\begin{cases} \dot{\boldsymbol{x}}=\begin{bmatrix} 0 & 1 \\ 0 & -5 \end{bmatrix}\boldsymbol{x}+\begin{bmatrix} 0 \\ 100 \end{bmatrix}\boldsymbol{u} \\ y=\begin{bmatrix} 1 & 0 \end{bmatrix}\boldsymbol{x} \end{cases}$$

试通过状态反馈将系统的极点配置在 $\boldsymbol{p}$=[−7+j7 −7−j7]，求状态反馈矩阵 $\boldsymbol{K}$。

6.12 已知某单输入单输出线性定常系统的传递函数为

$$\frac{Y(s)}{U(s)}=\frac{10}{s(s+2)(s+5)}$$

试通过状态反馈将系统的极点配置在 $\boldsymbol{p}$=[−1+j −1−j −4]，求状态反馈矩阵 $\boldsymbol{K}$。

6.13 已知如下线性定常系统：

$$\begin{cases} \dot{\boldsymbol{x}}=\begin{bmatrix} 0 & 1 \\ -3 & -4 \end{bmatrix}\boldsymbol{x}+\begin{bmatrix} 0 \\ 1 \end{bmatrix}\boldsymbol{u} \\ \boldsymbol{y}=\begin{bmatrix} 2 & 0 \end{bmatrix}\boldsymbol{x} \end{cases}$$

试设计一个状态观测器，使观测器的极点为 $\lambda_1=\lambda_2=-10$。

6.14 已知如下线性定常系统：

$$\begin{cases} \dot{\boldsymbol{x}}=\begin{bmatrix} 0 & 1 & 0 \\ 980 & 0 & -2.8 \\ 0 & 0 & -100 \end{bmatrix}\boldsymbol{x}+\begin{bmatrix} 0 \\ 0 \\ 100 \end{bmatrix}\boldsymbol{u} \\ \boldsymbol{y}=\begin{bmatrix} 1 & 0 & 0 \end{bmatrix}\boldsymbol{x} \end{cases}$$

1）判断系统的可观性，若可观，则设计系统的状态观测器，使观测器的极点为 $\lambda_1=-100$、$\lambda_2=-101$ 和 $\lambda_3=-102$，求观测器的反馈矩阵 $\boldsymbol{H}$。

2）判断系统的可控性，若可控，则对系统设计状态反馈，使系统的闭环极点为 p_1= −10+10j，p_2= −10−10j，p_3= −50，求状态反馈矩阵 $\boldsymbol{K}$。

第 7 章　控制系统仿真实验

7.1　MATLAB 平台认识实验

1．实验目的

1）熟悉 MATLAB 的运行环境及其基本操作。

2）掌握 MATLAB 的数值运算和符号运算方法。

3）熟悉 Simulink 的运行环境及其基本操作。

4）掌握用 Simulink 建立简单系统数学模型并仿真求解的方法。

2．相关知识

（1）MATLAB 的运行环境及其基本操作

双击 MATLAB 图标即可打开 MATLAB 窗口，如图 7-1 所示。

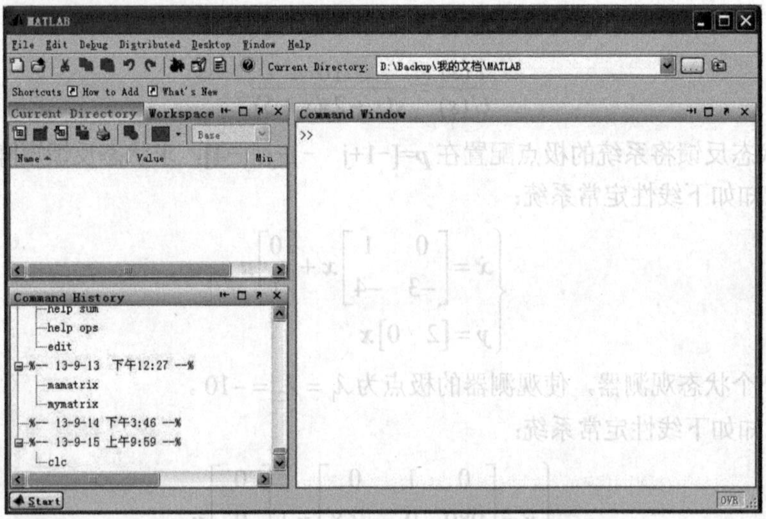

图 7-1　MATLAB 窗口

1）命令窗口。

当 MATLAB 启动后，出现命令提示符“>>”的窗口就是命令窗口（The Command Window）。用户可以在命令提示符“>>”后面输入交互的命令，回车后这些命令立即就会被执行。

在 MATLAB 中，一连串命令可以放置在一个文件中，而不必把它们直接在命令窗口内输入。在命令窗口中输入该文件名，这一连串命令就被执行了。因为这样的文件都是以“.m”为后缀，所以称为 M 文件。

2）M 文件的编辑。

我们可以对产生新的 M 文件进行编辑，或者编辑已经存在的 M 文件。在 MATLAB 主界面上选择 File→New→M-file 就打开了一个新的 M 文件；选择 File→Open 就可以打开一个已经存在的 M 文件，并且可以在这个窗口中编辑这个 M 文件。注意，运行 M 文件中的程序前，要确保 M 文件处于当前 MATLAB 的工作路径下，否则无法运行仿真。

3）操作符。

MATLAB 中的常用运算符如表 7-1 所示。运算符使用时注意区分矩阵运算和数组运算。MATLAB 中的常见特殊操作符如表 7-2 所示。

表 7-1　MATLAB 常用运算符

运 算 符	功 能 说 明	运 算 符	功 能 说 明	运 算 符	功 能 说 明
+	加	\	矩阵左除	==	等于
−	减	.\	数组左除	~=	不等于
*	矩阵乘	/	矩阵右除	>	大于
.*	数组乘	./	数组右除	<	小于
^	矩阵乘方	'	矩阵转置	>=	大于等于
.^	数组乘方	.'	数组转置	<=	小于等于

表 7-2　MATLAB 常见特殊操作符

符　号	功 能 说 明	示　例
=	用于赋值	a=1
：	用来建立行向量，赋予矩阵下标和规定叠代	T=1：0.1：10
；	输入矩阵时，分隔不同行的元素	A=[1;2]
，	输入矩阵时，分隔不同列的元素	A=[1,2]
[ ]	构成向量、矩阵	A=[1,2;3,4]
%	其后的字符为注释，不执行	
…	语句的末尾输入“…”，以表明语句将延续到下一行	

4）常用命令。

常用命令如表 7-3 所示。

表 7-3　MATLAB 常用命令

命　令	功 能 说 明
clc	清除命令窗口中内容
clear	清除工作空间中变量
help	对所选函数的功能、调用格式及相关函数给出说明
lookfor	查找具有某种功能的函数但却不知道该函数的准确名称

（2）Simulink 的运行环境及其基本操作

MATLAB 集成有 Simulink 工具箱，为用户提供了用方框图进行系统建模的图形窗口。

1）建立新的模型文件。

在 MATLAB 环境下，单击 Simulink 的快捷图标，或在 Command window 中输入命令

Simulink，再回车，都可以启动 Simulink，打开的 Simulink 库浏览器（Simulink library browser）窗口如图 7-2 所示。

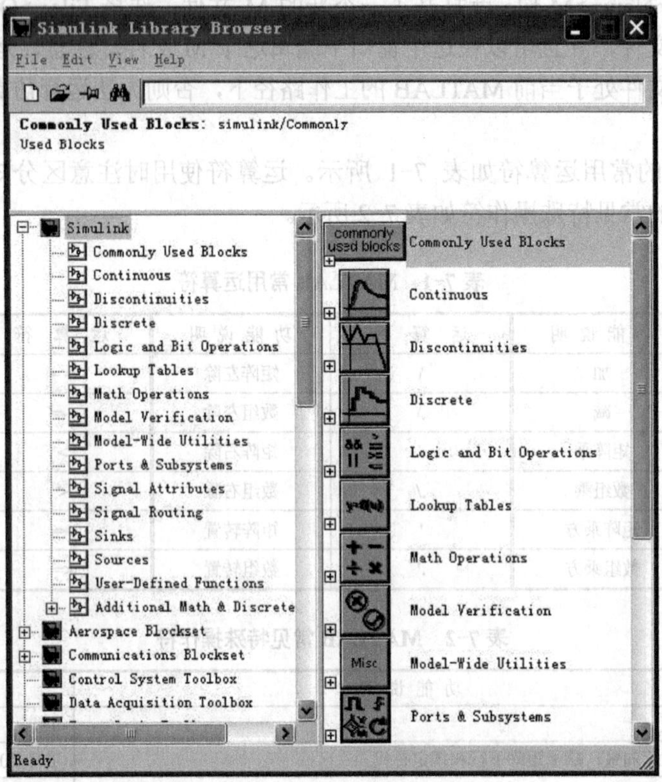

图 7-2　Simulink 库浏览器窗口

单击图标或选择 File→New→Model，就可以创建一个“untitled.mdl”的新模型文件。

2）打开 Simulink 的模块组。

在 Simulink Library Browser 中，单击 Simulink 左边的“+”就会出现如图 7-2 所示的模块组。用鼠标单击任何一个模块组的图标，即可打开该模块组，从中选择仿真实验所需的单元模块。

3）建立仿真结构图。

将所需的单元模块用鼠标拖到新建立的模型文件中，依次用鼠标连线完成仿真模型的构建。

连线方法：一般是选中一个输出/输入口，出现十字光标时按下鼠标左键拖动至另一个模块的输入/输出口，再次出现双十字光标时松开鼠标左键。还有一种快捷方法，先单击选中源模块，按下〈Ctrl〉键，再单击目标模块，这样两个模块间的线就连好了。画信号的分支线时，用鼠标右键单击信号线并拖动即可。

模块的旋转和翻转：选中模块，右击鼠标，选择 Format→Flip Block 或 Format→Rotate Block 完成相应的功能。

4）单元模块参数设置。

用鼠标双击任何一个单元模块即激活该单元模块的参数设置窗口，在其中即可以完成参数设置。

5）仿真参数设置。

选择 Simulink→Simulink parameters，即出现仿真参数设置子窗口，用于设置仿真参数，例如，设置仿真起始时间、仿真终止时间、仿真步长、允许误差、返回变量名称等。

6）仿真操作。

单击 Simulink→Start，即可启动系统的仿真。在系统仿真中如果显示器不能很好地展现波形，可以随时修改显示器的定标，直到满意为止。

3. 实验内容及要求

1）使用 help 命令，查找 sqrt()函数和 abs()函数的使用方法。

2）矩阵运算：

① 在 MATLAB 命令窗口中，求[15+2.5*(9−7)*6]÷32 的算数计算结果。

② 在 MATLAB 命令窗口中生成矩阵 ***A***，$A=\begin{bmatrix}-1.3 & 1+2i & (1+2)\times4\div5\\ \pi & \sqrt{2} & 1.25\times10^6\\ 1.5^3 & |-4| & 1-3j\end{bmatrix}$。

③ 利用“:”产生行向量 ***x***，***x*** 中的起始元素为 1，最后一项元素为 5，相邻元素的间隔为 0.5。

④ 矩阵元素的引用：

将②中矩阵 ***A*** 第 3 行第 3 列的元素的值修改为 1；

将②中矩阵 ***A*** 第 3 行的前 2 个元素都修改为 2；

将②中矩阵 ***A*** 所有列第 1，2 行的元素修改为 3。

提示： 使用“( )”和“:”选出指定元素，如 A（1,1）是引用矩阵 ***A*** 第 1 行第 1 列的元素，A（:，2:3）是引用矩阵 ***A*** 所有行第 2，3 列的元素。

⑤ 已知矩阵 ***B***=[3+*i*,2-*i*,1;5**i*,4,7-*i*]，求 ***A***.′和 ***A***′，并比较两者的不同。

⑥ 已知矩阵 $a=\begin{bmatrix}1 & 3\\ 5 & 7\end{bmatrix}$，$b=\begin{bmatrix}2 & 4\\ 6 & 8\end{bmatrix}$，在 MATLAB 命令窗口中，进行下列计算：***a*b***，***a/b***，***a \ b***，***a ^2***，***a.* b***，***a./ b***，***a.\ b***，***a.^2***，a^{T}，b^{T}，***a***−1，***b***−1,并比较矩阵运算和数组运算的区别。

3）多项式运算：

① 求多项式 $f(x)=x^3-3x-4$ 的根。[提示：利用 roots()函数]

② 已知矩阵 ***P***=[1,2,3;4,5,6;7,8,0] ，求矩阵 ***P*** 的特征多项式。[提示：利用 poly()函数]

③ 已知多项式 $a(x)= x^2+2x+3$，$b(x)=4x^2+5x+6$，求多项式 $c(x)=a(x)b(x)$。[提示：利用 conv()函数]

4）符号运算：

① 建立符号矩阵 ***C***=[1,*ab*;*c*,*d*]。

② 分别用 sym 和 syms 命令建立符号表达式 *y*= sin(*x*)+cos(*x*)。

③ 求一元二次方程 $x^2+9x+1=0$ 的根。

④ 计算 $f(x)=x^3$ 在区间 [0, 10] 上的定积分。

5）程序设计。

① 编写 M 命令文件：计算 1+2+...+n>1000 时的最小 n 值。

② 编写 M 函数文件：分别用 for 和 while 循环结构编写程序，计算 n! 的值。

6）信号发生器发出幅值为 1，频率为 0.1Hz 的正弦信号。信号分两路输出：一路直接送入示波器，一路放大 2 倍后送入同一示波器。建立系统模型，运行仿真，仿真时间为 20，查看示波器输出的仿真波形。

从 MATLAB 中启动 Simulink，建立如图 7-3 所示的模型，分别双击信号发生器模块和放大器模块，修改信号发生器和放大器的参数为题目要求的值，并运行仿真，观察示波器模块输出的仿真波形。

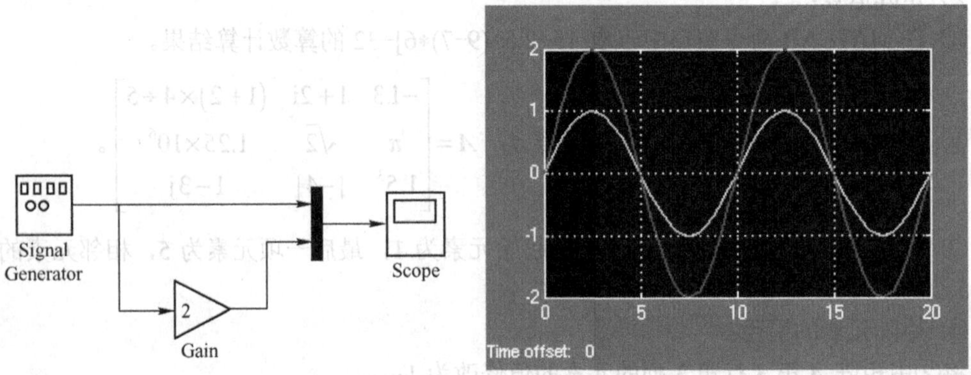

图 7-3　例 7-1 的 Simulink 模型及仿真图

练习：

① 应用 Simulink 建立系统函数 $G(s)=\dfrac{1}{s^2+4s+8}$ 的模型，并对系统的单位阶跃响应进行仿真，仿真时间为 20s，查看示波器输出的波形。

② 建立一个简单的模型，用信号发生器产生一个幅值为 5V，频率为 0.2Hz 的正弦波，并叠加一个 0.1V 的噪声信号，仿真时间为 50s，将叠加后的信号显示在示波器上。

4．实验报告

1）写出实验 2）、3）和 4）的 MATLAB 程序及运行结果。

2）编写实验 5）中要求的 M 命令文件和 M 函数文件，并分别调试运行 M 文件，记录每个 M 文件的程序内容，写出①的计算结果和②中 n=50 时的计算结果。

3）画出实验 6）中练习①和②在 Simulink 中建立的模型，并运行仿真输出实验结果。

5．实验思考

在本节实验中，体会到了 MATLAB 的哪些优点与特性？

7.2　MATLAB 绘图

1．实验目的

1）学习 MATLAB 图形绘制的基本方法。

2）熟悉和了解 MATLAB 图形绘制程序编辑的基本指令。

3）熟悉掌握利用 MATLAB 图形编辑窗口编辑和修改图形界面，并添加图形的各种标注。

4）掌握 plot、subplot 的指令格式和语法。

2. 相关知识

1）基本的绘图命令 plot（x,y,‘string’），其中，string 是字符串，为类型说明参数，可以设置曲线的线段颜色、线段类型、点标记等，默认时曲线为蓝色实线。

表 7-4　常用的线段颜色、线段线性与点标记参数

颜色		线型		点标记			
符号	含义	符号	含义	符号	含义	符号	含义
b	蓝色	-	实线	.	实点标记	^	朝上三角符
g	绿色	:	点线	o	圆圈标记	<	朝左三角符
r	红色	.-	点画线	×	叉字符标记	>	朝右三角符
c	青色	--	虚线	+	加号标记	p	五角星符
m	洋红			*	星号标记	h	六角星符
y	黄色			s	方块标记		
k	黑色			d	菱形标记		
w	白色			v	朝下三角符		

2）建立图形窗口命令 figure(1)；figure(2)；…；figure(*n*)打开不同的图形窗口，以便绘制不同的图形。

3）grid on：在所画出的图形坐标中加入栅格。

grid off：除去图形坐标中的栅格。

4）hold on：保持当前图形窗口中的图形，同时允许在这个图形窗口的坐标内添加新图形。

hold off：使新图覆盖旧的图形。

5）axis 设定轴的范围。

axis([xmin xmax ymin ymax])设定 x 轴与 y 轴的最大、最小坐标。

axis(‘equal’)：将 x 坐标轴和 y 坐标轴的单位刻度大小调整为一样。

6）添加标注。

text(x,y,‘string’)：在图形的指定坐标位置(x,y)处标注字符串。

gtext(‘string’)：利用鼠标在图形的任意位置标注字符串。

title(‘string’)：在所画图形的最上端为其添加标题。

xlabel(‘string’)，ylabel(‘string’)，zlabel(‘string’)：标注 x，y 和 z 坐标轴的名称。

注意：输入特殊的文字需要用反斜杠（\）开头。

legend(‘string1’,’string2’,...,Pos)，在一个图形窗口坐标轴中绘制多个图形时为其添加图例。其中，字符串是按顺序添加到图例中相应曲线线型符号之后的，Pos 的值是用来设置所添加图例的位置。

① 0= 自动把图例置于最佳位置（和图中曲线重复最少处）。

② 1 = 置于图形窗口的右上角（默认值）；2=置于图形窗口的左上角。

③ 3 = 置于图形窗口的左下角；4=置于图形窗口的右下角。

④ −1 = 置于图形窗口的右侧（外部）。

7）subplot（m，n，k）：将当前图形显示窗口分割为 *m* 行 *n* 列个子图，*k* 为即将绘制图形的子图编号，从而实现在同一个图形窗口中显示多个图形。

8）semilogx：绘制以 *x* 轴为对数坐标（以 10 为底），*y* 轴为线性坐标的半对数坐标图形。

semilogy：绘制以 *y* 轴为对数坐标（以 10 为底），*x* 轴为线性坐标的半对数坐标图形。

3．实验内容及要求

1）编写 M 文件绘制函数的图形。

【例 7-1】 绘制下面函数在[−10，10]区间的图形。

$$y(x)=\begin{cases}\sin x, & x\leqslant 0\\ x, & 0<x\leqslant 3\\ -x+6, & x>3\end{cases}$$

MATLAB 程序如下：

```
x=-10：0.1：10;
leng=length(x);
for n=1：leng
    if x(n)<=0
        y(n)=sin(x(n));
    elseif x(n)<=3
        y(n)=x(n);
    else
        y(n)=-x(n)+6;
    end
end
plot(x,y);
```

练习：绘制函数 sin(1/*t*)，−1<*t*<1 的图形。

2）用 MATLAB 在[0，4π]区间上绘制曲线一[*y*=2sin(*x*)]和曲线二[*y*=1−cos2(2π*t*)]，并满足以下要求：

① 曲线一和曲线二共用一个图形窗口和坐标轴；设置 *x* 坐标轴范围是[−π,5π]，设置 *y* 坐标轴范围是[−2.5,2.5]；显示网络线；添加 *x* 轴和 *y* 轴标注。

② 曲线一：线型为点画线、颜色为红色、数据点标记为加号。

曲线二：线型为虚线、颜色为绿色、数据点标记为菱形。

3）用 MATLAB 在一个图形窗口中同时绘制以下两个曲线。

曲线一：*y*=sin(2π*x*)，*x* 取值是[0,2π]范围内步长为 0.1 的所有点，线型为蓝色点线，标注横坐标为"时间"，纵坐标为"幅值"，标题为"正弦交流信号"，并且在图中的最佳位置添加图例，将曲线一标注为"sin(2π*x*)"；

曲线二：$y=e^x$ ，*x* 取值是[−10,10]范围内步长为 1 的所有点，线型为红色实线，标注横坐标为"时间"，纵坐标为"增长量"，标题为"指数信号"，并且在（0,0）坐标位置标注上你自己的姓名。

4．实验报告

分别编写 M 命令文件，按照要求绘制实验 1）～3）中的曲线，并分别保存绘制曲线的图形窗口。

5．实验思考

1）尝试用 plot3()函数绘制 $z=\sin(x)+\cos(y)$的三维曲线。

2）在 MATLAB 中绘制饼图、面积图、散点图、火柴杆图、直方图、阶梯图和函数的阶跃曲线都分别使用哪些函数？这些函数如何使用？

7.3 控制系统的阶跃响应

1．实验目的

1）掌握 MATLAB 中传递函数模型、零极点模型和状态空间模型的表达方法。

2）掌握利用 MATLAB 实现传递函数模型、零极点模型和状态空间模型之间的转换。

3）掌握利用 MATLAB 绘制控制系统单位阶跃响应曲线的方法。

4）掌握从阶跃响应曲线中读取系统动态指标的方法。

2．相关知识

（1）传递函数模型

设连续系统的传递函数为

$$G(s)=\frac{\mathrm{num}(s)}{\mathrm{den}(s)}=\frac{b_0s^m+b_1s^{m-1}+\ldots+b_{m-1}s+b_m}{a_0s^n+a_1s^{n-1}+\ldots+a_{n-1}s+a_n}$$

设离散系统的传递函数为

$$G(z)=\frac{\mathrm{num}(z)}{\mathrm{den}(z)}=\frac{b_0z^m+b_1z^{m-1}+\ldots+b_{m-1}z+b_m}{a_0z^n+a_1z^{n-1}+\ldots+a_{n-1}z+a_n}$$

则在 MATLAB 中，都可直接用分子与分母多项式系数构成的两个向量 ***num*** 与 ***den*** 构成的向量组[***num***,***den***]表示系统，即

$$\boldsymbol{num}=[b_0\ b_1\ \ldots\ b_m],\ \boldsymbol{den}=[a_0\ a_1\ \ldots\ a_n]$$

建立控制系统的传递函数模型（对象）的函数为 tf( )，调用格式为

sys=tf(num,den)：建立连续系统的传递函数模型 sys；

sys=tf(num,den,Ts)：建立离散系统的传递函数模型 sys，T_s 为采样周期。

离散系统的传递函数的表达式还有一种表示为 z^{-1} 的形式（即 DSP 形式），转换为 DSP 形式的函数命令为 filt( )，调用格式为

sys=filt(num,den)：建立一个采样时间未指定的 DSP 形式传递函数 sys；

sys=filt(num,den,Ts)：建立一个采样时间为 T_s 的 DSP 形式传递函数 sys。

（2）零极点增益模型

设连续系统的零极点增益模型传递函数为

$$G(s)=k\frac{(s-z_0)(s-z_1)\ldots(s-z_m)}{(s-p_0)(s-p_1)\ldots(s-p_n)}$$

设离散系统的零极点增益模型传递函数为

$$G(z)=k\frac{(z-z_0)(z-z_1)\ldots(z-z_m)}{(z-p_0)(z-p_1)\ldots(z-p_n)}$$

则在 MATLAB 中，都可直接用向量 $\boldsymbol{z},\boldsymbol{p},\boldsymbol{k}$ 构成的向量组[$\boldsymbol{z},\boldsymbol{p},\boldsymbol{k}$]表示系统，即

$$\boldsymbol{z}=[z_0\ z_1\ \cdots\ z_m]，\boldsymbol{p}=[p_0\ p_1\ \cdots\ p_n]，\boldsymbol{k}=[\mathrm{k}]$$

用函数 zpk( )来建立控制系统的零极点增益模型，调用格式为

sys=zpk(z,p,k)：建立连续系统的零极点增益模型 sys。

sys=zpk(z,p,k,Ts)：建立离散系统的零极点增益模型 sys，T_s 含义同前。

（3）状态空间模型

设连续系统的状态空间模型为

$$\begin{cases}\dot{\boldsymbol{x}}(t)=\boldsymbol{A}\boldsymbol{x}(t)+\boldsymbol{B}\boldsymbol{u}(t)\\ \boldsymbol{y}(t)=\boldsymbol{C}\boldsymbol{x}(t)+\boldsymbol{D}\boldsymbol{u}(t)\end{cases}$$

设离散系统的状态空间模型为

$$\begin{cases}\boldsymbol{x}(k+1)=\boldsymbol{A}\boldsymbol{x}(k)+\boldsymbol{B}\boldsymbol{u}(k)\\ \boldsymbol{y}(k)=\boldsymbol{C}\boldsymbol{x}(k)+\boldsymbol{D}\boldsymbol{u}(k)\end{cases}$$

在 MATLAB 中，连续与离散系统都可直接用矩阵组[$\boldsymbol{A},\boldsymbol{B},\boldsymbol{C},\boldsymbol{D}$]表示系统。用函数 ss( )来建立系统的状态空间模型，调用格式为

sys=ss(a,b,c,d)：建立连续系统的状态空间模型 sys；

sys=ss(a,b,c,d,Ts)：建立离散系统的状态空间模型 sys，T_s 含义同前。

（4）三种系统数学模型之间的转换

解决实际问题时，常常需要对自控系统的数学模型进行转换，MATLAB 提供了用于转换的函数，如表 7-5 所示，其中每个转换函数的具体用法可以查询 MATLAB 帮助。

表 7-5　三种系统数学模型之间的转换函数

函 数 名	函 数 功 能
ss2tf	将系统状态空间模型转换为传递函数模型
ss2zp	将系统状态空间模型转换为零极点增益模型
tf2ss	将系统传递函数模型转换为状态空间模型
tf2zp	将系统传递函数转换为零极点增益模型
zp2ss	将系统零极点增益模型转换为状态空间模型
zp2tf	将系统零极点增益模型转换为传递函数模型

（5）多环节连接框图的化简

1）两个环节串联的化简。

对于如图 7-4 所示的两个环节串联，它们的传递函数分别为

$$G_1(s)=\frac{\mathrm{num1}(s)}{\mathrm{den1}(s)}，\ G_2(s)=\frac{\mathrm{num2}(s)}{\mathrm{den2}(s)}$$

图 7-4　两个环节串联的系统框图

则两个环节串联连接的等效传递函数为

$$G(s)=G_1(s)G_2(s)=\frac{\text{num1}(s)\text{num2}(s)}{\text{den1}(s)\text{den2}(s)}$$

在 MATLAB 中，实现两个环节传递函数串联连接的运算为

sys1=tf(num1,den1)

sys2=tf(num2,den2)

sys=sys1*sys2

2）两个环节并联的化简。

对于如图 7-5 所示的两个环节并联，在 MATLAB 中，实现其传递函数并联连接的运算为

sys=sys1+sys2

3）反馈环节的化简。

对于如图 7-6 所示的具有反馈环节的系统，在 MATLAB 中，实现反馈环节化简的运算为

sys=feedback(sys1,sys2,sign)

其中，sign 为反馈符号，‘+1’表示正反馈，‘-1’为负反馈。默认为‘-1’。

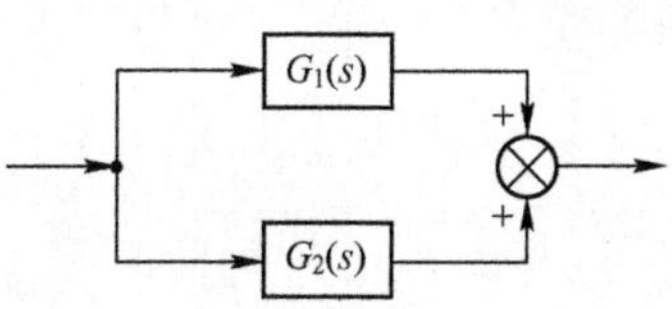

图 7-5　两个环节并联的系统框图

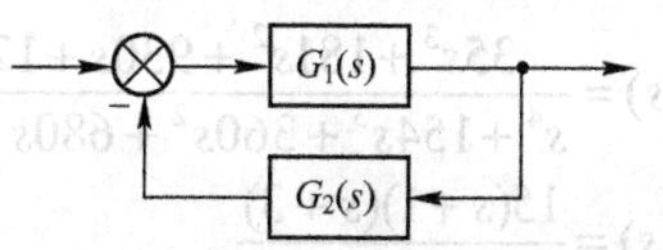

图 7-6　具有反馈环节的系统框图

（6）阶跃响应曲线的绘制

绘制单位阶跃响应曲线的函数为 step(sys)，对于离散系统，相应的命令为 dstep(sys)。

（7）典型二阶系统的开环传递函数为

$$G(s)=\frac{\omega_n^{\ 2}}{s(s+2\zeta\omega_n)}$$

式中，常数 ω_n 称为无阻尼振荡频率（量纲是 rad/s）；常数 ζ 称为阻尼比（或阻尼系数，无量纲）。

（8）动态性能指标

图 7-7 中给出了几个常见的动态性能指标。

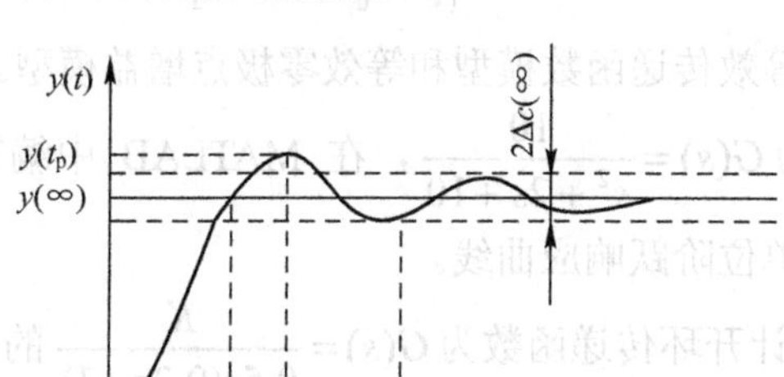

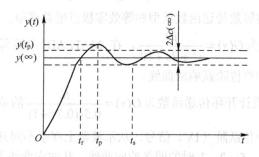

图 7-7　阶跃响应曲线中的动态性能指标示意图

1）上升时间 t_r：阶跃响应曲线从零第一次上升到稳态值所需要的时间。若阶跃响应曲线不超过稳态值，则定义阶跃响应曲线从稳态值的 10%上升到 90%所需要的时间为上

升时间。

2）峰值时间 t_p：阶跃响应曲线（超过稳态值）到达第一个峰值所需的时间称为峰值时间。

3）过渡过程时间 t_s：阶跃响应曲线进入并保持在允许误差范围所对应的时间称为过渡过程时间，或称调整时间。这个误差范围通常为稳态值的Δ倍，Δ称为误差带，Δ一般为 5%或 2%。

4）振荡次数 N：在 $0 \leqslant t \leqslant t_s$ 内，阶跃响应曲线穿越其稳态值 $y(\infty)$ 次数的一半称为振荡次数。

5）超调量 σ%：超调量定义为 $\sigma = \dfrac{y(t_p) - y(\infty)}{y(\infty)} \times 100\%$，是指阶跃响应曲线到达的第一个峰值的值减去稳态值后，与稳态值之比的百分数。

3．实验内容及要求

1）在 MATLAB 中，将下列系统函数用系统传递函数模型表达出来，并求每个系统模型的等效零极点增益模型和等效状态空间模型。

① $G_1(s) = \dfrac{35s^3 + 181s^2 + 930s + 1200}{s^4 + 154s^3 + 360s^2 + 680s + 800}$

② $G_2(s) = \dfrac{15(s+1)(s+3)}{s(s+5)(s+15)}$

2）在 MATLAB 中，将下列系统函数用零极点增益模型表达出来，并求每个系统模型的等效传递函数模型和等效状态空间模型。

① $G_1(s) = \dfrac{30}{s(0.2s+1)(0.1s+1)}$

② $G_2(s) = \dfrac{100s(s+2)^2(s^2+3s+2)}{(s+1)(s-1)(s^3+2s^2+5s+2)}$

3）在 MATLAB 中，将下列系统函数 $\begin{cases} \dot{\boldsymbol{x}} = \begin{bmatrix} 3 & 2 & 1 \\ 0 & 4 & 6 \\ 0 & -3 & -5 \end{bmatrix} \boldsymbol{x} + \begin{bmatrix} 1 \\ 2 \\ 3 \end{bmatrix} \boldsymbol{u} \\ \boldsymbol{y} = \begin{bmatrix} 1 & 2 & 5 \end{bmatrix} \boldsymbol{x} \end{cases}$，用状态空间模型表达出来，并求每个系统模型的等效传递函数模型和等效零极点增益模型。

4）已知某二阶系统为 $G(s) = \dfrac{10}{s^2 + 2s + 10}$，在 MATLAB 中编写程序，求系统的根、阻尼比、无阻尼震荡频率和单位阶跃响应曲线。

5）在 Simulink 中设计开环传递函数为 $G(s) = \dfrac{K}{0.5s(0.2s+1)}$ 的单位负反馈系统，连接好实验线路，输入端加入单位跃阶（1V）信号，从示波器上观察不同开环增益时系统的响应曲线。并记录 K 分别为 10，5，2，1 时的四条响应曲线，从响应曲线上测得上升时间 t_r、峰值时间 t_p、调整时间 t_s 和超调量 σ%的值。

4．实验报告

1）写出实验 1）～3）的 MATLAB 程序及其运行结果。

2）写出实验 4）的 MATLAB 程序及其运行结果，并将得到的单位阶跃响应曲线图粘贴在实验报告中。

3）在 Simulink 中完成实验 5）系统的构建，按照要求完成仿真，记录不同仿真参数下峰值时间 t_p、调整时间 t_s 和超调量 σ%的值，并将不同仿真参数下得到的响应曲线粘贴在实验报告中。

4）按照实验 5）中所给定二阶系统的参数计算出不同 ξ 下的性能指标 t_p、t_s 和 σ%的理论值，并与实测值共列于一个表中进行比较。

5）写出本实验的学习心得及体会。

5．实验思考

1）实验时若阶跃信号的幅值取得太大，会产生什么后果？

2）在电子模拟系统中，如何实现负反馈？如何实现单位反馈？

3）开环增益 K 对系统的性能有什么影响？

4）当 ω_n 一定时，系统随阻尼比的增大，闭合极点的位置如何变化？超调量 σ%如何变化？调整时间 t_s 如何变化？系统稳定性如何变化？

（提示：当 ω_n 一定时，系统随阻尼比的增大，闭合极点的实部在 S 左半平面的位置更加远离原点，虚部减小到 0，超调量 σ%减小，调整时间 t_s 更短，稳定性越好。）

7.4　控制系统的根轨迹作图

1．实验目的

1）掌握在 MATLAB 绘制系统根轨迹图的方法。

2）学习利用根轨迹图进行系统分析。

2．相关知识

（1）与绘制根轨迹图有关的 MATLAB 函数

1）绘制根轨迹：rlocus(sys)。该命令的功能是对于给定的开环传递函数 sys，绘制出开环增益 K 从 0 到+∞的单位负反馈系统的根轨迹图。

2）令实轴和虚轴的比例尺相同：axis equal。该命令的功能是使根轨迹图的实轴与虚轴具有相同的比例尺，从而使根轨迹不会产生角度畸变。

（2）用根轨迹图分析控制系统

1）求根轨迹上任意一点特征参数。用鼠标将箭头光标移到根轨迹上任意一点，单击鼠标右键，即出现一个小窗口，显示出该点的主要特征参数，包括：

System 表示系统的代号；

Gain 表示该点对应的 K 值；

Pole 表示该点的坐标，即闭环极点的位置；

Damping 表示该点对应的阻尼比；

Overshoot（%）表示该点对应的系统超调量；

Frequency（rad/s）表示该极点对应的二阶系统的无阻尼振荡频率。

2）绘制出根轨迹后，输入命令 sgrid，即可在现存的屏幕根轨迹或零极点图上绘制出自然振荡频率 ω_n 、阻尼比矢量 z 对应的格线。

3）利用命令[k,p]=rlocfind(sys)求取系统闭环极点 p 和相应的开环增益 K 值。该命令的功能是在系统的根轨迹图上，求出光标单击处所对应的全部闭环极点和相应的开环增益 K 值。键入此命令后，根轨迹图上会出现一个十字线，十字线的交叉点即光标所指的位置。

3．实验内容及要求

1）利用 MATLAB 的在线帮助学习相关知识中所提及的函数的用法，自行练习。

2）已知系统的开环传递函数为

$$G(s)H(s)=\frac{K(s+1)}{s(s-1)(s^2+4s+20)}$$

试确定使系统稳定的 K 值范围。

（提示：为了使坐标点定位准确，可用 axis 命令将图局部放大。）

3）在上面 2）中，确定使系统阻尼比为 0.5 的 K 值和这时的闭环特征根。

（注意：不能用目测定位。）

4）一个单位负反馈开环传递函数为

$$G(s)=\frac{K}{s(0.5s+1)(4s+1)}$$

试绘出系统闭环的根轨迹图；并在根轨迹图上任选一点，试计算该点的增益 K 及其所有极点的位置。

4．实验报告

1）写出实验 2）～4）的 MATLAB 程序及其运行结果。

2）写出本实验的学习心得及体会。

7.5　直流电动机调速系统

1．实验目的

1）了解直流电动机的数学模型。

2）学习直流电动机双闭环调速的原理。

3）学习在 Simulink 中建立直流电动机双闭环调速系统的模型并进行仿真。

2．相关知识

（1）直流电动机的数学模型

在电力拖动控制系统中，直流电动机通常以电枢电压为输入量，以电动机转速为输出量。假设电动机补偿良好，忽略电枢反应、涡流效应和磁滞的影响，并设励磁电流恒定，得到直流电动机数学模型和运动方程分别为

$$U_{\mathrm{d}}=RI_{\mathrm{d}}+L\frac{\mathrm{d}I_{\mathrm{d}}}{\mathrm{d}t}+E$$

$$T_{\mathrm{e}}-T_{\mathrm{L}}=\frac{GD^2}{375}\frac{\mathrm{d}n}{\mathrm{d}t}$$

式中，U_{d} 是电枢电压；L、i_{d}、R 分别是电枢回路电感、电流和总电阻；E 为电动机的反电动势，且有 $E=C_{\mathrm{e}}n$，T_{e}、T_{L} 分别为电动机的电磁转矩和负载转矩，且有 $T_{\mathrm{e}}=C_{\mathrm{m}}i_{\mathrm{d}}$，$GD^2$ 是电力拖

动系统整个运动部分折算到电动机轴上的转动惯量。

整理得电流与电压以及电动势与电流之间的传递函数分别为

$$\frac{I_{\mathrm{d}}(s)}{U_{\mathrm{d}}(s)-E(s)}=\frac{1/R}{T_{1}s+1}$$

$$\frac{E(s)}{I_{\mathrm{d}}(s)-I_{\mathrm{dL}}(s)}=\frac{R}{T_{\mathrm{m}}s}$$

式中，T_1 是电枢回路的电磁时间常数；I_{dL} 是负载电流；T_{m} 是电力拖动系统的机电时间常数，考虑 $n=E/C$，可得直流电动机的动态结构图如图 7-8 所示。

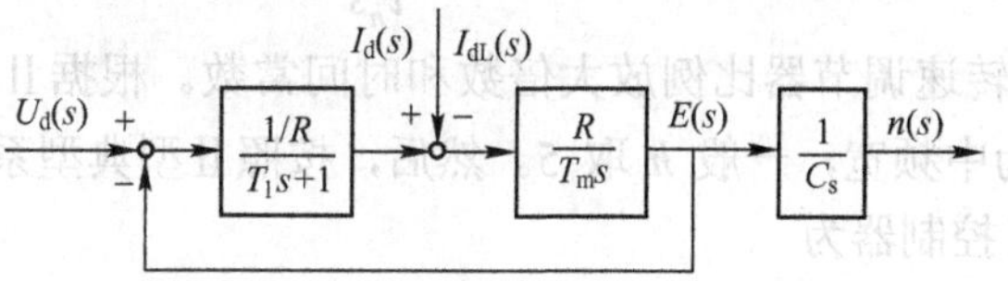

图 7-8　直流电动机的动态结构图

为了实现转速和电流双闭环反馈，在系统中设计两个调节器，分别调节转速和电流。即分别引入转速负反馈和电流负反馈。二者之间实行嵌套连接。把转速调节器的输出当作电流调节器的输入。为了获得良好的静动态性能，转速和电流两个调节器一般都采用 PI 调节器。

（2）电流调节器

在设计电流环时，因 T_1 比 T_{m} 小得多，故电流的调节过程比转速的变化过程快得多，因此在电流调节器快速调节过程中，可以认为反电动势 E 基本不变。这样在设计电流环时，可以暂时不考虑反电动势 E 变化的影响而得到图 7-9 的电流环近似动态结构图。把电流环校正成典型 I 系统，其传递函数为

$$G_{\mathrm{ACR}}(s)=\frac{K_i(\tau_i s+1)}{\tau_i s}$$

式中，K_i、τ_i 分别为电流调节器的比例放大系数和时间常数。根据“对消原理”，为了对消掉控制对象中时间常数较大的惯性环节，以使校正后系统的响应速度加快，取 $\tau_i=T_i$；PI 调节器的比例放大系数 K_i 取决于系统的动态性能指标。根据“电子最佳调节原理”中的“二阶最佳系统”原理。取 $K_i T_{\Sigma i}$，由此可得

$$K_i=\frac{T_i R}{2K_{\mathrm{s}}\beta T_{\Sigma i}}$$

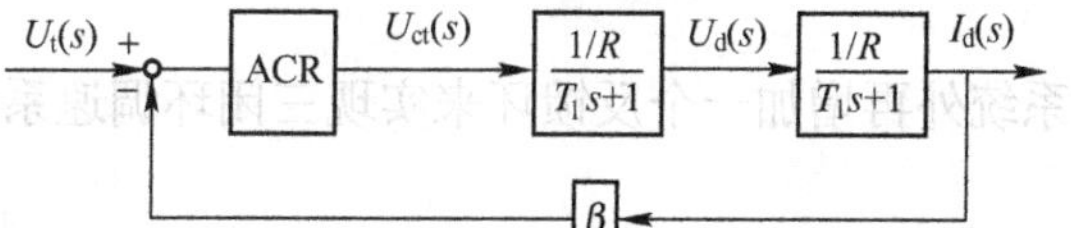

图 7-9　电流环的动态结构图

（3）转速调节器

在设计转速调节器时，可以把已经设计好的电流环作为转速环的控制对象。由此得到转速环的动态结构图，如图 7-10 所示。

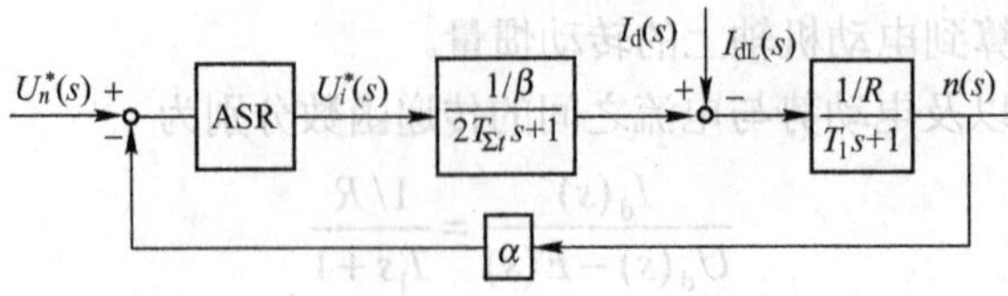

图 7-10　转速环的动态结构图

为了实现转速无净差，提高系统动态抗扰性能，把转速环设计成典型II型系统，其传递函数为

$$G_{\text{ASR}}(s)=\frac{K_n(\tau_n+1)}{\tau_n s}$$

式中，K_n 和 τ_n 分别为转速调节器比例放大倍数和时间常数。根据II型典型系统参数确定的方法，有 $T_1=hT_2$，h 为中频宽，一般 h 取 5。然后，按照II型典型系统的最小闭环幅频特性峰值 M_{rmin} 准则，得 PI 控制器为

$$G_{\text{ASR}}(s)=\frac{\alpha s+1}{0.085s}$$

3．实验内容及要求

图 7-11 中给出了一个直流电动机拖动系统的例子，其结构形式是一个典型的双闭环调速系统。建立图 7-11 所示系统的 Simulink 模型，并令转速调节器的参数 α 的值分别取 0.17、0.5 和 1.5，令系统的输入为单位阶跃信号，分别对系统进行仿真，并查看仿真输出曲线。

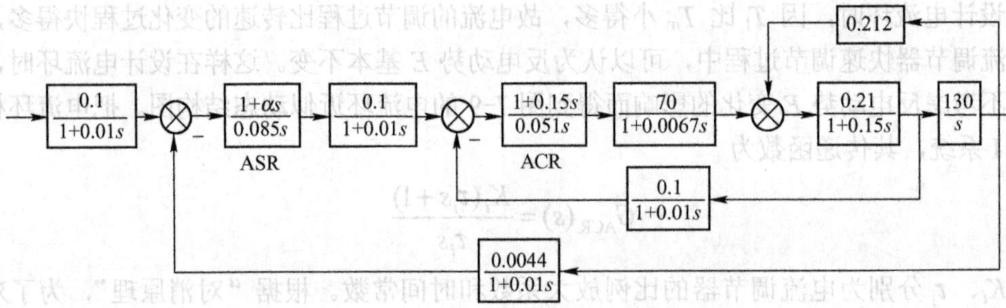

图 7-11　一个直流电动机拖动系统的例子

4．实验报告

建立如图 7-11 所示系统的 Simulink 模型，分别令参数 α 的值取 0.17、0.5 和 1.5，运行仿真，在示波器中查看系统的输出响应曲线，将在 Simulink 中建立的仿真模型图和输出响应曲线图粘贴在实验报告中，并判断参数 α 取何值时系统输出效果较好。

5．实验思考

如何在双闭环调速系统外再增加一个反馈环来实现三闭环调速系统？

7.6　交流电动机调速系统

1．实验目的

1）了解永磁同步电动机的数学模型和直接转矩控制的原理。

2）学习直接转矩控制系统中各控制计算单元模型的建立方法。

3）学习利用 MATLAB/Simulink 仿真工具对交流永磁同步电动机的直接转矩控制系统进行仿真。

2．相关知识

交流永磁同步电动机（PMSM）以结构简单、运行可靠、转矩与重量的比高、损耗小等显著特点，在高精度和高可靠性要求场合应用广泛，如工业、民用、军事等领域；直接转矩控制（direct torque control, DTC）以其控制方式简单、转矩响应快、对系统内部参数摄动和外部干扰鲁棒性强等优点在永磁同步电动机控制中得到了广泛应用。由于电动机转矩和磁链的计算对控制系统性能影响较大，为了获得满意的转矩计算，仿真研究是最有效的工具和手段。

（1）永磁同步电动机的数学模型

由于永磁同步电动机向量控制方法是在 *dq* 轴数学模型上进行的，它不仅可以用于分析正弦波永磁同步电动机的稳态运行性能，也可以用于分析电动机的瞬态性能。假设 PMSM 具有正弦波反电势，磁路线性且不考虑磁路饱和，忽略电动机中的涡流损耗和磁滞损耗，可得到 PMSM 在转子同步旋转坐标系 *dq* 坐标系下永磁同步电动机的电压方程、磁链方程、电磁转矩方程和机械运动方程（式中各量为瞬态值）如下所示。

定子电压方程如公式（7-1）所示。

$$\begin{aligned} u_{\mathrm{d}} &= \frac{\mathrm{d}\psi_{\mathrm{d}}}{\mathrm{d}t} - p\omega\psi_{\mathrm{q}} + R_{\mathrm{s}}i_{\mathrm{d}} \\ u_{\mathrm{q}} &= \frac{\mathrm{d}\psi_{\mathrm{q}}}{\mathrm{d}t} + p\omega\psi_{\mathrm{d}} + R_{\mathrm{s}}i_{\mathrm{q}} \end{aligned} \tag{7-1}$$

定子磁链方程如公式（7-2）所示。

$$\begin{aligned} \psi_{\mathrm{d}} &= L_{\mathrm{d}}i_{\mathrm{d}} + \psi_{\mathrm{f}} \\ \psi_{\mathrm{q}} &= L_{\mathrm{q}}i_{\mathrm{q}} \end{aligned} \tag{7-2}$$

转矩方程如公式（7-3）所示。

$$T_{\mathrm{e}} = p\left(\psi_{\mathrm{d}}i_{\mathrm{q}} - \psi_{\mathrm{q}}i_{\mathrm{d}}\right) = p[\psi_{\mathrm{f}}i_{\mathrm{q}} + \left(L_{\mathrm{d}} - L_{\mathrm{q}}\right)i_{\mathrm{d}}i_{\mathrm{q}}] \tag{7-3}$$

机械运动方程如公式（7-4）所示。

$$J\frac{\mathrm{d}\omega}{\mathrm{d}t} = T_{\mathrm{e}} - T_{\mathrm{L}} - B\omega \tag{7-4}$$

式（7-1）～式（7-4）中，u_{d}，u_{q} 为定子电压 *dq* 轴分量；i_{d}，i_{q} 为定子电流 *dq* 轴分量；ψ_{d}，ψ_{q} 为定子磁链 *dq* 轴分量；L_{d}，L_{q} 为定子绕组 *dq* 轴等效电感；R_{s} 为定子电阻；ψ_{f} 为转子永磁体产生的磁链；T_{e} 为电动机转矩；T_{L} 为负载转矩；J 为转动惯量；B 为摩擦系数；ω 为转子角速度；p 为转子极对数。

由转矩方程（7-3）可知，转矩由两项组成，第一项为电磁转矩，第二项为磁阻转矩。对于凸极式转子永磁同步电动机，$L_{\mathrm{d}}=L_{\mathrm{q}}=L$，只存在电磁转矩，因此转矩方程（7-3）可近一步写为公式（7-5）。

$$T_{\mathrm{e}} = p\psi_{\mathrm{f}}i_{\mathrm{q}} \tag{7-5}$$

联合上面各方程，可得凸极式转子永磁同步电动机的统一状态方程用公式（7-6）表示为

$$
\begin{aligned}
\dot{i}_{\mathrm{d}} &= -\frac{R_{\mathrm{s}}}{L} i_{\mathrm{d}} + p\omega i_{\mathrm{q}} + \frac{u_{\mathrm{d}}}{L} \\
\dot{i}_{\mathrm{q}} &= -p\omega i_{\mathrm{d}} - \frac{R_{\mathrm{s}}}{L} i_{\mathrm{q}} - \frac{p\psi_{\mathrm{f}}}{L}\omega + \frac{u_{\mathrm{q}}}{L} \\
\dot{\omega} &= \frac{p\psi_{\mathrm{f}}}{J} i_{\mathrm{q}} - \frac{B}{J}\omega - \frac{T_{\mathrm{L}}}{J} \\
\dot{\theta} &= \omega
\end{aligned}
\tag{7-6}
$$

式（7-6）中，θ 为电动机的转角。

（2）永磁同步电动机直接转矩控制原理

直接转矩控制的结构原理如图 7-12 所示，它由逆变器、永磁同步电动机 PMSM、定子磁链估算、电磁转矩估算、转子位置估算、电压向量开关表和 PI 转速控制器等组成。控制系统将电动机给定转速和实际转速的误差，经 PI 调节器输出给定转矩信号；同时系统根据检测的电动机三相电流和电压值，经过三相定子坐标/两相交流静止坐标变换后，利用磁链估计模型和转矩估计模型分别计算电动机的磁链和转矩大小，计算电动机转子的位置、电动机给定磁链和转矩与实际值的误差；然后根据它们的状态选择逆变器的开关向量，使电动机能按照控制要求调节输出转矩，最终达到调速的目的。

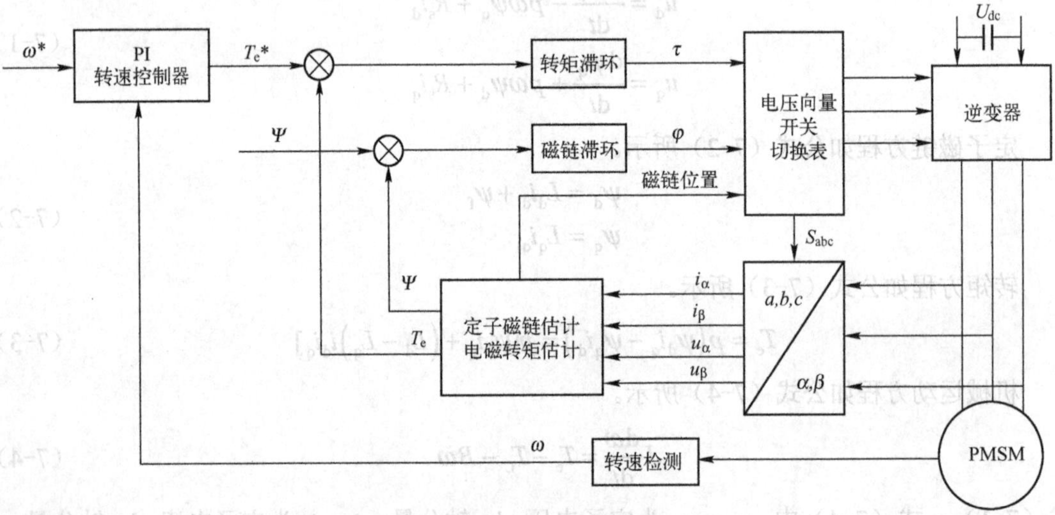

图 7-12　直接转矩控制系统框图

在实际的直接转矩控制系统中，需要采用电动机的三相电流，且需进行坐标变换得到两相交流静止坐标下的两相电流，以便于计算。各坐标变换关系如图 7-13 所示。

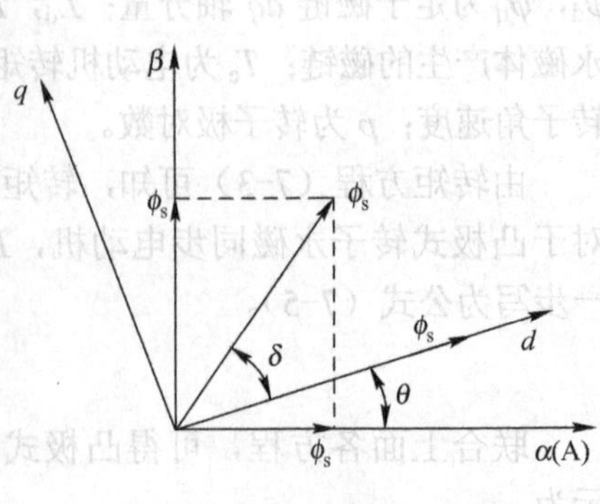

图 7-13　坐标变换矢量图

两相交流静止坐标系（α-β 坐标系）是一个在空间具有相对固定不动正交轴线的坐标系统，不随转子旋转而转动，属于静止坐标系。它的 α 轴与三相坐标系的 A 轴重合，β 轴超前 α 轴 90° 电角度。

abc 坐标系到两相静止坐标系 α-β 的坐标变换用公

式（7–7）表示为

$$\begin{bmatrix} x_\alpha \\ x_\beta \\ x_0 \end{bmatrix} = \sqrt{\frac{2}{3}} \begin{bmatrix} 1 & -\frac{1}{2} & -\frac{1}{2} \\ 0 & \frac{\sqrt{3}}{2} & -\frac{\sqrt{3}}{2} \\ \frac{1}{\sqrt{2}} & \frac{1}{\sqrt{2}} & \frac{1}{\sqrt{2}} \end{bmatrix} \begin{bmatrix} x_a \\ x_b \\ x_c \end{bmatrix} \tag{7-7}$$

式（7–7）也称为 Clarke 变换。

式中，x_α、x_β 表示 α-β 坐标系变量；x_a、x_b、x_c 分别表示 abc 坐标系变量。其中，x_0 为电动机的 0 序电流/电压分量，满足：

$$x_0 = \frac{1}{\sqrt{3}}(x_a + x_b + x_c) = 0$$

d-q 坐标系到两相静止坐标系 α-β 的坐标变换用公式（7–8）表示为

$$\begin{bmatrix} x_\alpha \\ x_\beta \end{bmatrix} = \begin{bmatrix} \cos\theta & -\sin\theta \\ \sin\theta & \cos\theta \end{bmatrix} \begin{bmatrix} x_d \\ x_q \end{bmatrix} \tag{7-8}$$

在两相 α-β 坐标系下，电动机定子磁链在 α-β 轴上的分量 ψ_α 和 ψ_β 可用公式（7–9）、公式（7–10）和公式（7–11）表示为

$$\psi_\alpha = \int (u_\alpha - i_\alpha R_s)\mathrm{d}t \tag{7-9}$$

$$\psi_\beta = \int (u_\beta - i_\beta R_s)\mathrm{d}t \tag{7-10}$$

$$\psi = \sqrt{{\psi_\alpha}^2 + {\psi_\beta}^2} \tag{7-11}$$

式（7–9）和式（7–10）中，u_α、u_β、i_α、i_β 分别为电动机电压和电流在 α-β 坐标轴的分量，而定子磁链的位置则可通过 α-β 轴的分量和它们的正负号来决定。

由式（7–3）、式（7–8）可以推导出 α-β 坐标系的转矩估算公式如下：

$$T_e = p\left(\psi_\alpha i_\beta - \psi_\beta i_\alpha\right)$$

对于如图 7–14 的三相桥式逆变器，图中的功率开关器件工作在180°导电模式，即可用 0、1 表示逆变器开关状态，0 表示逆变器下桥臂导通，1 表示上桥臂导通，令 $S=1$，表示上桥臂导通，反之定义 $S=0$。这样通过逆变器桥臂的三种状态就有八个电压向量状态，其中有六个有效的电压向量和两个零向量。那么空间电压可以用逆变器开关量表示为公式（7–12）。

$$V_s = \frac{2}{3}U_{dc}\left(S_a + S_b \times \mathrm{e}^{\mathrm{j}\frac{2}{3}\pi} + S_c \times \mathrm{e}^{\mathrm{j}\frac{4}{3}\pi}\right) \tag{7-12}$$

式中，V_s 是空间电压向量；U_{dc} 是直流母线电压；S_a、S_b、S_c 表示三相开关状态，系数 2/3 是变换系数。六个有效向量和两个零向量绘制在图 7–15 中，展现了逆变器在逻辑开关量的控制下所体现的永磁同步电动机电压空间向量关系图。

基于滞环控制器的永磁同步电动机传统直接转矩控制算法是将定子磁链和转矩的实际值和给定值进行比较，我们用前文所述的磁链、转矩滞环比较器输出的 0、1 信号，结合定子磁链的位置选择合适的电压向量。假定磁链向量在区域 2 中逆时针旋转，如果磁链滞环输出 1，

表示定子磁链幅值小于参考，需要增加磁链，则可以选择 U_3 或者 U_1，这时如果转矩滞环输出为 1，表示转矩小于参考，需要增加转矩，则可以选择 U_3 或者 U_4。综合考虑，应该选择 U_3 来实现逆时针旋转。根据这个原则，我们便可以通过定子磁链区间位置、磁链控制信号和转矩控制信号选择合适的电压空间向量，便可实现永磁同步电动机直接转矩控制，表 7-6 给出了逆时针运行时 PMSM 的 DTC 开关表。该表对于电动机逆时针旋转也有效。

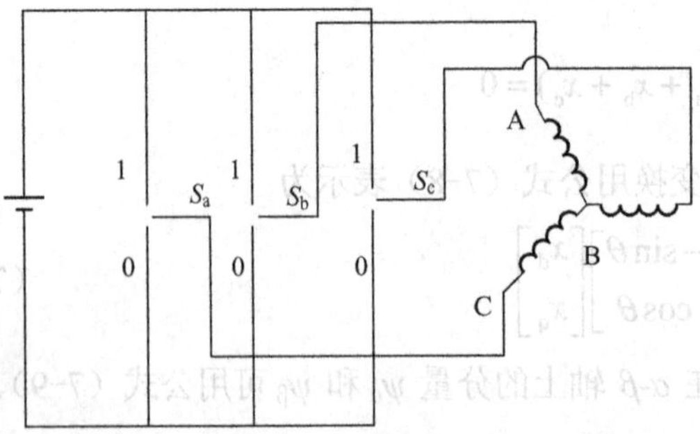

图 7-14　逆变器模型

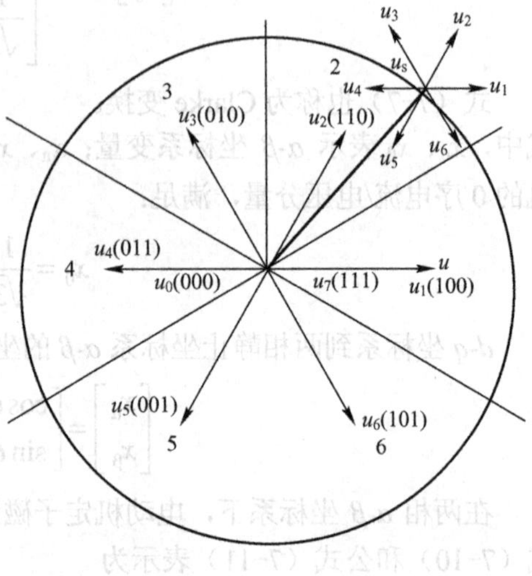

图 7-15　电压向量图

表 7-6　DTC 开关表

磁链 Φ	转矩 τ	区　域					
		1	2	3	4	5	6
1	0	6	1	2	4	4	5
	1	2	3	4	5	6	1
0	0	5	6	1	2	3	4
	1	3	4	5	6	1	2

3. 实验内容及要求

在 PMSM DTC 仿真系统中，主要使用 Simulink 库和 PSB（Power System Blockset）库中的模块。利用 Simulink 搭建如图 7-16 所示的仿真模型。它包括电压 3/2 变换、磁链估计和转矩估计等子系统。

（1）区域判断的实现

如图 7-15 电压向量图所示，当前定子磁链向量所在的区域我们可以根据磁链在 α-β 坐标系上的分量进行判定，由 ψ_α 的正负确定定子磁链向量的象限，然后计算 $\arctan(\psi_\beta/\psi_\alpha)$，以决定定子磁链向量的具体位置。即：当 ψ_α 为正时，位于 1、4 象限，$\theta=\arctan(\psi_\beta/\psi_\alpha)$；当 ψ_α 为负时，位于 2、3 象限；$\theta=\pi+\arctan(\psi_\beta/\psi_\alpha)$；其实现模块如图 7-17 所示。

其中的 Fcn 模块是用来调用 MATLAB 中求反正切的函数，Swith 模块是一个 2 选 1 的输出，其输出再经过如图 7-18 所示磁链区域确定的模型便可以得到当前定子磁链向量所在区域结果。表 7-7 为磁链位置所对应的区域值。

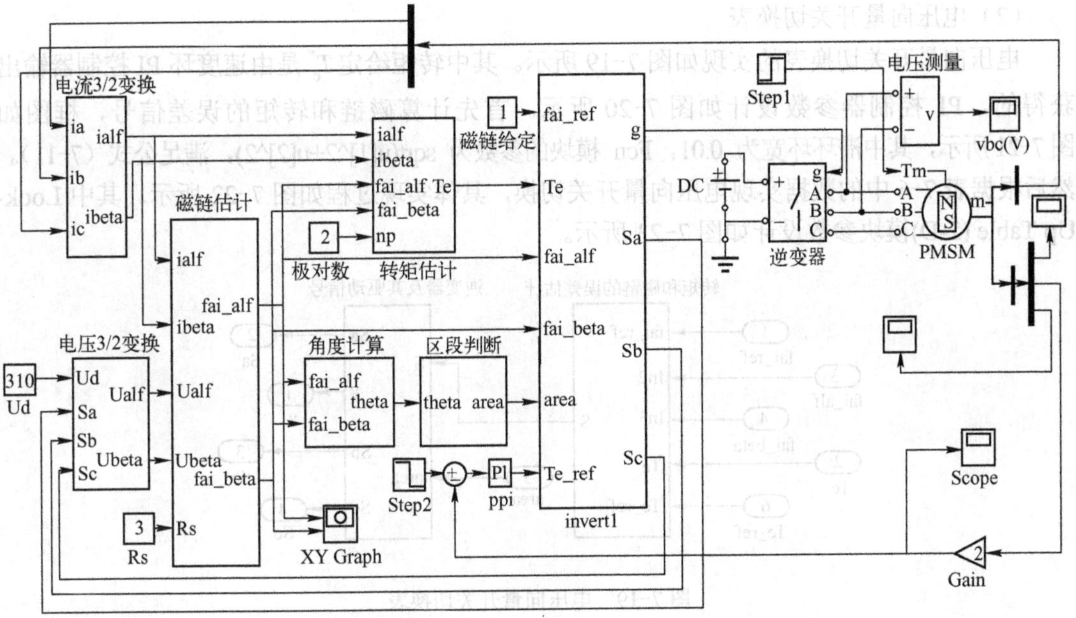

图 7-16　基于 MATLAB/Simulink 的 PMSM DTC 系统的仿真模型

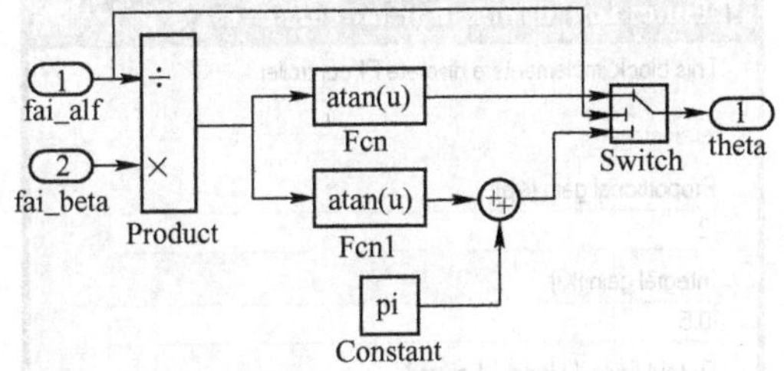

图 7-17　角度 θ 计算

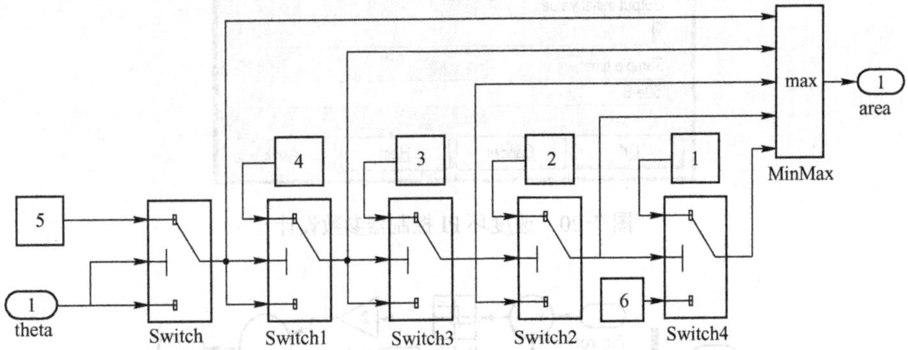

图 7-18　磁链区域的确定

表 7-7　磁链区域和角度θ的关系

角　度	区　段	角　度	区　段
$[-\pi/2,-\pi/6]$	θ_6	$[-\pi/6,\pi/6]$	θ_1
$[\pi/6,-\pi/2]$	θ_2	$[\pi/2,5\pi/6]$	θ_3
$[5\pi/6,7\pi/6]$	θ_4	$[7\pi/6,3\pi/2]$	θ_5

（2）电压向量开关切换表

电压向量开关切换表的实现如图 7-19 所示。其中转矩给定 T_e^* 是由速度环 PI 控制器输出获得的，PI 控制器参数设计如图 7-20 所示。首先计算磁链和转矩的误差信号，框图如图 7-21 所示，其中滞环环宽为 0.01，Fcn 模块的参数为 sqrt(u[1]^2+u[2]^2)，满足公式（7-11）。然后根据表 7-6 中的数据实现电压向量开关切换，具体实现过程如图 7-22 所示。其中 Look-Up Table (2-D)模块参数设计如图 7-23 所示。

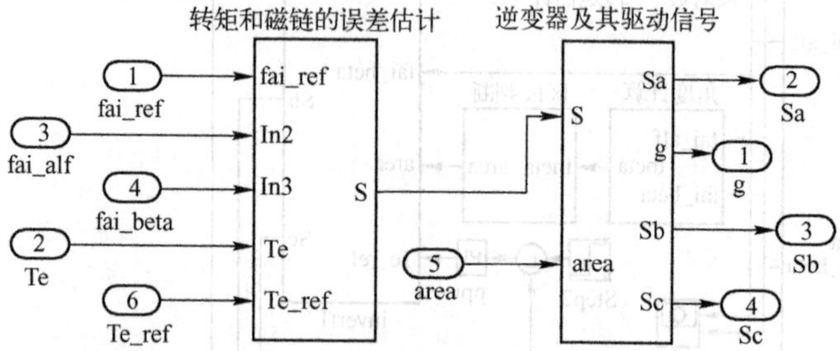

图 7-19　电压向量开关切换表

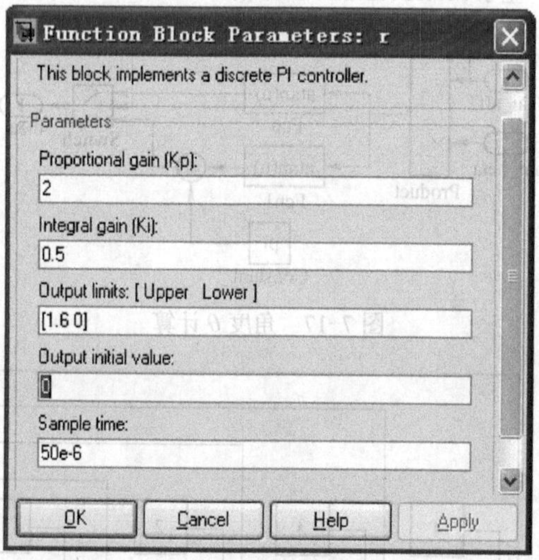

图 7-20　速度环 PI 控制器参数设计

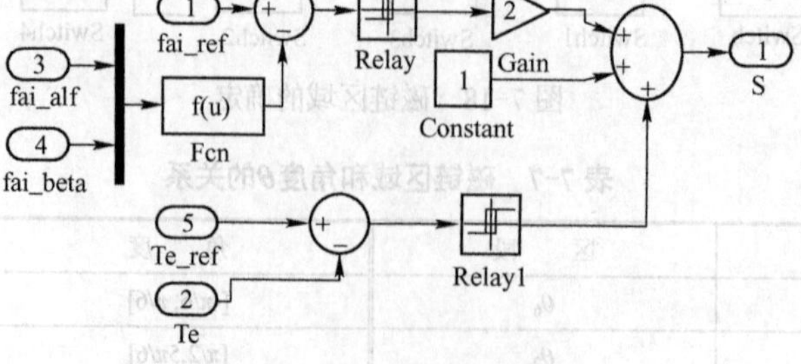

图 7-21　转矩和磁链的误差估计

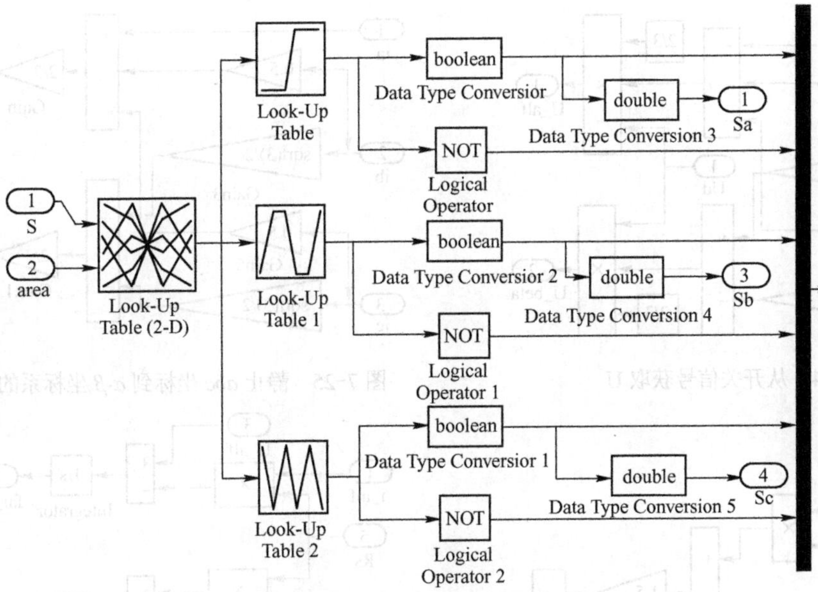

图 7-22　逆变器及其驱动信号

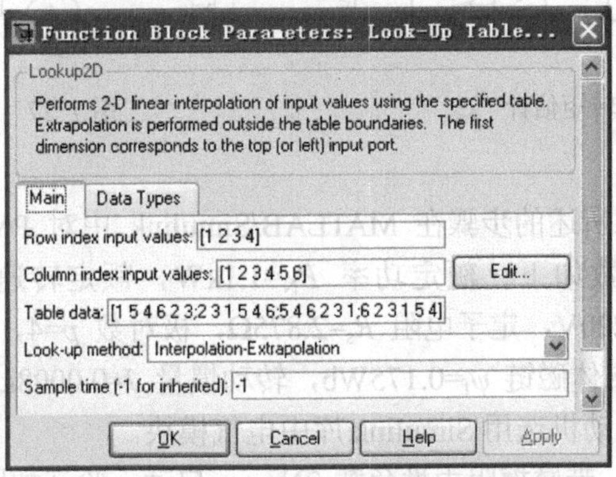

图 7-23　Look-Up Table (2-D)模块参数设计图

（3）*α-β* 坐标系电压的获取

根据开关信号 S_a、S_b、S_c 可求得 *α-β* 坐标系电压 U_α 和 U_β，具体实现如图 7-24 所示。

（4）静止 *abc* 坐标系到 *α-β* 坐标系的变换

根据式（7-7）和式（7-8），静止 *abc* 坐标系到 *α-β* 坐标系变换的实现如图 7-25 所示。

（5）电动机定子磁链与电磁转矩估计

电磁转矩估计与电动机定子磁链的实现分别如图 7-26 和图 7-27 所示。图 7-27 的磁链估算子系统在进行磁链估算时，要给积分模块（Integrator）赋一个初值（Initial Condition），本文中设为 0.01。

（6）其他模块

电动机模块直接选取 SimPowerSystems 模块库中 machine 下的永磁同步电动机模块 Permanent Magnet Synchronous Machine，在逆变器和 PMSM 子模块间，接入电压测量装置以观测 A、B 相间电压，因为 Simulink 模块与 PSB 模块相连时，要求接入一个 SimPowerSystems 模块库中 measurements 下的电气测量模块 Voltage measurement，否则仿真会出现错误。

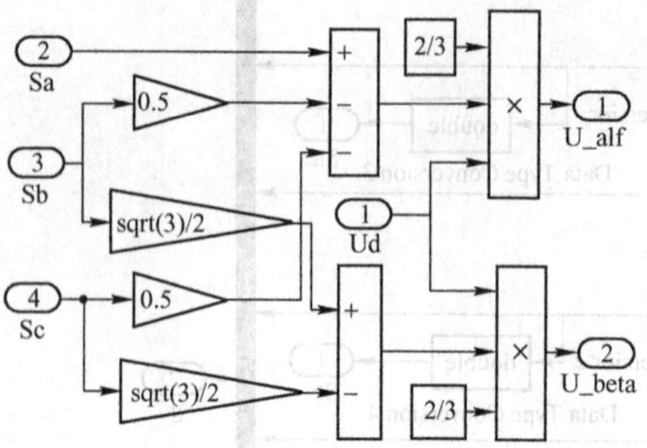

图 7-24　从开关信号获取 U

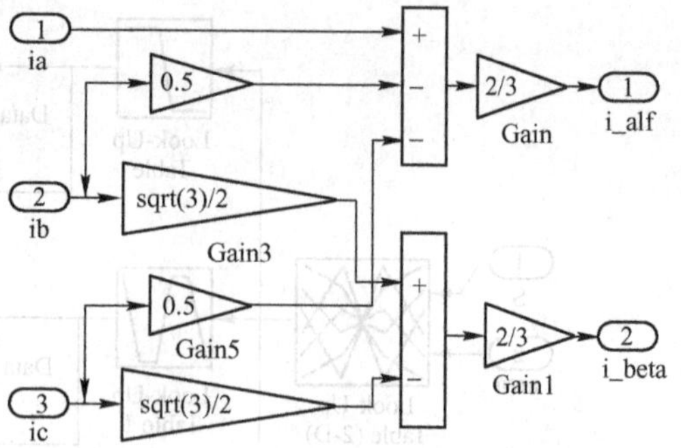

图 7-25　静止 abc 坐标到 α-β 坐标系的变换

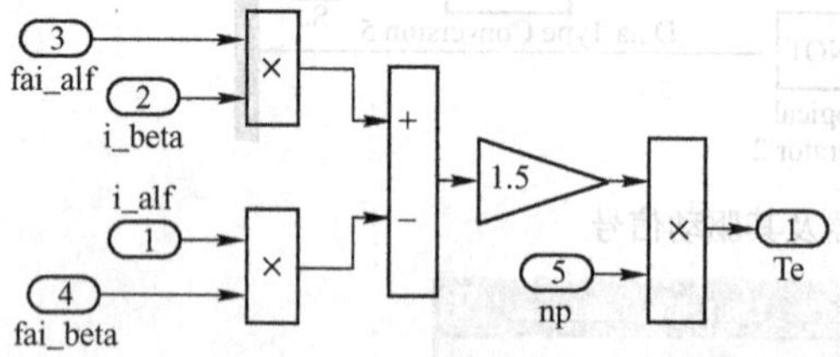

图 7-26　转矩估计

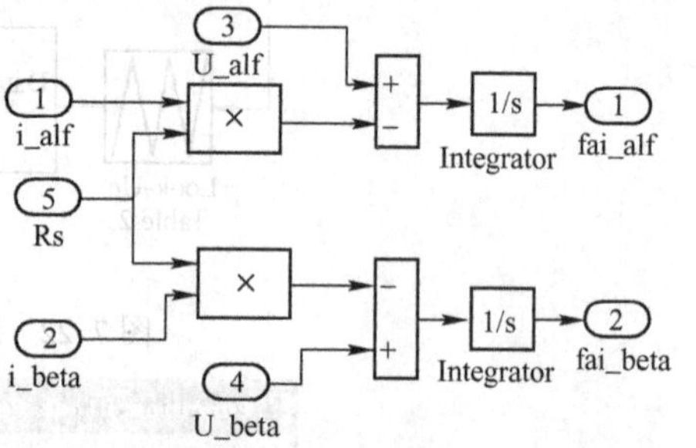

图 7-27　定子磁链估计

4．实验报告

按照实验内容及要求所述的步骤在 MATLAB/Simulink 中对 PMSM-DTC 的进行仿真研究，仿真用的电动机参数如下：额定功率 P_N=1.1kW，额定转速 n_N=750rpm，额定电流 I_N=3.5A，额定电压 U_N=220V，定子电阻 R_s=2.875Ω，极对数 p=4，直轴电感 L_d 和交轴电感 L_q 均等于 L=8.5mH，永磁体磁链 ψ_f=0.175Wb，转动惯量 J=0.0008kg·m^2，摩擦系数 B=0，仿真中的功率器件以及电动机选用 Simulink 库中电气模块。

给定转速为 750rpm，带摩擦阻力性负载 2N·m 启动，验证如图 7-28～图 7-31 所示的仿真结果。

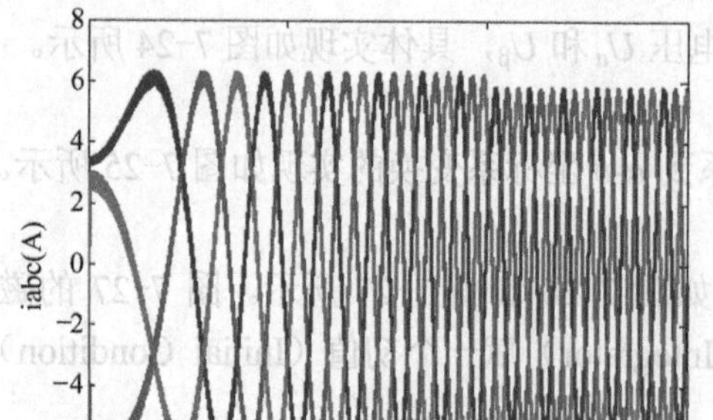

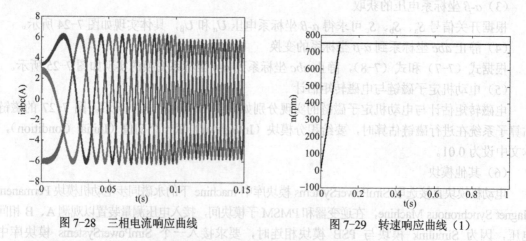

图 7-28　三相电流响应曲线

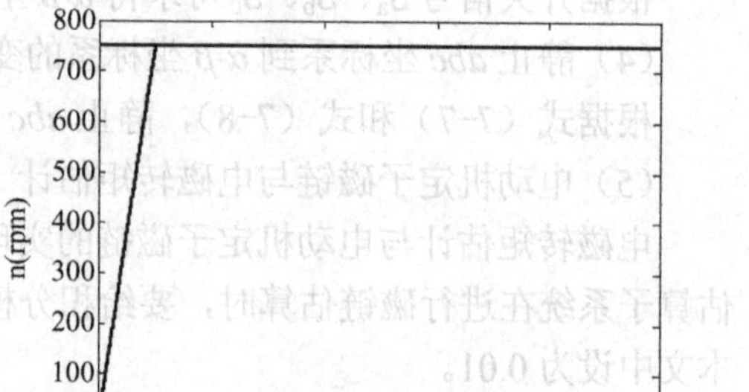

图 7-29　转速响应曲线（1）

给定转速为 20rpm，带摩擦阻力性负载 2N·m 启动，仿真结果如图 7-32 和图 7-33 所示。

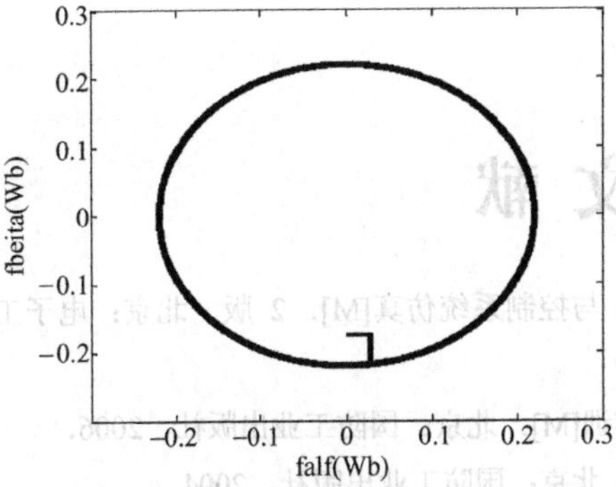

图 7-30　磁链响应曲线

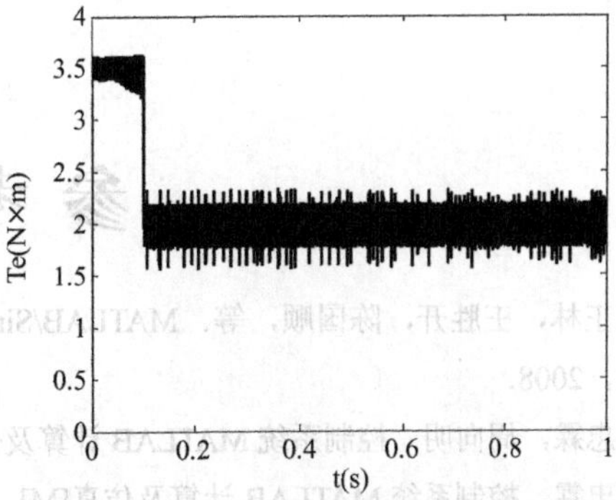

图 7-31　转速响应曲线（2）

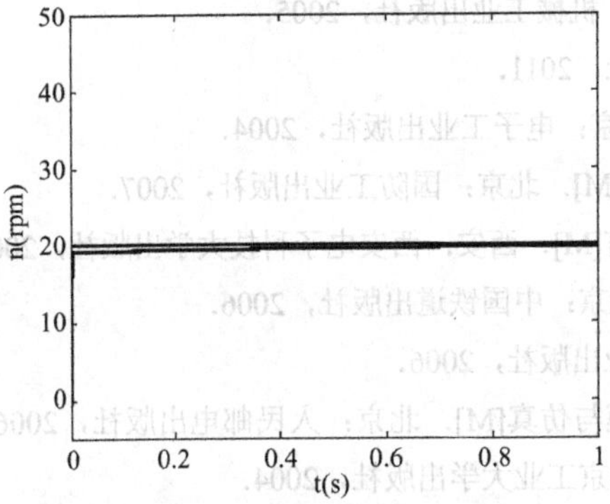

图 7-32　转速响应曲线（3）

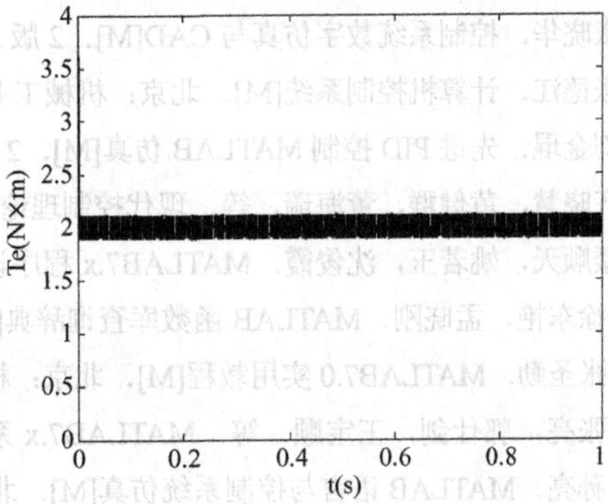

图 7-33　转速响应曲线（4）

给定额定转速为 750rpm，带摩擦阻力性负载 2N・m 启动，在 0.5s 时，突变为 3N・m，仿真结果如图 7-34 和图 7-35 所示。

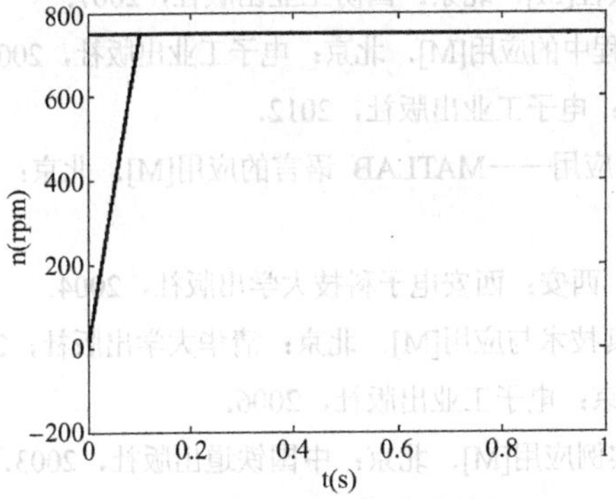

图 7-34　转速响应曲线（5）

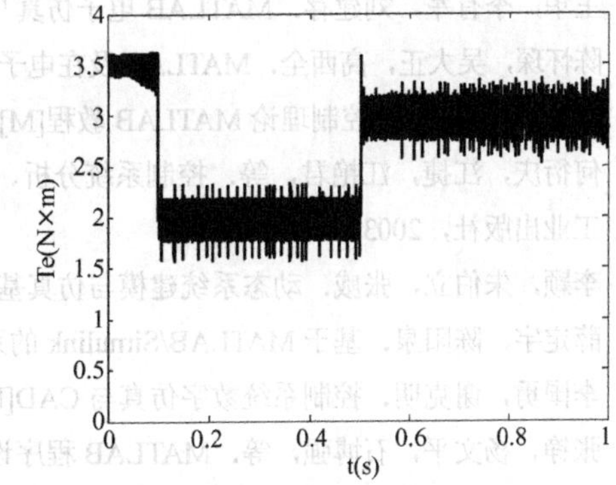

图 7-35　转速响应曲线（6）

7.7　本章小结

本章给出了六个典型控制系统仿真实验，通过上机操作完成这六个实验，读者可以熟悉 MATLAB 和 Simulink 平台，掌握 MATLAB 基本绘图方法，MATLAB 中各种控制系统模型的表达方法和阶跃响应曲线的绘制及分析，控制系统根轨迹图绘制方法及其系统分析方法，直流和交流电动机调速系统的设计方法等。此外，本章内容也可以作为高等院校相关课程的实验指导书。

参考文献

[1] 王正林，王胜开，陈国顺，等．MATLAB/Simulink 与控制系统仿真[M]．2 版．北京：电子工业出版社，2008.

[2] 黄忠霖，周向明．控制系统 MATLAB 计算及仿真实训[M]．北京：国防工业出版社，2006.

[3] 黄忠霖．控制系统 MATLAB 计算及仿真[M]．2 版．北京：国防工业出版社，2004.

[4] 夏玮，李朝晖，常春藤．控制系统仿真与实例详解[M]．北京：人民邮电出版社，2008.

[5] 张晓华．控制系统数字仿真与 CAD[M]．2 版．北京：机械工业出版社，2005.

[6] 张德江．计算机控制系统[M]．北京：机械工业出版社，2011.

[7] 刘金琨．先进 PID 控制 MATLAB 仿真[M]．2 版．北京：电子工业出版社，2004.

[8] 齐晓慧，黄健群，董海瑞，等．现代控制理论及应用[M]．北京：国防工业出版社，2007.

[9] 楼顺天，姚若玉，沈俊霞．MATLAB7.x 程序设计语言[M]．西安：西安电子科技大学出版社，2006.

[10] 徐东艳，孟晓刚．MATLAB 函数库查询辞典[M]．北京：中国铁道出版社，2006.

[11] 张圣勤．MATLAB7.0 实用教程[M]．北京：机械工业出版社，2006.

[12] 张亮，郭仕剑，王宝顺．等．MATLAB7.x 系统建模与仿真[M]．北京：人民邮电出版社，2006.

[13] 孙亮．MATLAB 语言与控制系统仿真[M]．北京：北京工业大学出版社，2004.

[14] 罗伯特 N • 贝特森．控制系统技术概论[M]．北京：机械工业出版社，2006.

[15] 薛定宇．控制系统计算机辅助设计—MATLAB 语言与应用[M]．北京：清华大学出版社，2006.

[16] 张静，等．MATLAB 在控制系统中的应用[M]．北京：电子工业出版社，2007.

[17] 王华，李有军，刘建存．MATLAB 电子仿真与应用教程[M]．北京：国防工业出版社，2007.

[18] 陈怀琛，吴大正，高西全．MATLAB 及在电子信息课程中的应用[M]．北京：电子工业出版社，2006.

[19] Katsuhiko Ogata．控制理论 MATLAB 教程[M]．北京：电子工业出版社，2012.

[20] 何衍庆，江捷，江艳君，等．控制系统分析、设计和应用——MATLAB 语言的应用[M]．北京：化学工业出版社，2003.

[21] 李颖，朱伯立，张威．动态系统建模与仿真基础[M]．西安：西安电子科技大学出版社，2004.

[22] 薛定宇，陈阳泉．基于 MATLAB/Simulink 的系统仿真技术与应用[M]．北京：清华大学出版社，2002

[23] 李国勇，谢克明．控制系统数字仿真与 CAD[M]．北京：电子工业出版社，2006.

[24] 张铮，杨文平，石博强，等．MATLAB 程序设计与实例应用[M]．北京：中国铁道出版社，2003.

[25] 谢运祥，卢柱强．基于 MATLAB/ Simulink 的永磁同步电机直接转矩控制仿真建模[J]．华南理工大学学报，2004，32（1）：19-23.

[26] 鄢景华．自动控制原理[M]．哈尔滨：哈尔滨工业大学出版社，2006.

[27] 裴润，宋申民．自动控制原理[M]．哈尔滨：哈尔滨工业大学出版社，2006.

[28] 赵广元．MATLAB 与控制系统仿真实践[M]．北京：北京航空航天大学出版社，2009.

[29] 赵景波．MATLAB 控制系统仿真与设计[M]．北京：机械工业出版社，2010.

[30] 谢运祥，卢柱强．基于 MATLAB/Simulink 的永磁同步电机直接转矩控制仿真建模[J]．华南理工大学学报：自然科学版，2004，32（1）：19-23.